中等职业学校模具制造技术专业规划教材

冷冲模制造技能训练与考级

主　编　孙务平
副主编　浦学西　王宝康
主　审　张　萍

中国铁道出版社
CHINA RAILWAY PUBLISHING HOUSE

内容提要

本书以模具制造专业的人才培养目标为标准，以冷冲模制造、装配、调试及制造工艺编制的职业岗位标准为依据，以能力培养为目标，进行面向工作岗位的内容设计。

本书是职业教育模具专业冷冲模方向的实训教材，共由五个模块组成。第一模块是冷冲模制造基础训练，主要任务是运用钳工基本操作技能完成平面镶配件和组合装配件的制作；第二模块是单工序模具的制作，主要是完成纺机零件落料模具的制作；第三模块是倒装复合模的制作，主要任务是完成插脚零件的复合模制作；第四模块是正装复合模的制作，主要任务是完成电线接头零件的复合模制作；第五模块是模具制造工考级指导，主要内容是根据国家四级模具制造工标准给出考核的模拟试卷让读者练习。各模块后附有各项目的工程图，便于读者学习。

本书适合作为技工院校和职业院校冷冲模专业的教材，也可作为各类职业人员培训的教材、自学用书和参考书。

图书在版编目（CIP）数据

冷冲模制造技能训练与考级/孙务平主编．—北京：中国铁道出版社，2013.5

中等职业学校模具制造技术专业规划教材

ISBN 978-7-113-15972-6

Ⅰ.①冷…　Ⅱ.①孙…　Ⅲ.①冲模-制模工艺-中等专业学校-习题集　Ⅳ.①TG385.2-44

中国版本图书馆 CIP 数据核字（2013）第 009378 号

书　　名： 冷冲模制造技能训练与考级
作　　者： 孙务平　主编

策划编辑： 陈　文　　　**读者热线：** 400-668-0820
责任编辑： 崔晓静　冯彩茹
封面设计： 刘　颖
封面制作： 白　雪
责任印制： 李　佳

出版发行： 中国铁道出版社（100054，北京市西城区右安门西街8号）
网　　址： http://www.51eds.com
印　　刷： 化学工业出版社印刷厂
版　　次： 2013年5月第1版　　2013年5月第1次印刷
开　　本： 787 mm×1 092 mm　1/16　**印张：** 11.75　**字数：** 289 千
印　　数： 3 000 册
书　　号： ISBN 978-7-113-15972-6
定　　价： 25.00 元

序

我国的职业教育正处于各级政府十分重视、社会各界非常关注、改革创新不断深化、教学质量持续提高的最佳发展机遇期。

模具行业是制造业的基础，模具制造与应用的水平高低表征着国家制造业水平的高低，模具工业是机械制造的主要产业之一。振兴装备制造业、节能减排、提高生产质量和效率、实现经济增长方式转变和调整结构，都需要大力发展模具工业。近年来我国的模具工业增长速度非常快，特别是汽车工业、电子信息产业、建材行业及机械制造业的高速发展，为模具工业提供了广阔的市场。

随着新技术、新材料、新工艺的不断涌现，促进了模具技术的不断进步，技术密集的模具企业已广泛采用了现代机械加工技术、模具材料选用与处理技术、数控机床操作技术、CAD/CAM软件应用技术、模具钳工技术、快速成型技术、逆向工程技术等。企业对从业员工的知识、能力、素质要求在不断提高，既需要从事模具开发设计的高端人才，也需要大量从事数控机床操作、电加工设备操作、模具钳工操作等一线生产制造的高级技能型人才。现代企业对高素质模具制造工的需求十分强烈，模具制造高技能人才是当今职业院校毕业生高质量就业的热点，经济社会对高技能模具制造工的需求会长盛不衰。

由中国铁道出版社出版发行的中等职业学校模具制造技术专业规划教材就如是在职业教育教学深化改革的浪潮中迸发出来的一朵绚丽浪花，闪耀着以就业为导向、以能力为本位的现代职教思想光芒；体现出了“以工作过程为导向”，“以学生为主体”，“在做中学、在评价中学”，“工学结合、校企合作”的技能型人才培养模式；实践了“专业基础理论课程综合化、技术类课程理实一体化、技能训练类课程项目化”的职业院校课程改革经验成果。这套系列教材的出版也充分反映出近几年来职教师资职业能力的提升和师资队伍建设工作的丰硕成果。

在职业教育战线上的广大专业教师是职业教育改革的主力军，我们期待着有更多学有所长、实践经验丰富、有思想善研究的一线专业教师积极投身到专业建设、课程改革的大潮中来，为切实提高职业教育教学质量，办人民满意的职业教育，编写出更多更好的实用专业教材，为职业教育更美好的明天做出贡献。

葛金印

2012年1月

前言

FOREWORD

随着社会经济的高速发展，市场对模具的需求量也在不断增长，我国模具制造产值已位居全球第三，并以每年超过百分之十的增长速度快速发展。模具制造技术现已成为衡量一个国家制造业水平高低的重要标志。随着与国际接轨步伐的加快、市场竞争的日益加剧，模具专业的技工也越来越被社会及企业所重视，模具专业的毕业生更是有着很好的就业前景，因此很多职业教育类院校大都开设了模具制造专业及其课程。培养新一代的技工就需要与企业接轨的教材，而本教材可以满足行业企业对模具专业毕业技工的普遍要求。

本书以模具制造专业的人才培养目标为标准，以冷冲模制造、装配、调试及制造工艺编制的职业岗位标准为依据，以能力培养为目标，进行面向工作岗位的教学内容设计，充分体现让学生能做、好做的方针，让学生从备料开始到模具装配调试完毕经历一个模具制造完整的过程，从而达到学以致用的目的。本书打破常规的理论教学与实训教学分离的方式，理论联系实际让学生在做中学，在学中做。理论知识只作介绍而不深入探讨，让学生学会做选择题而不是做论述题，能够指导学生在工作岗位上的实践即可。以项目式、任务驱动、理实一体化教学为立足点，配以大量的三维立体图来阐述操作步骤，使学生可以按图操作循序渐进地达到模具制造工中级技能水平，获得四级职业资格证书。

本书共设置五大模块，第一模块从钳工基本操作技能入手逐步渗透模具的概念；第二模块通过制作简单落料模以此进一步了解冷冲模的基本结构；第三模块通过冲孔落料倒装复合模的制作，逐步掌握复合模具的零部件制作和各零件组件的功用及整个装配调试过程；第四模块是第三模块的拓展，通过制造正装复合模具，了解并掌握卸料机构的特点及功用与倒装复合模具的不同点；第五模块是考级指导，内容包含四级模具制造工为标准的理论和操作模拟题。其中第二至第四模块采用企业生产中的实物经修改再设计后得来，给出的图纸不仅可以锻炼学生的识图能力，而且可以与企业一样按图进行模具各零部件的加工，适合技工院校和职业院校的学生实训，使学生达到“会做”及“做成”的最终目的。

本书还设置了以供学生再学习的环节，比如第四模块的图没有给全，可以让学生根据前几个模块的学习认知和制作经验来完成整体的加工与制造，发挥学生的主体作用。

本书由孙务平任主编，由浦学西、王宝康任副主编，张萍任主审。由于编者水平有限，书中难免存在不妥与疏漏之处，敬请读者批评指正。

编　者

2013年2月

◐ CONTENTS ◐

目 录

模块一 冷冲模制造基础训练

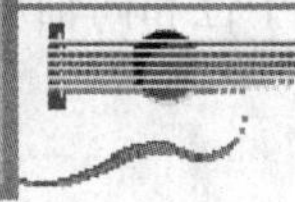

项目一 平面镶配件的加工

能力目标：

(1) 掌握两件镶配的加工方法。

(2) 掌握内镶配修配控制间隙的技巧。

任务一 T形封闭镶配件的制作

一、任务描述

图1-1所示为T形封闭镶配件图，材料为45钢，厚度为8 mm。试根据图样要求确定加工工艺并运用钳工基本操作技能完成T形封闭镶配件的制作。

二、任务分析

此镶配件可看成是冷冲模中凸模与凹模配合的简化，认真完成T形封闭镶配件的制作有助于加深对冲裁模间隙的理解。T形封闭镶配件要求达到互换配合，首先凸件加工要对称，凹件可利用外形基准作直接测量来控制对称度，但对备料的要求较高。凹件重点要解决去废料不变形和内腔平面度的问题。

图1-1 T形封闭镶配件图

三、任务实施

1. 相关知识

1）配合的概念

基本尺寸相同的相互结合的孔和轴公差带之间的关系称为配合。配合中允许间隙或过盈的变动量称为配合公差，它表示配合松紧的允许变动范围，等于组成配合的孔、轴公差之和。

2）配合的类型

(1) 间隙配合：孔的公差带在轴的公差带之上，具有间隙（包括最小间隙等于零）的配合。

间隙的作用为储藏润滑油、补偿各种误差等，其大小影响孔与轴相对运动的程度，间隙配合主要用于孔轴间的活动联系，如冲裁模的凸模与凹模的配合关系。

(2) 过盈配合：孔的公差带在轴的公差带之下，具有过盈（包括最小过盈等于零）的配合。过盈配合中，由于轴的尺寸比孔的尺寸大，所以需要采用加压或热胀冷缩等方法进行装配。过盈配合主要用于孔轴间不允许有相对运动的紧固连接，如导柱与下模板的配合关系。

(3) 过渡配合：孔和轴的公差带互相交叠，可能具有间隙也可能具有过盈的配合（其间隙和过盈量一般都较小）。过渡配合主要用于要求孔轴间有较好的对中性和同轴度且易于拆卸、装配的定位连接，如精冲模的凸模与凹模的配合关系。

2. 操作步骤

(1) 备料：保证外形尺寸 80 ± 0.03 × 70 ± 0.03、50 ± 0.02 × 40 ± 0.02 及几何公差要求。

(2) 划线：划所有加工线，并检验划线正确性，如图 1-2 所示。

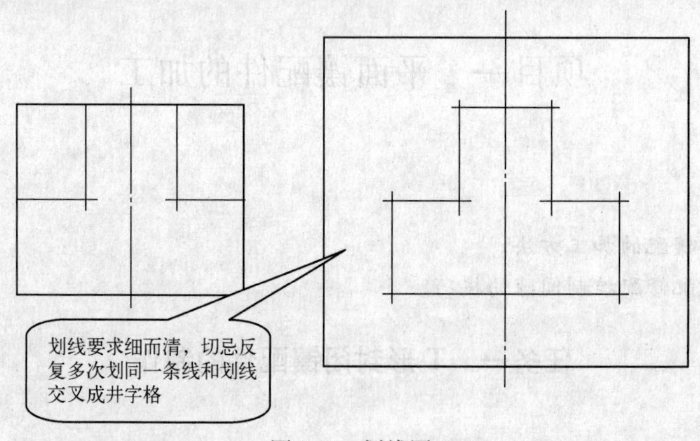

图 1-2　划线图

(3) 加工凸件，操作步骤如下：

① 锯割去除一直角台阶，粗、精锉两直角面至尺寸，如图 1-3 所示。

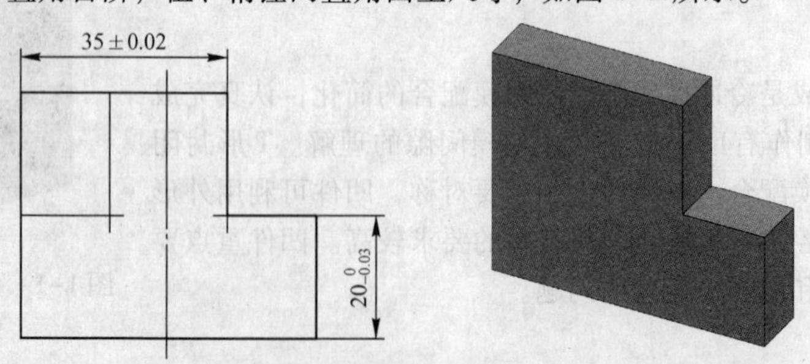

图 1-3　加工凸件一直角图

② 锯割去除另一直角台阶，粗、精锉两直角面至尺寸，如图 1-4 所示。

③ 去锐边并复检，如图 1-5 所示。

(4) 加工凹件，操作步骤如下：

① 在凹件的中心钻两个并排的 ϕ9 mm 的孔，在 T 字的三底边钻排孔，如图 1-6 所示。

② 用圆锉刀锉通两孔。为方便锯割，用方锉刀把圆周锉方，如图 1-7 所示。

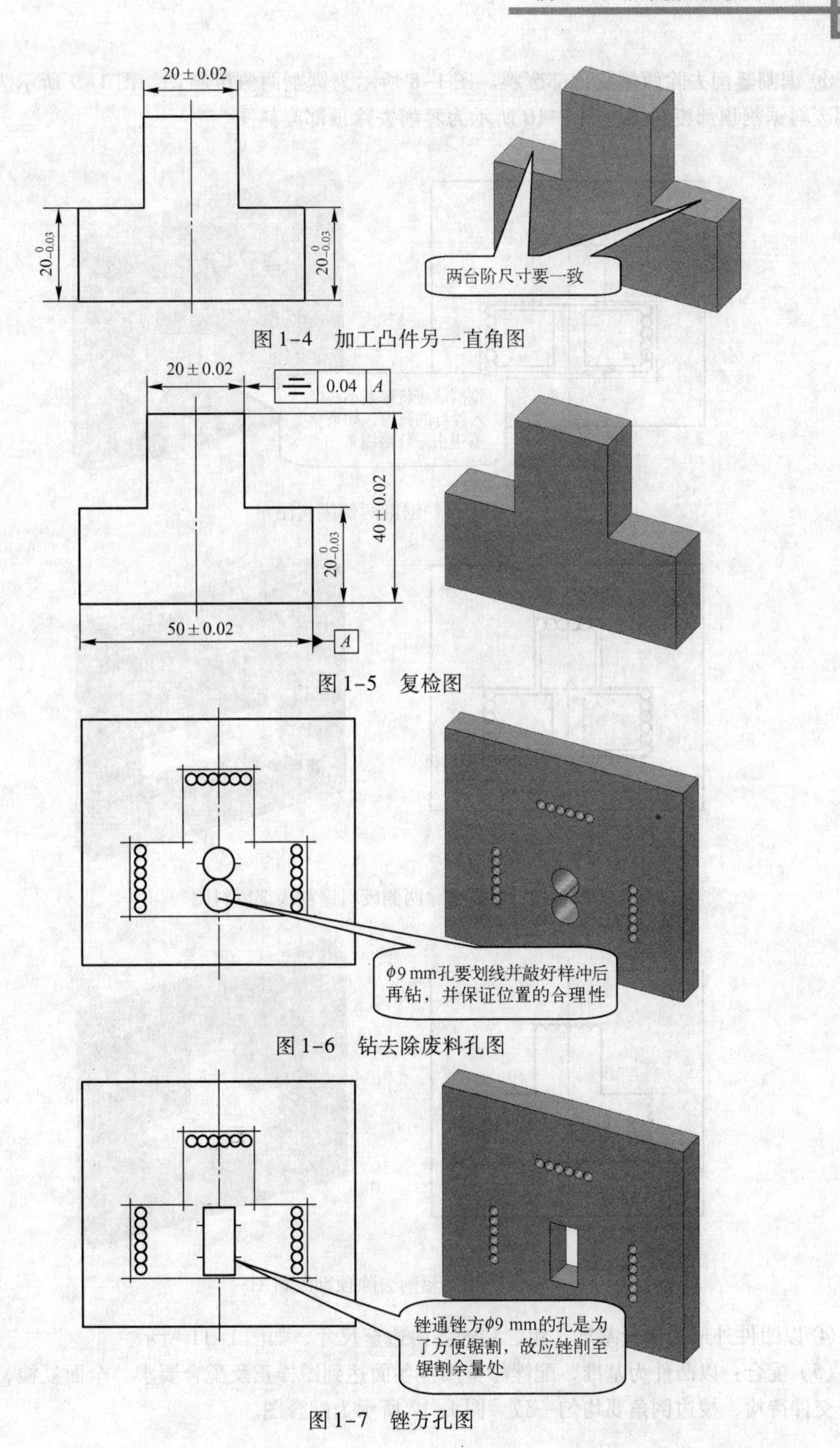

图 1-4　加工凸件另一直角图

图 1-5　复检图

图 1-6　钻去除废料孔图

图 1-7　锉方孔图

③ 锯割錾削去除两侧及顶部废料。图 1–8 所示为锯割两侧废料图，图 1–9 所示为錾削去除两侧废料锯割顶部废料图，图 1–10 所示为錾削去除顶部废料图。

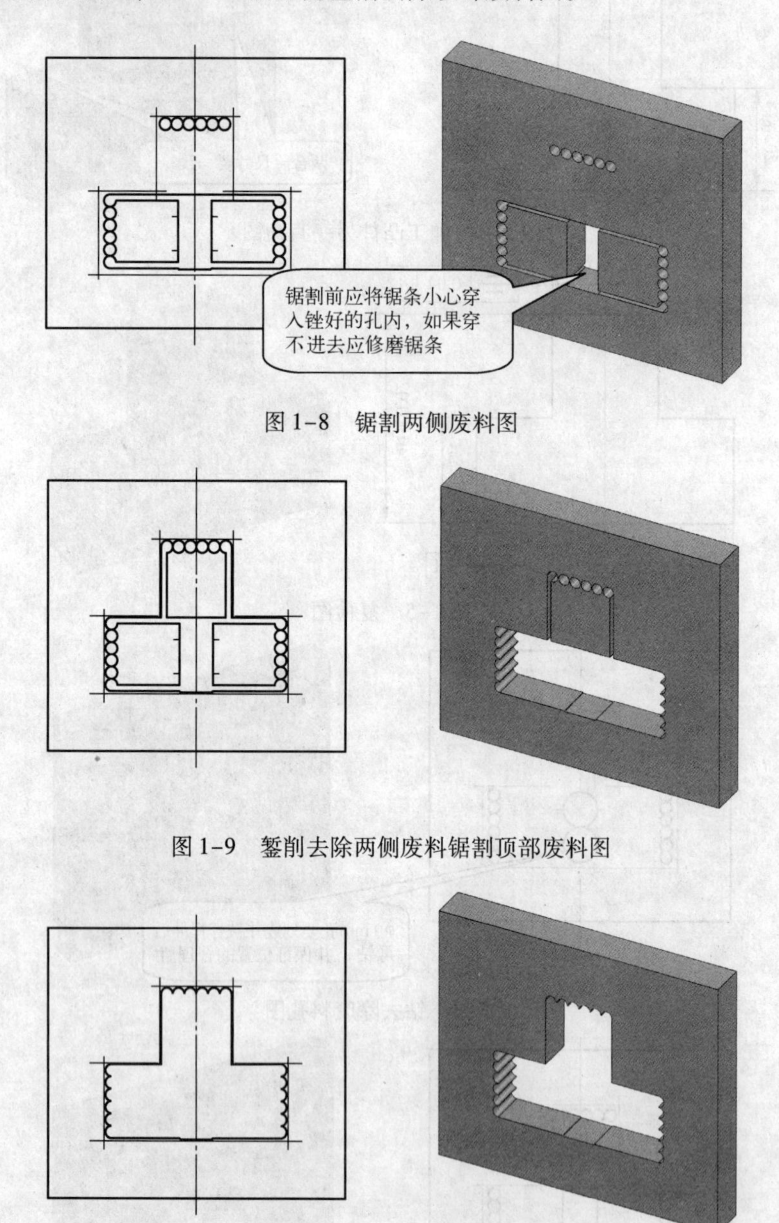

图 1–8　锯割两侧废料图

图 1–9　錾削去除两侧废料锯割顶部废料图

图 1–10　錾削去除顶部废料图

④ 以凹件外形为测量基准，粗、精锉各内边至尺寸，如图 1–11 所示。

（5）配合：以凸件为基准，配锉修整凹件各面达到图样正反配合要求。全面复检，去锐边毛刺，交件待检，棱边倒角要均匀一致。图 1–12 所示为配合图。

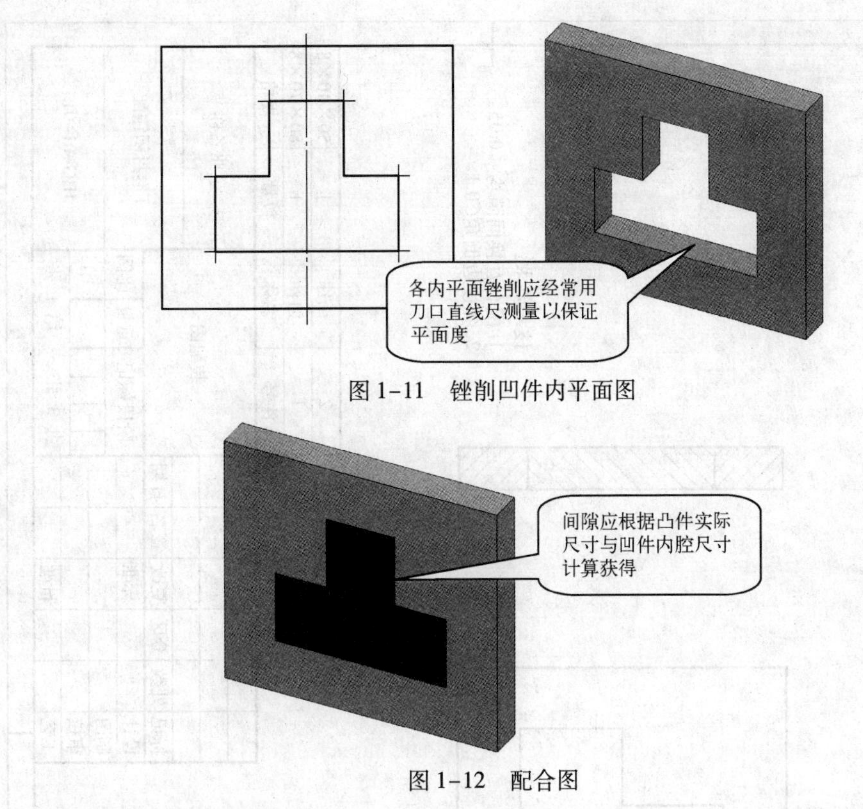

图 1–11　锉削凹件内平面图

图 1–12　配合图

3. 操作评价（见表 1–1）

表 1–1　T 形封闭镶配件制作评价表

项目	序　号	评 价 内 容	配　分	学生自评	教师评分	得　分
零件加工	1	凸件尺寸	20			
	2	凸件对称度	5			
	3	凸件表面粗糙度	4			
	4	凹件尺寸	15			
	5	凹件对称度	5			
	6	凹件表面粗糙度	6			
零件装配	1	零件的清洁与复检	5			
	2	组合后的间隙测量	24			
操作过程	1	装配过程中不能损坏零件	5			
	2	装配过程中不得违反安全操作规程	5			
	3	装配过程中的工量具摆放及文明生产规范	6			
	4	如有违规操作或不合理处扣 5～10 分				
总　分			100			

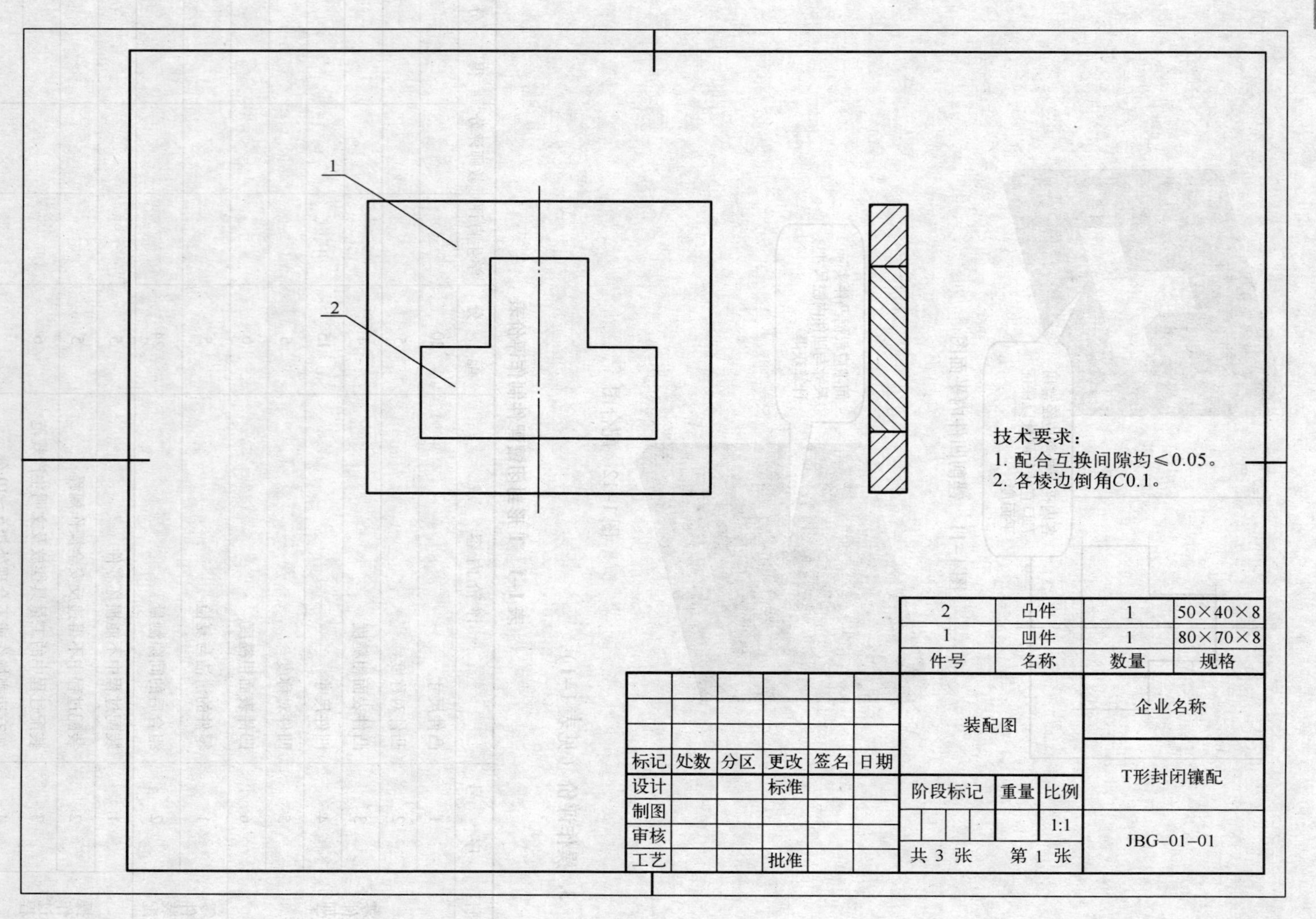
1
2
技术要求：
1. 配合互换间隙均≤0.05。
2. 各棱边倒角C0.1。
2 凸件 1 50×40×8
1 凹件 1 80×70×8
件号 名称 数量 规格
装配图
企业名称
T形封闭镶配
JBG-01-01
标记 处数 分区 更改 签名 日期
设计 标准
制图
审核
工艺 批准
阶段标记 重量 比例
1:1
共 3 张 第 1 张

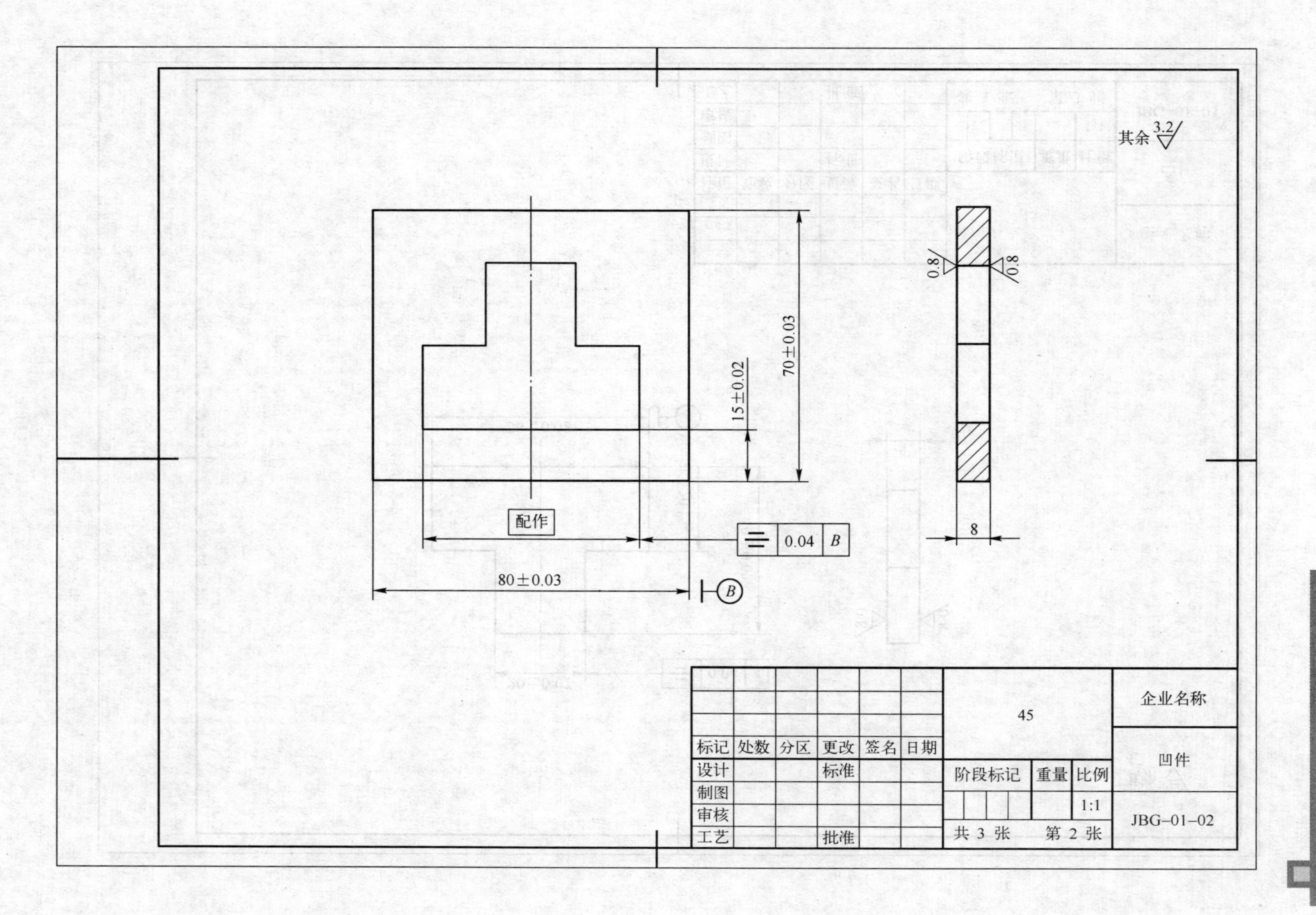

其余 3.2
0.8
0.8
70±0.03
15±0.02
配作
0.04 B
8
80±0.03
B
标记
处数
分区
更改
签名
日期
设计
标准
制图
审核
工艺
批准
45
阶段标记
重量
比例
1:1
共 3 张
第 2 张
企业名称
凹件
JBG-01-02

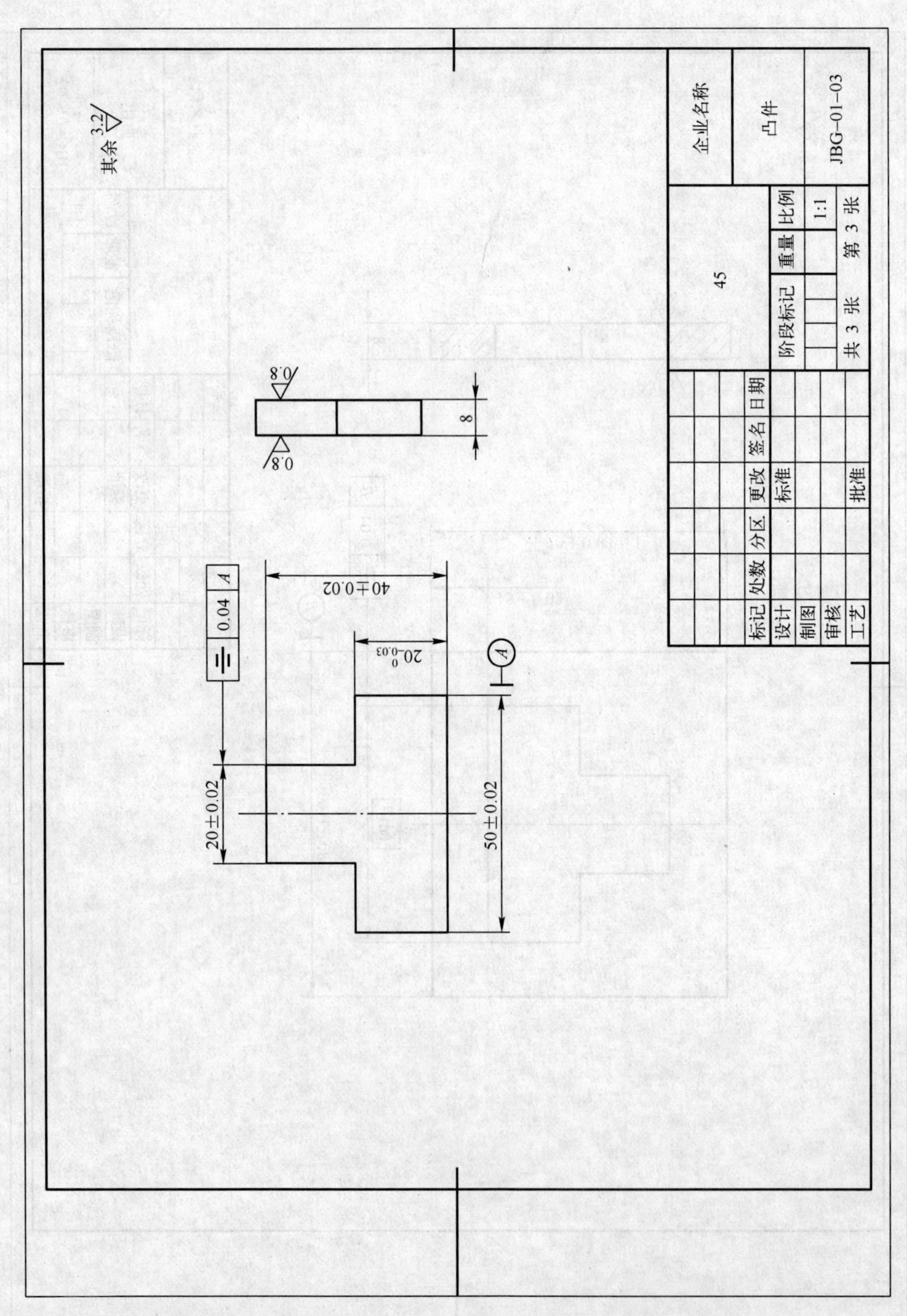
其余 3.2
0.8
0.8
8
0.04
A
40±0.02
20-0.03
A
20±0.02
50±0.02
企业名称
凸件
JBG-01-03
45
阶段标记
重量
比例
1:1
共 3 张
第 3 张
标记
处数
分区
更改
签名
日期
设计
标准
制图
审核
工艺
批准

任务二　凹凸盲配件的制作

一、任务描述

图 1-13 所示为凹凸盲配件，材料为 45 钢，厚度为 8 mm。试根据图样要求确定加工工艺，并运用钳工基本操作技能完成凹凸盲配件的制作。

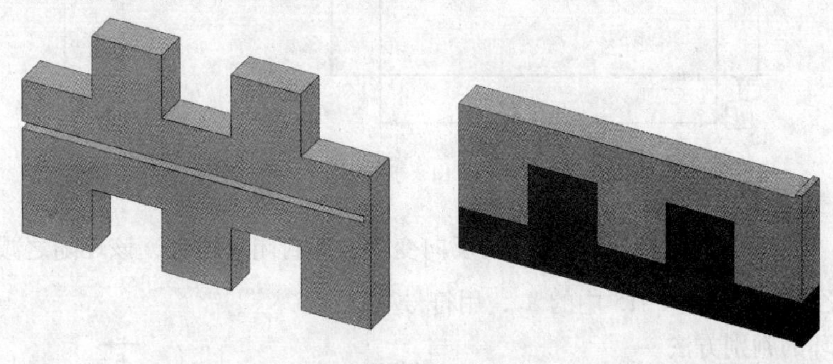

图 1-13　凹凸盲配件

二、任务分析

盲配是对凸件和凹件分别进行加工，通过尺寸控制来保证间隙的加工方法，特征是在加工过程中不能进行试配修整。在冷冲模零件的制造中，凸模和凹模采用的也是按图样要求分别加工完成且能保证一定间隙的加工方法。凹凸盲配件要求对凸台和凹槽分别进行加工，在锯断后达到配合间隙要求，故两个凸台的对称度要求较高，对计算间隙的能力和良好的锉削功底提出了更高的要求。要保证锯开后能镶配成功，重点是要解决凸台与凹槽的位置问题，外形备料的几何精度较高，凸台和凹槽的加工尺寸仅须依据外形的实际尺寸通过加减法的简单尺寸链计算即能获得。

三、任务实施

1. 相关知识

1）尺寸链的概念

由一系列相互关联的尺寸按一定顺序首尾相接所形成的封闭的尺寸组称为尺寸链。由定义可知，其特征是具有封闭性、关联性。在零件加工中，由相关尺寸所构成的尺寸链称为工艺尺寸链。

图 1-14 所示为尺寸链图，如先以 A 面定位加工 C 面，得到尺寸 A_1，然后再以 A 面定位用调整法加工台阶面 B，得到尺寸 A_2，间接得到 B 面与 C 面之间的尺寸 A_0；这样 A_1、A_2 和 A_0 这三个尺寸构成了一个封闭尺寸组，就成为一个尺寸链。

2）尺寸链的组成

（1）环：尺寸链中的每一个尺寸。可以是长度或角度，如图 1-15 中的 A_0、A_1、A_2。

（2）封闭环：在零件加工过程中间接获得的环，如图 1-15 中的 A_0。

（3）组成环：尺寸链中除封闭环之外的全部环，如图 1-15 中的 A_1、A_2。

（4）增环：若该环的变动引起封闭环的同向变动，即封闭环增大，该环随之增大；如封闭环减小，该环随之减小，如图 1-15 中的 A_1，用符号 $\overleftarrow{A_1}$ 表示。

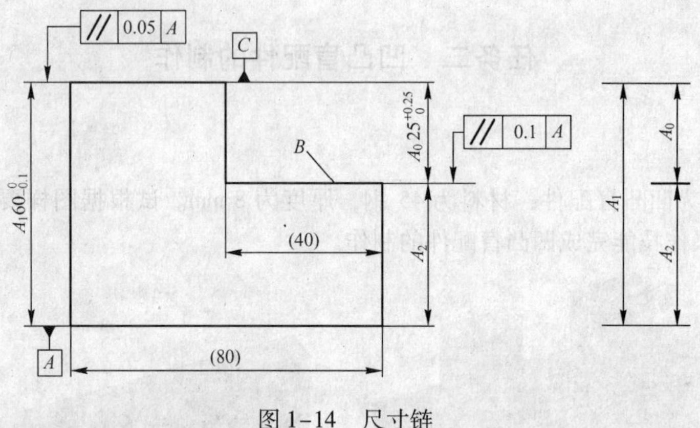
图 1-14　尺寸链

（5）减环：若该环的变动引起封闭环的反向变动，即封闭环增大，该环随之减小；如封闭环减小，该环随之增大，如图 1-15 中的 A_2，用符号$\overrightarrow{A_2}$表示。

3）增、减环的判别方法

在尺寸链图中用首尾相接的双向箭头顺序表示各尺寸环，以任意方向画圈（顺时针或逆时针），其中与封闭环箭头方向相反者为增环，与封闭环箭头方向相同者为减环。如图 1-15 所示，A_1 为增环，A_2 为减环。

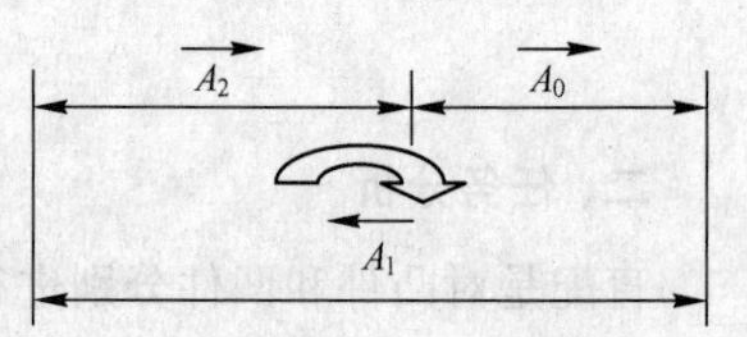
图 1-15　尺寸链组成

4）尺寸链的计算

（1）加工图 1-16 所示的凹凸盲配件右端台阶时，要保证 18 ±0. 02。根据题意可知，其设计基准为上平面，为了使加工误差最小，测量时应尽量使测量基准和设计基准重合，但 18 ±0. 02 尺寸不便于测量，在加工过程需要进行基准转换，即加工时保证 A_1 的尺寸来间接保证尺寸 18 ±0. 02，试问尺寸 A_1 控制在多少范围之内，才能保证 18 ±0. 02 的尺寸？

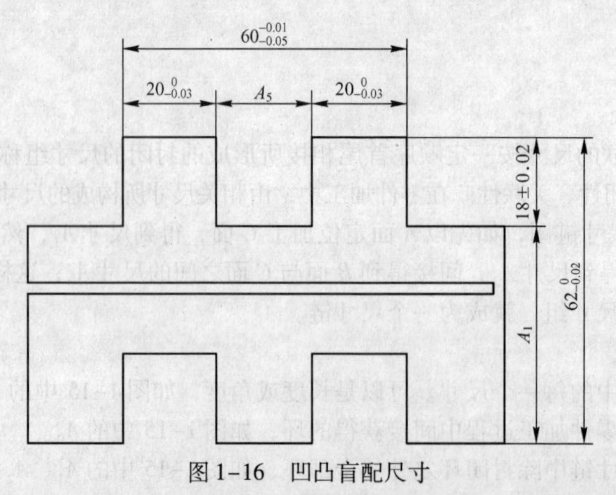
图 1-16　凹凸盲配尺寸

解：由题意可知，18 ±0. 02 为封闭环 A_0，因为它是加工过程中间接得到的。设尺寸 $62\,_{-0.02}^{\ 0}$ 为尺寸 A_2。

画尺寸链简图，封闭环 A_0 尺寸的两个界面尺寸分别是 A_1、A_2 尺寸，且其基准又重合形成了封闭形式，故得尺寸链简图，如图 1-17 所示。

查找组成环，并判断增减环。由定义可知 A_1、A_2 为组成环，采用定义或画箭头的方式进行判断增减环，得到 A_1 为减环，记作$\overleftarrow{A_1}$；A_2 为增环，记作$\overrightarrow{A_2}$。

A_0 基 $=A_2$ 基 $-A_1$ 基，　　即 $18=62-A_1$　　A_1 基 $=44$

$A_{0\max}=A_{2\max}-A_{1\min}$，　　即 $18.02=62.00-A_{1\min}$　　$A_{1\min}=43.98$

$A_{0\min}=A_{2\min}-A_{1\max}$，　　即 $17.98=61.98-A_{1\max}$　　$A_{1\max}=44$

$A_1=44^{\ 0}_{-0.02}$

验算计算结果，根据封闭环的公差 $T(A_0)$ 等于各组成环的公差 $T(A_i)$ 之和，得

$T(A_0)=T(A_1)+T(A_2)$，即 $0.04=0.02+0.02$（结果正确）

答：尺寸 A_1 控制在 $44^{\ 0}_{-0.02}$ 范围之内，才能保证 18 ± 0.02 的尺寸是正确的。

（2）在图 1-16 中已知左凸台的左端面到右凸台的右端面的尺寸是 $60^{-0.01}_{-0.05}$，而根据加工的实际情况同样可以用尺寸链的计算方法，自行求出 A_5 的尺寸。

解：由题意可知，A_5 为封闭环，因为它是加工过程中间接且是最后得到的。设两凸台尺寸 $20^{\ 0}_{-0.03}$ 分别为尺寸 A_4、A_6，左凸台的左端面到右凸台的右端面的尺寸 $60^{-0.01}_{-0.05}$ 为 A_3。

画尺寸链简图，封闭环 A_5 尺寸的两个界面尺寸分别是 A_4、A_6 尺寸，且 A_4、A_6 尺寸界面又是 A_3 尺寸的两界面，故形成了封闭形式，得到尺寸链简图 1-18。

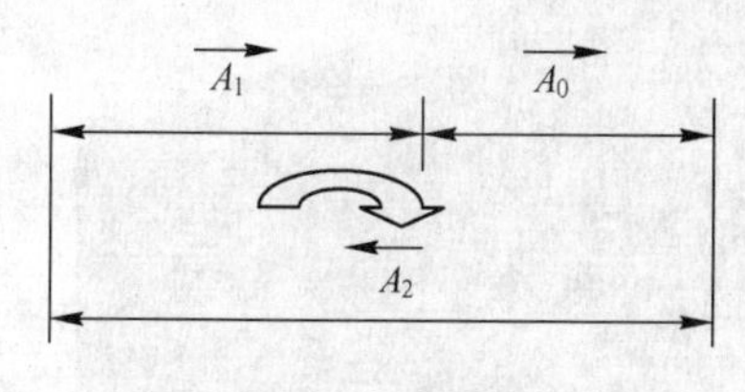

图 1-17　尺寸链简图（一）

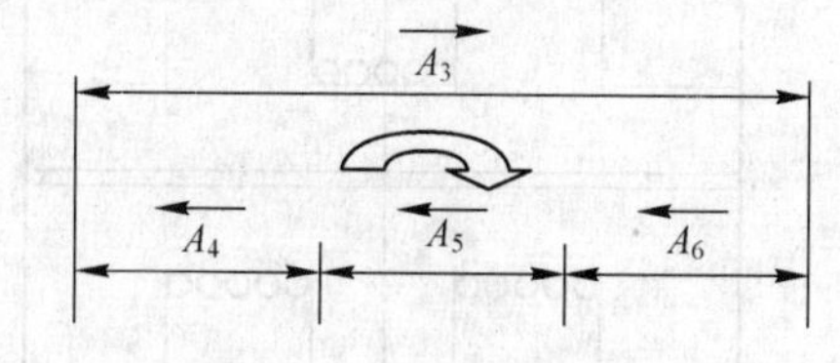

图 1-18　尺寸链简图（二）

查找组成环，并判断增减环。由定义可知 A_3、A_4、A_6 为组成环，采用定义或画箭头的方式进行判断增减环，得到 A_3 为增环，记作$\overrightarrow{A_3}$；A_4、A_6 为减环，记作$\overleftarrow{A_4}$、$\overleftarrow{A_6}$。

A_5 基 $=A_3$ 基 $-(A_4$ 基 $+A_6$ 基$)$，即 A_5 基 $=60-(20+20)$　　A_3 基 $=20$

$A_{5\max}=A_{3\max}-(A_{4\min}+A_{6\min})$，即 $A_{5\max}=59.99-(19.97+19.97)$　　$A_{5\max}=20.05$

$A_{5\min}=A_{3\min}-(A_{4\max}+A_{6\max})$，即 $A_{5\min}=59.95-(20.00+20.00)$　　$A_{5\min}=19.95$

即 $A_5=20\pm0.05$

验算计算结果，根据封闭环的公差 $T(A_0)$ 等于各组成环的公差 $T(A_i)$ 之和，得到 $T(A_5)=T(A_3)+T(A_4)+T(A_6)$，即 $0.10=0.04+0.03+0.03$（结果正确）。

答：尺寸 A_5 控制在 20 ± 0.05 范围之内是正确的。

2. 操作步骤

（1）备料：外形尺寸 100×62，如图 1-19 所示。

（2）划线：划所有加工线，并检验划线正确性，如图 1-20 所示。

（3）钻凹槽底部排废孔，如图 1-21 所示。

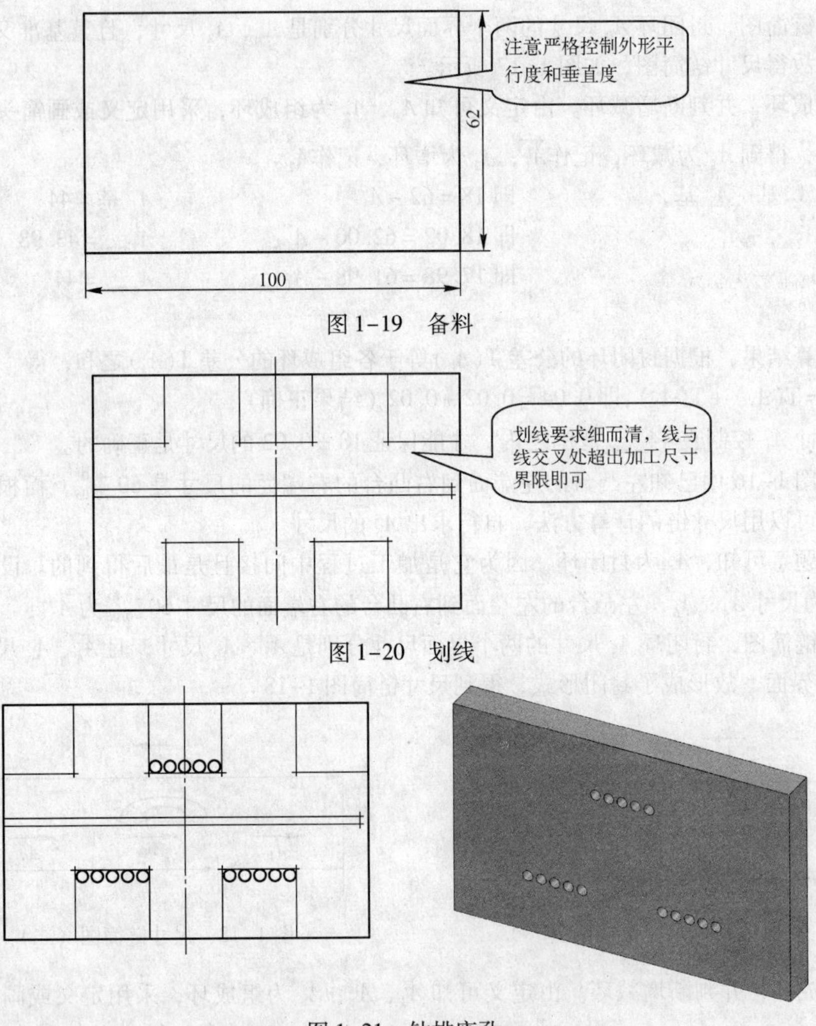

图 1-19　备料

图 1-20　划线

图 1-21　钻排废孔

（4）锯割錾削去除凸件中间凹槽废料，如图 1-22 所示。

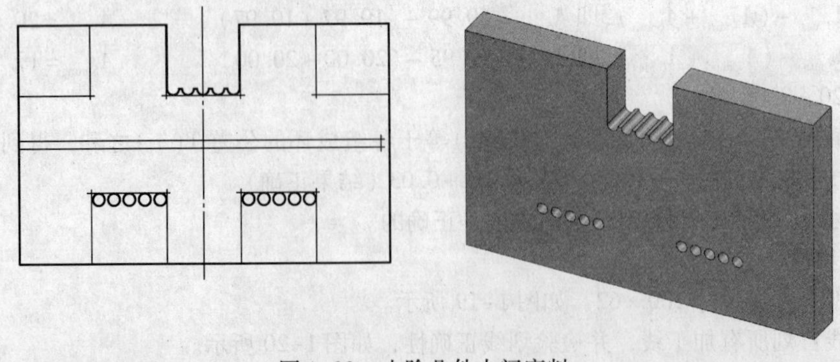

图 1-22　去除凸件中间废料

（5）粗、精锉凸件中间凹槽至尺寸，如图 1-23 所示。

（6）锯割去除凸件一侧直角台阶并粗、精锉至尺寸，如图 1-24 所示。

（7）锯割去除凸件另一侧直角台阶并粗、精锉至尺寸，如图 1-25 所示。

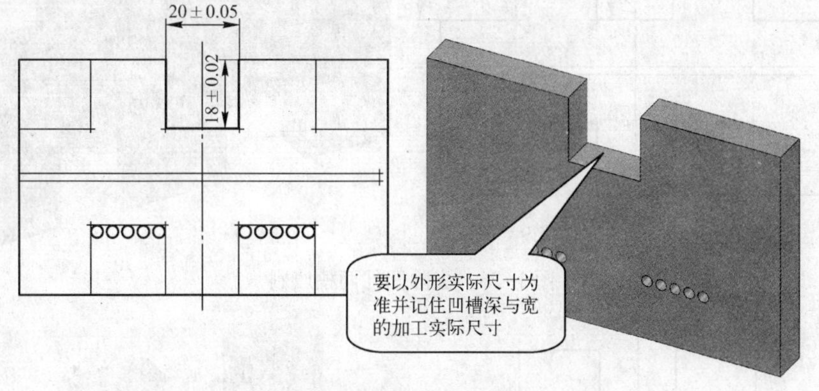

图 1-23　加工凸件凹槽

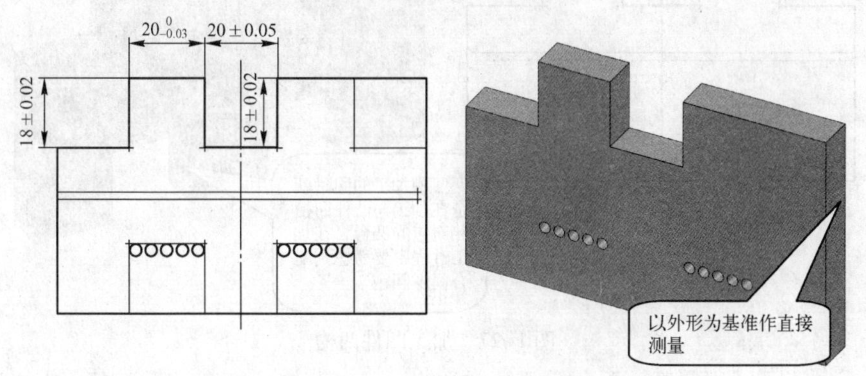

图 1-24　加工凸件一侧台阶

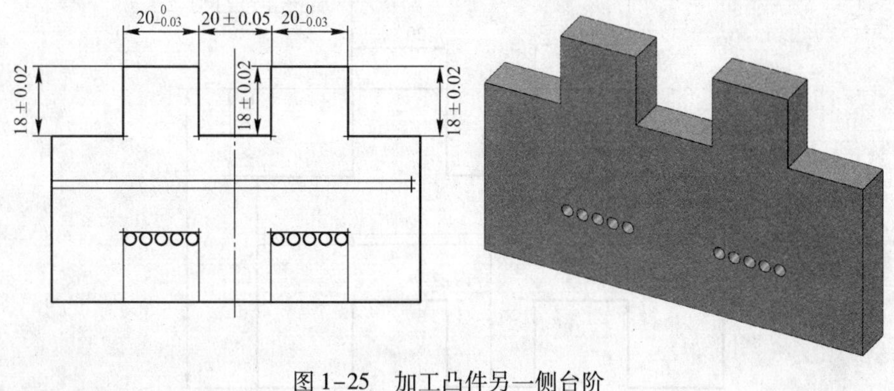

图 1-25　加工凸件另一侧台阶

（8）锯割錾削去除凹件两槽废料，如图 1-26 所示。

（9）根据凸件两凸台实际尺寸，以外形为基准锉削凹件两凹槽至尺寸，如图 1-27 所示。

（10）全面复检去锐边，如图 1-28 所示。

（11）按图锯割中缝至尺寸，交件待检。锯割中缝图如图 1-29 所示。

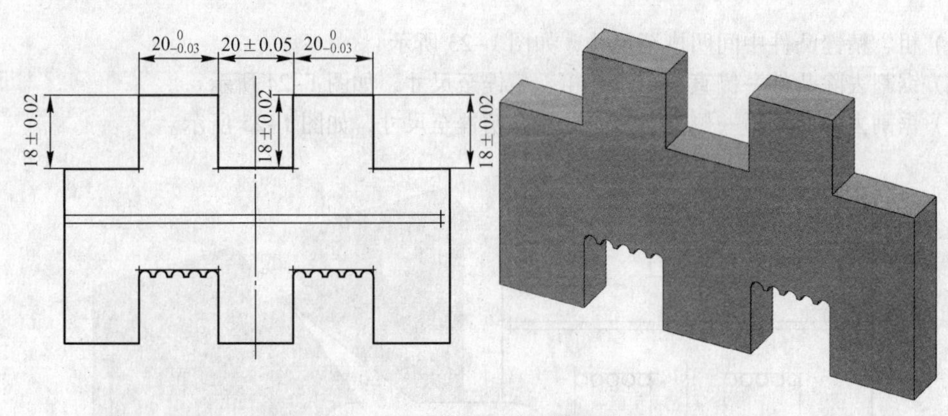

图 1-26　去除凹件两槽废料

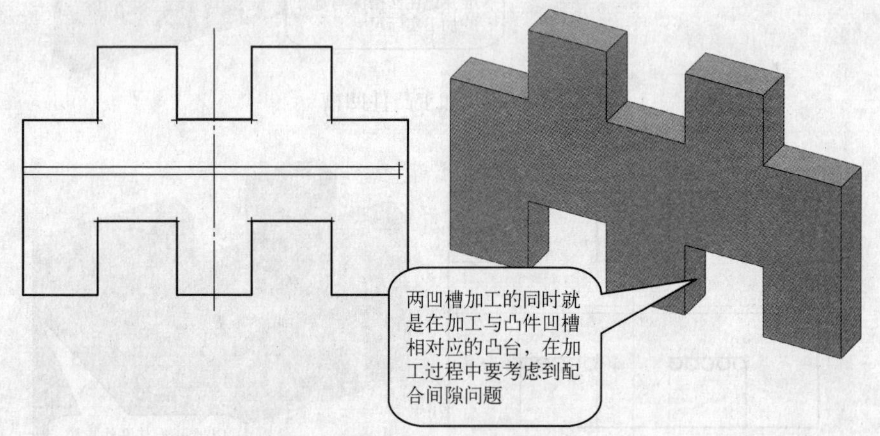

图 1-27　加工凹件两槽

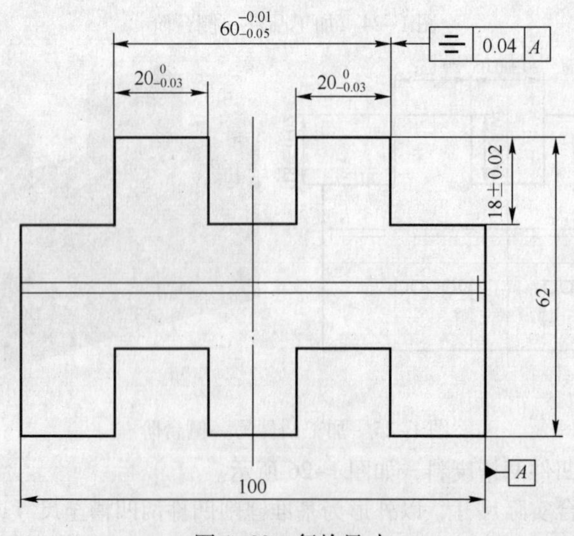

图 1-28　复检尺寸

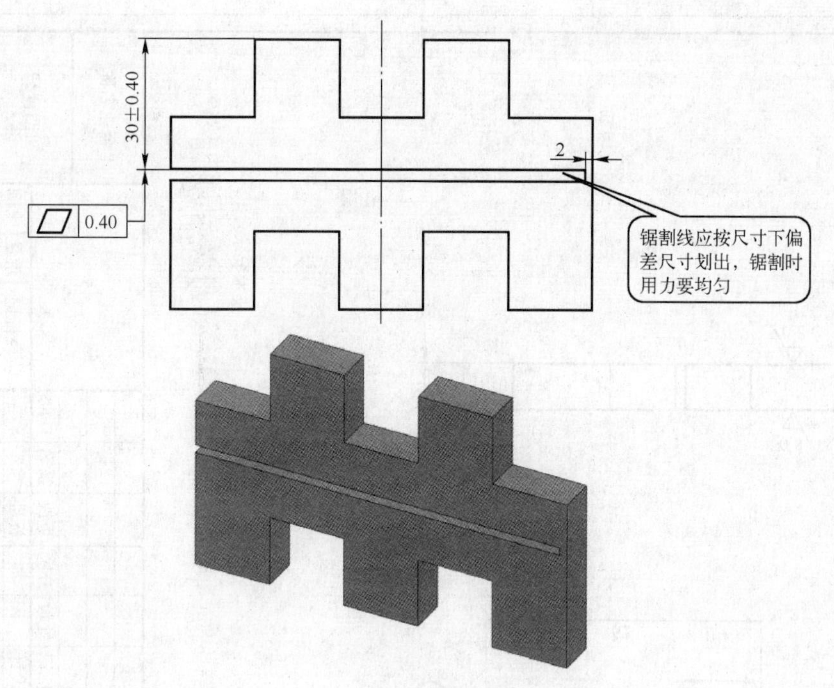

图1-29 锯割中缝

3. 操作评价（见表1-2）

表1-2 凹凸盲配件制作评价表

项目	序号	评价内容	配分	学生自评	教师评分	得分
零件加工	1	凸台尺寸	20			
	2	凸台对称度	8			
	3	锯削尺寸	8			
	4	锯削平面度	8			
	5	表面粗糙度	8			
零件装配	1	零件的清洁与复检	5			
	2	组合后的间隙测量	27			
操作过程	1	装配过程中不能损坏零件	5			
	2	装配过程中不得违反安全操作规程	5			
	3	装配过程中的工量具摆放及文明生产规范	6			
	4	如有违规操作或不合理处扣5～10分				
总分			100			

思考与提高

通过查资料，了解冷冲模中凸模与凹模的间隙与镶配件中凸件与凹件的间隙有何相同点和不同点，冷冲模中凸模与凹模的间隙是如何确定的？

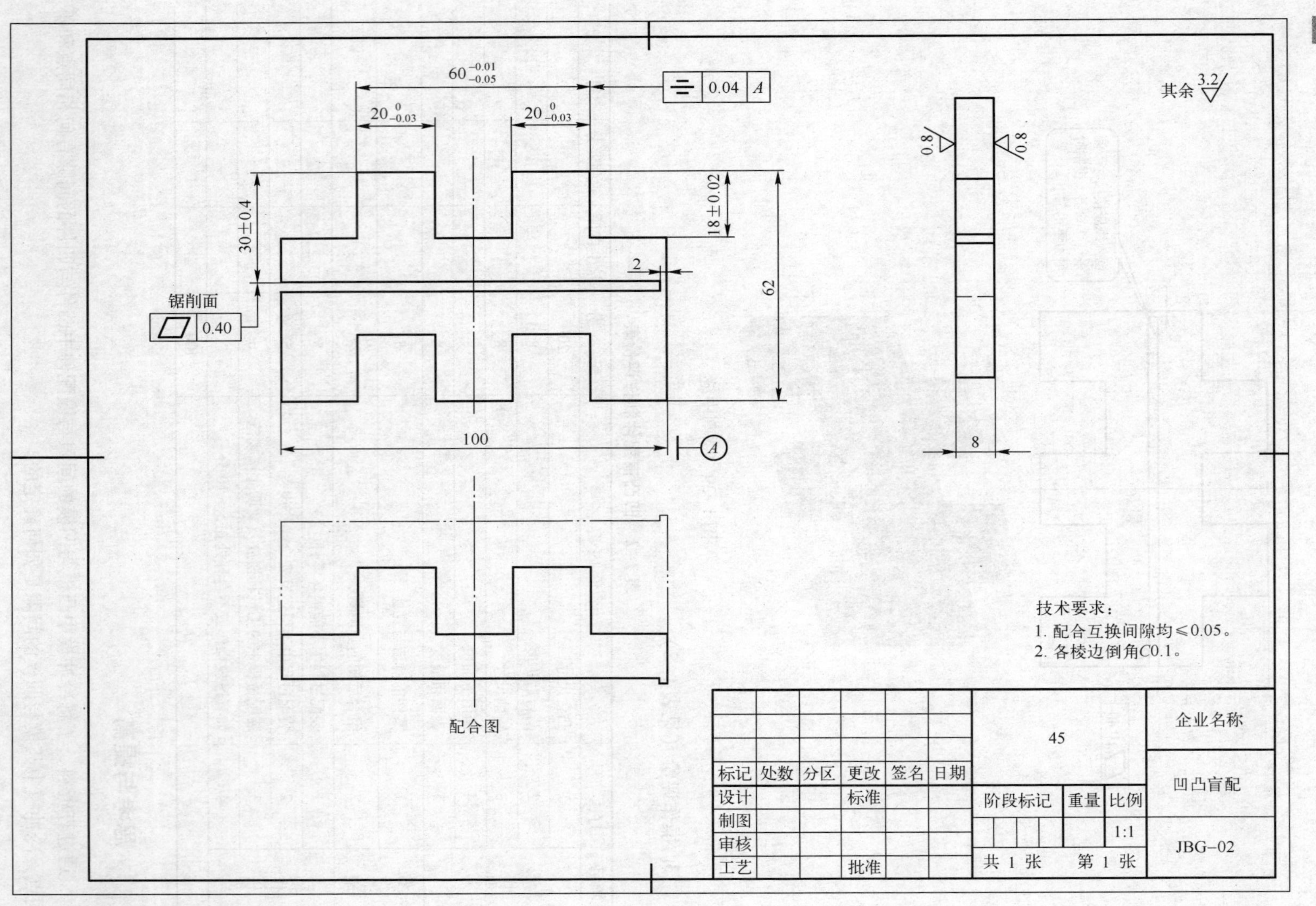
60 −0.01 −0.05
0.04 A
20 0 −0.03
20 0 −0.03
其余 3.2
0.8
0.8
30±0.4
18±0.02
2
62
锯削面
0.40
100
A
8
配合图
技术要求：
1. 配合互换间隙均≤0.05。
2. 各棱边倒角C0.1。
45
企业名称
凹凸盲配
标记
处数
分区
更改
签名
日期
设计
标准
制图
审核
工艺
批准
阶段标记
重量
比例
1:1
共 1 张
第 1 张
JBG-02

项目二　组合装配件的加工

能力目标：

（1）掌握多件组合配的加工方法。

（2）掌握装配调整的技巧。

任务一　三角定位总成装配体的制作

一、任务描述

图 1–30 所示为三角定位总成装配体。试根据图样要求确定加工工艺并完成三角定位总成装配体各零件的制作及装配调整。

二、任务分析

在冷冲模零件的制造中，除了要根据图样要求进行加工外，更要充分考虑能对装配产生影响的因素，而不应等到零件加工完毕装配时发现问题再对零件进行返工。三角定位总成装配体也体现出了类似的理念，不仅有对零件的加工，还有各处装配关系需要靠调整来满足技术要求。注意以下几点才能保证装配顺利完成：

图 1–30　三角定位总成装配体

（1）定位导向销的中心高度要与活动件内三角的中心高度一致。

（2）定位导向销装配后要与组合底座的上表面平行。

（3）活动件的内三角及燕尾要与外形中心对称。

（4）在调整燕尾压板与活动件的间隙时还要与定位导向销轴线平行且对称。

三、任务实施

1. 操作步骤

（1）加工三角镶件

① 划线钻铰 ϕ10H7 中心孔，如图 1–31 所示。

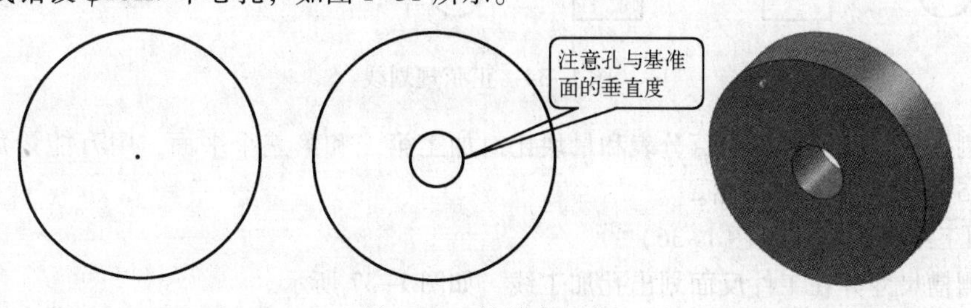

图 1–31　钻铰中心孔

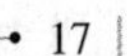

② 插入量棒以孔为准划出第一个平面加工线，如图 1–32 所示。

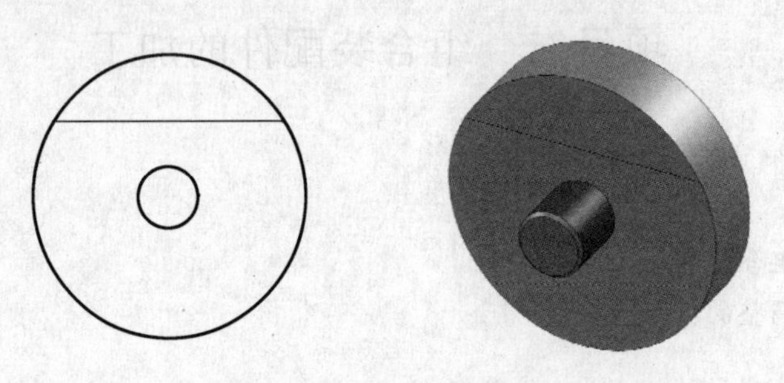

图 1–32　划第一个平面线

③ 锯割去废，插入量棒用百分表和量块比对加工第一个平面，如图 1–33 所示。

图 1–33　比较测量

④ 以第一个平面和外圆母线为支撑，插入量棒以孔为准在正弦规上划出其余两个面的加工线，如图 1–34 所示。

图 1–34　正弦规划线

⑤ 锯割去废，插入量棒用百分表和量块比对加工第二和第三个平面，用万能量角器控制角度。图 1–35 所示为加工三角图。

（2）加工组合底座（见图 1–36）

① 检测槽尺寸并在工件反面划出孔加工线，如图 1–37 所示。

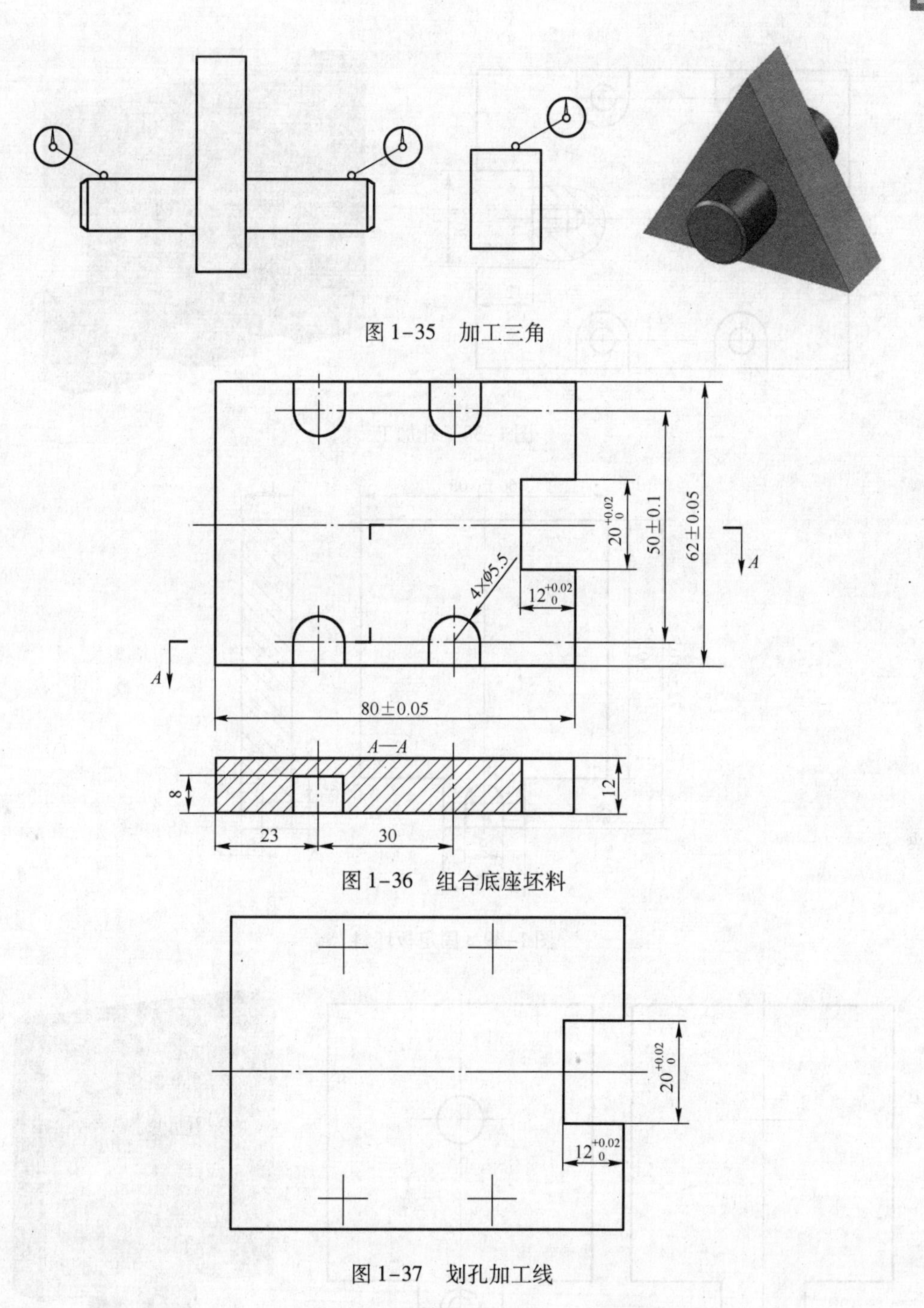

图 1-35　加工三角

图 1-36　组合底座坯料

图 1-37　划孔加工线

② 加工四个 $\phi5.5$ 孔，钻、攻 M5×20 至尺寸，如图 1-38 所示。

(3) 加工固定板（见图 1-39）

① 划线，钻、铰 $\phi10H7$ 孔及 $\phi5.5$ 孔至尺寸，如图 1-40 所示。

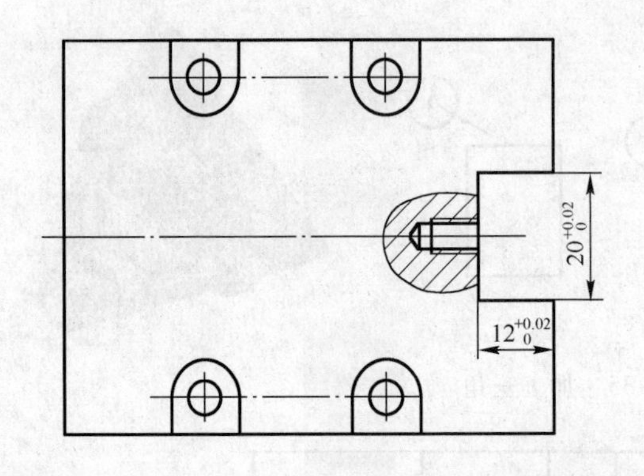

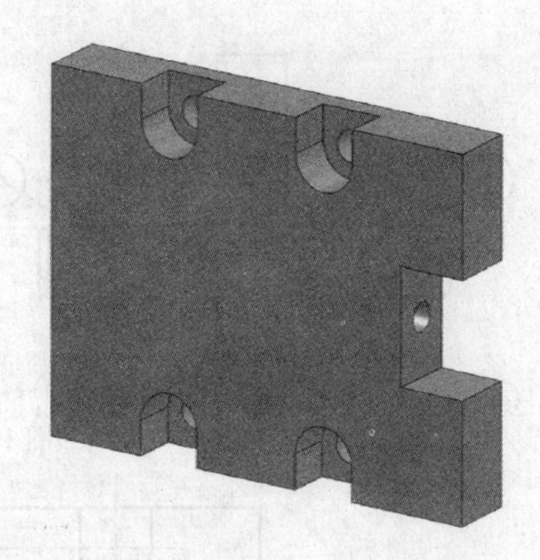

图 1-38　孔加工

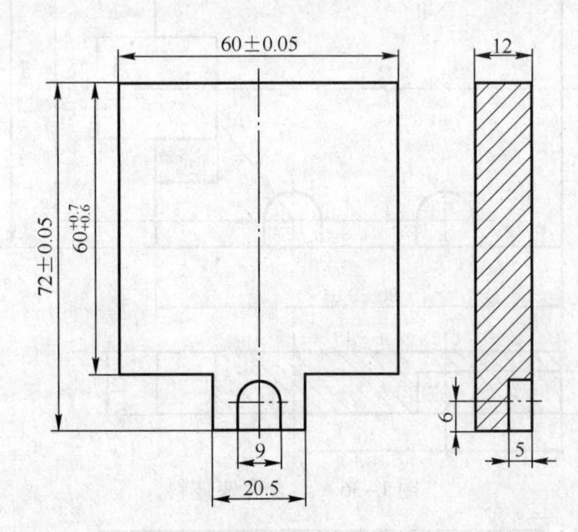

图 1-39　固定板坯料

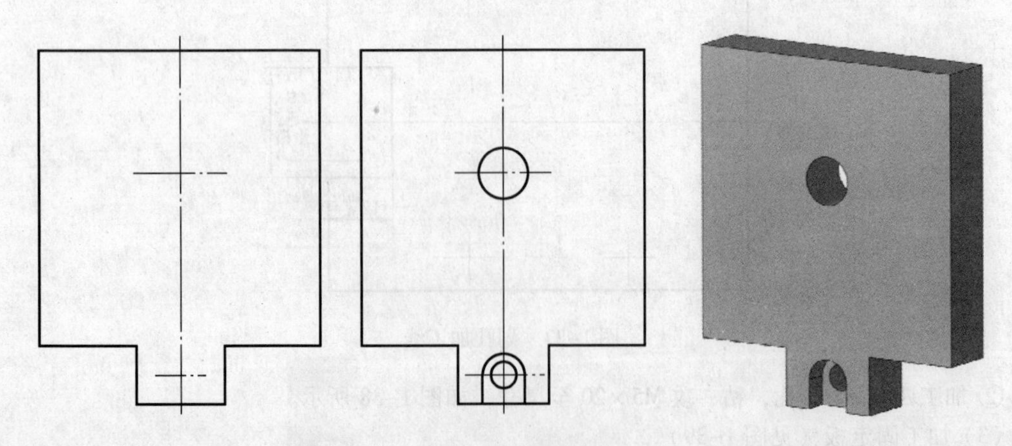

图 1-40　孔加工

② 与组合底座配作 20×12 台阶至尺寸，配作台阶图如图 1-41 所示。

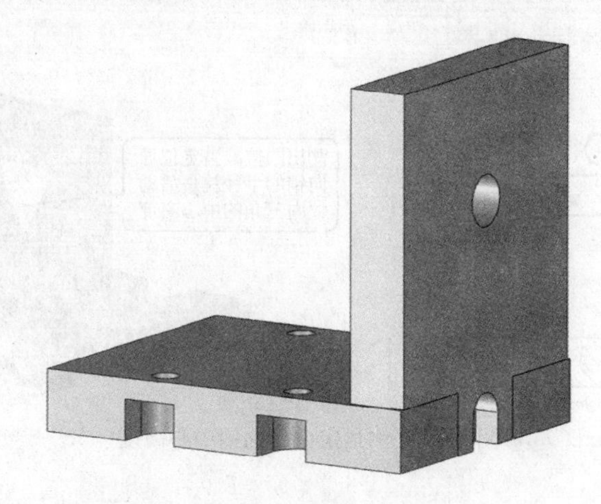

图 1-41　配作台阶

（4）将定位导向销装入固定板，如图 1-42 所示。

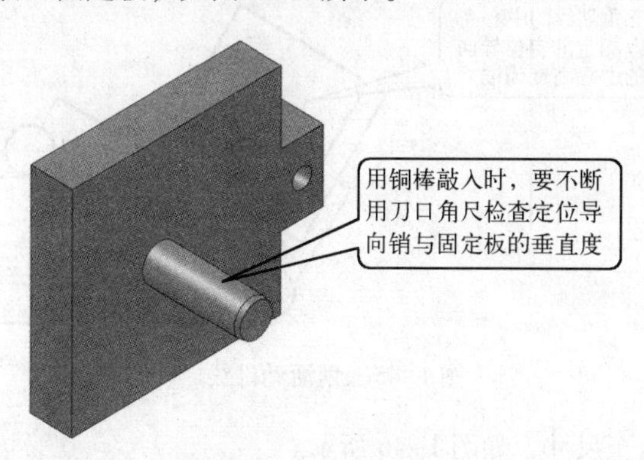

图 1-42　装定位导向销

（5）用内六角螺钉将固定板与组合底座紧固，在平板上用百分表测量定位导向销前后端是否平行。装配固定板与组合底座如图 1-43 所示。

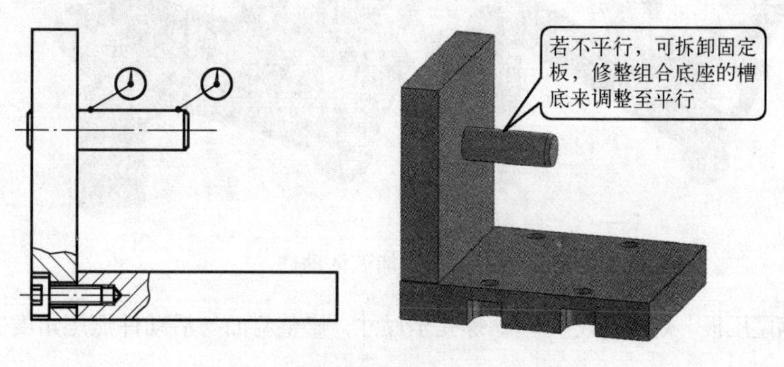

图 1-43　装配固定板与组合底座

（6）用量块和百分表配合测出定位导向销轴线到组合底座上表面的高度。测量定位导向销中心高度如图 1–44 所示。

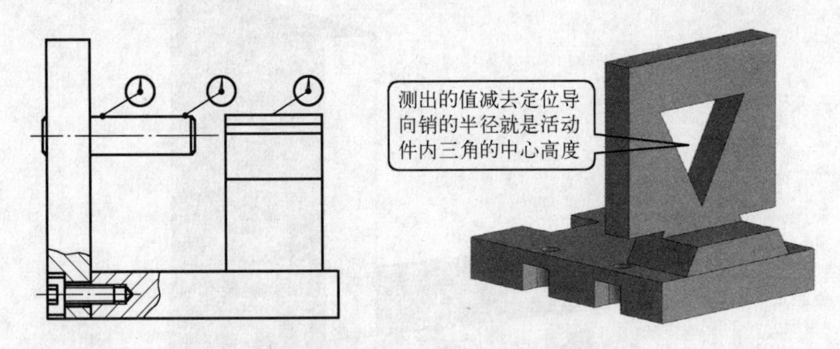

图 1–44　测量定位导向销中心高度

（7）加工活动件

① 修整外形，以外形为准在平板和正弦规上划出燕尾和内三角的加工线，如图 1–45 所示。

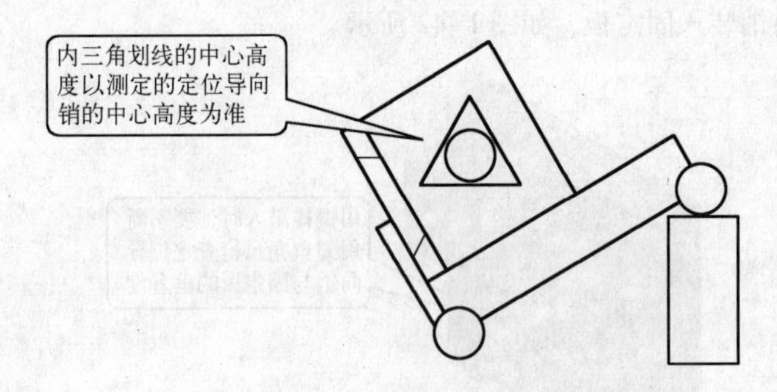

图 1–45　划活动件线

② 加工燕尾和内三角至尺寸，如图 1–46 所示。

图 1–46　加工活动件

（8）加工燕尾压板。划线钻攻 4 × M5 螺孔至尺寸，修整斜面与活动件燕尾角度一致，如图 1–47 所示。

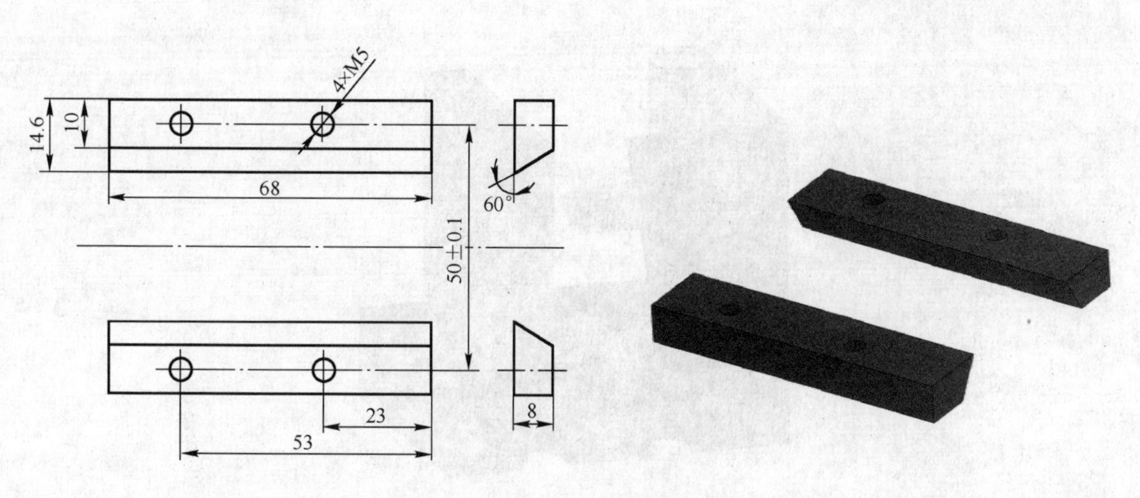

图 1-47　加工燕尾压板

（9）用内六角螺钉把燕尾压板预固定在组合底座上，调整与活动件燕尾处的间隙恰当后紧固。调整位置和燕尾间隙图如图 1-48 所示。

图 1-48　调整位置和燕尾间隙图

（10）配钻铰 4 × ϕ5H7 孔后装入销钉，全面复检去棱边后交件。配钻铰并装入销钉如图 1-49 所示。

图 1-49　配钻铰并装入销钉

2. 操作评价（见表 1-3）

表 1-3　三角定位总成装配件评价表

项目	序号	评价内容	配分	学生自评	教师评分	得　分
零件加工	1	组合底座槽、各孔尺寸、位置精度	10			
	2	燕尾压板角度、各孔尺寸、位置精度	5			
	3	活动件燕尾尺寸、角度、对称度	8			
	4	三角镶件孔位、尺寸、角度、垂直度	20			
	5	固定板孔径、孔位、凸台对称度	6			
零件装配	1	零件的清洁与复检	5			
	2	主要零件装配组合顺序的正确性	5			
	3	各活动部件及配合是否正常	5			
	4	组合后的间隙测量	20			
操作过程	1	装配过程中不能损坏零件	5			
	2	装配过程中不得违反安全操作规程	5			
	3	装配过程中的工量具摆放及文明生产规范	6			
	4	如有违规操作或不合理处扣 5～10 分				
总　分			100			

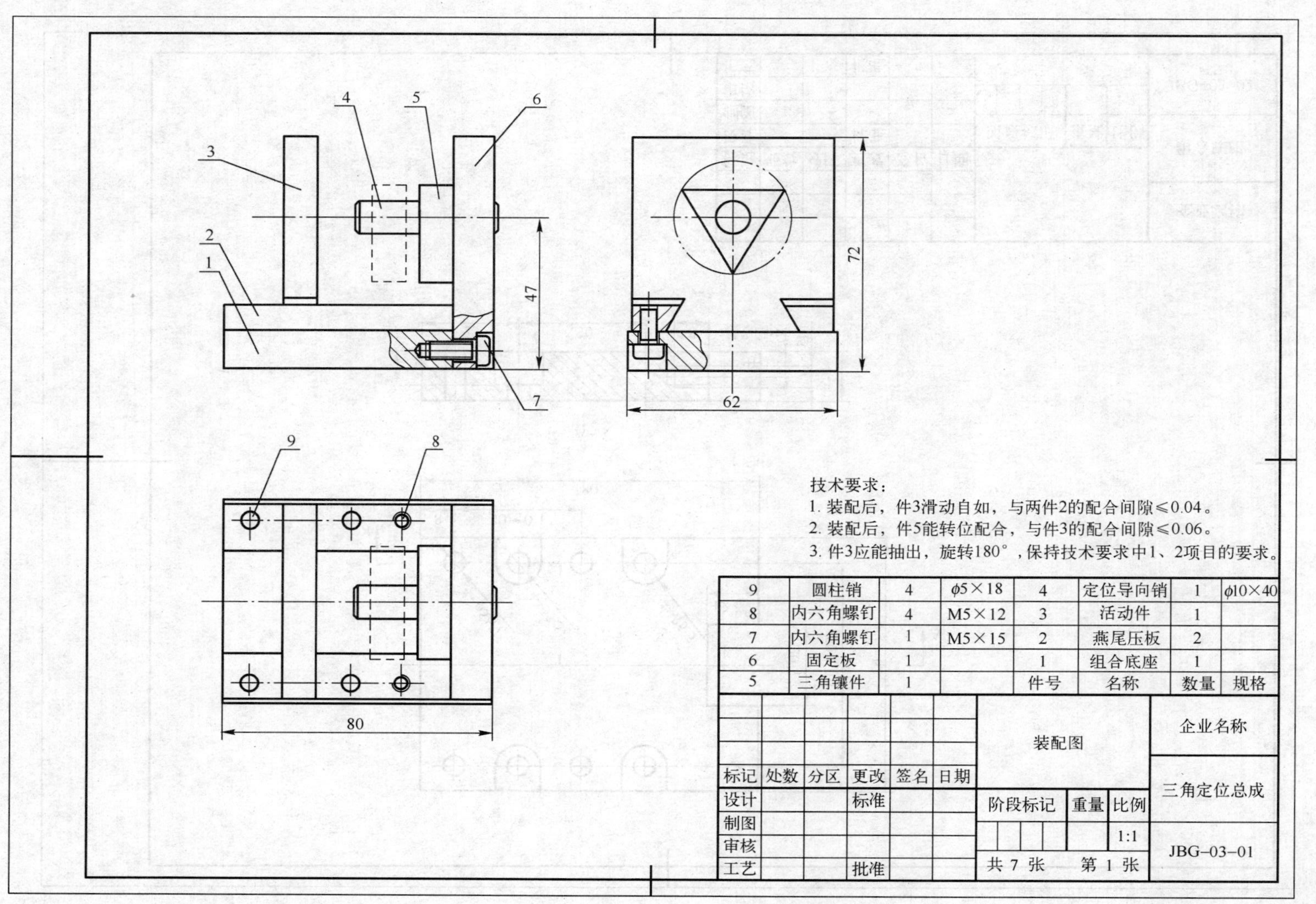
1
2
3
4
5
6
7
8
9
47
72
62
80
技术要求：
1. 装配后，件3滑动自如，与两件2的配合间隙≤0.04。
2. 装配后，件5能转位配合，与件3的配合间隙≤0.06。
3. 件3应能抽出，旋转180°，保持技术要求中1、2项目的要求。
9 圆柱销 4 φ5×18
8 内六角螺钉 4 M5×12
7 内六角螺钉 1 M5×15
6 固定板 1
5 三角镶件 1
4 定位导向销 1 φ10×40
3 活动件 1
2 燕尾压板 2
1 组合底座 1
件号 名称 数量 规格
标记 处数 分区 更改 签名 日期
设计 标准
制图
审核
工艺 批准
装配图
阶段标记 重量 比例
1:1
共 7 张 第 1 张
企业名称
三角定位总成
JBG-03-01

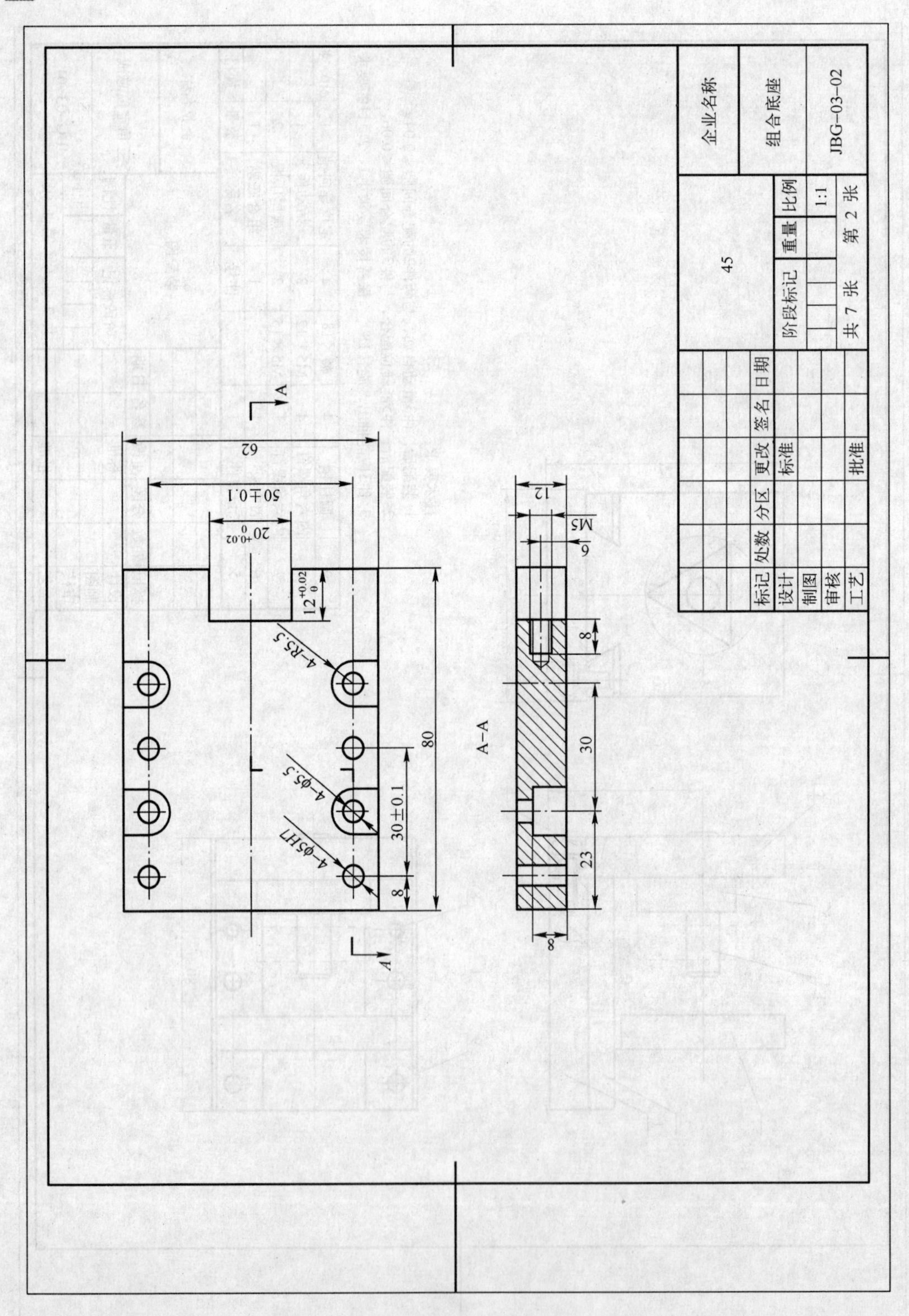

企业名称
组合底座
JBG-03-02
45
阶段标记
重量
比例
1:1
共 7 张
第 2 张
标记
处数
分区
更改
签名
日期
设计
标准
制图
审核
工艺
批准
A
62
50±0.1
20$^{+0.02}_{0}$
12$^{+0.02}_{0}$
4-R5.5
4-φ5.5
4-φ5H7
80
30±0.1
8
A-A
12
M5
6
8
30
23
8
A

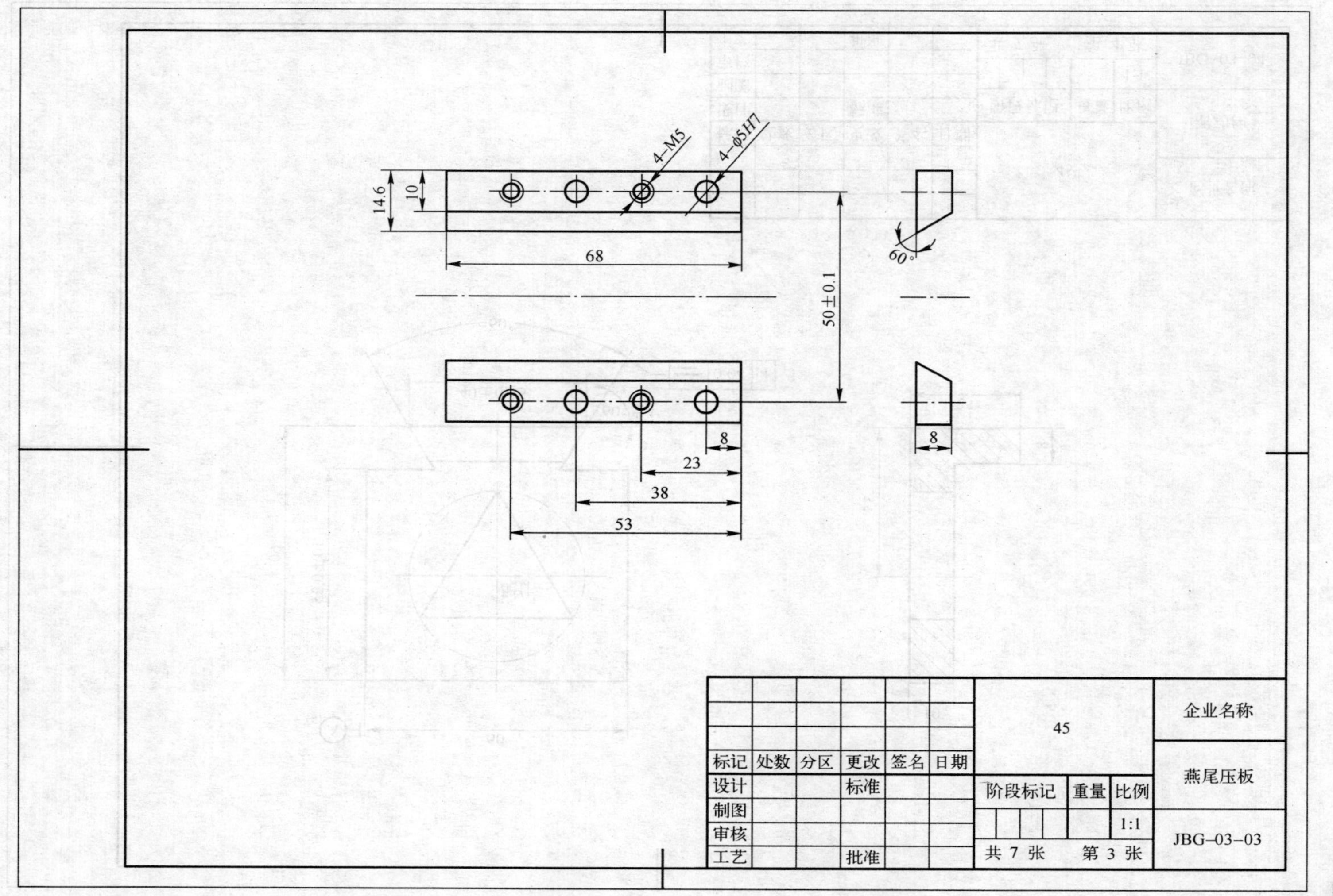
4-M5
4-φ5H7
14.6
10
68
60°
50±0.1
8
23
38
53
8
45
企业名称
燕尾压板
JBG-03-03
标记
处数
分区
更改
签名
日期
设计
标准
制图
审核
工艺
批准
阶段标记
重量
比例
1:1
共 7 张
第 3 张

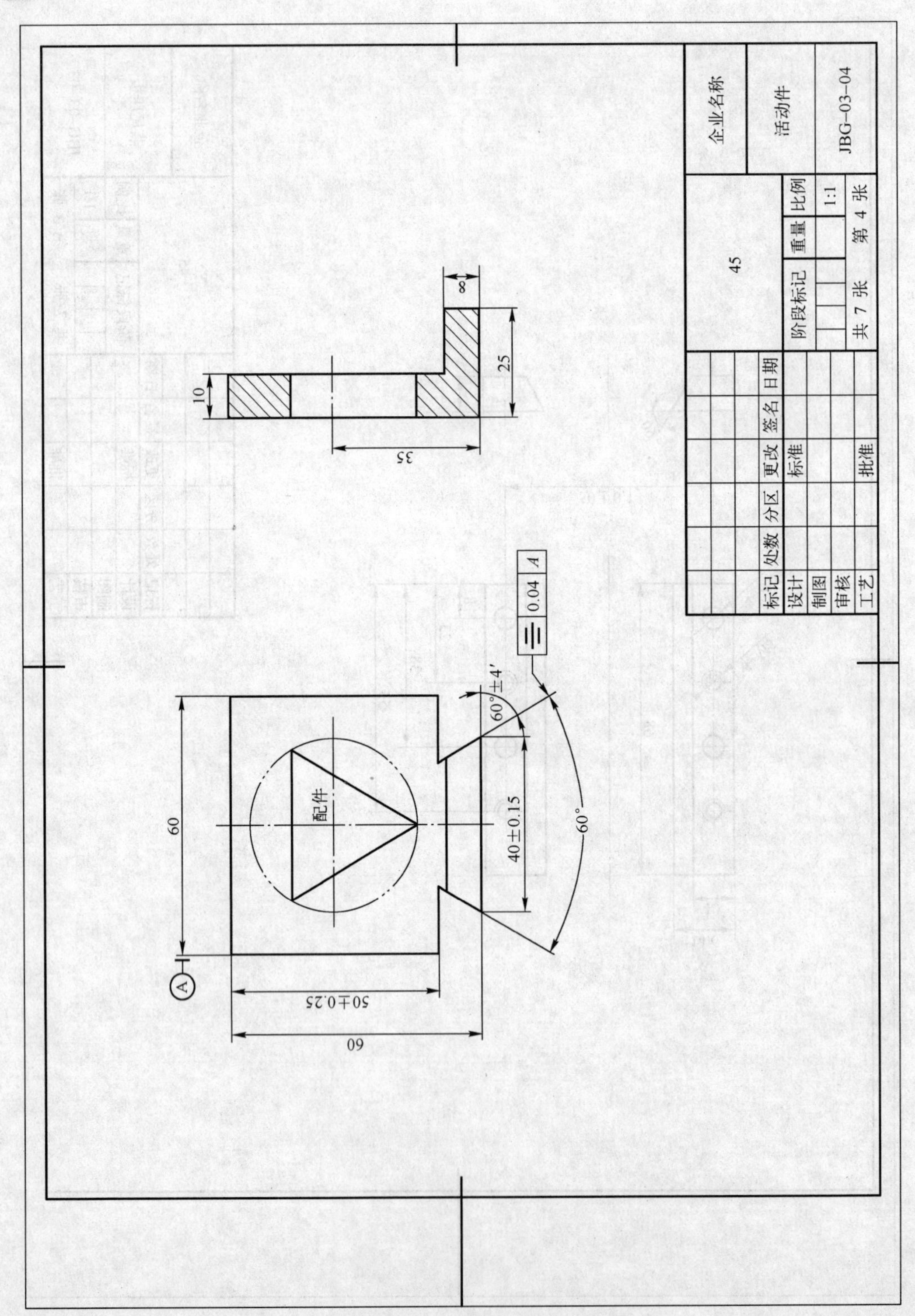
企业名称
活动件
JBG-03-04
45
阶段标记
重量
比例
1:1
共 7 张
第 4 张
标记
处数
分区
更改
签名
日期
设计
标准
制图
审核
工艺
批准
配件
60
50±0.25
60
40±0.15
60°±4′
60°
0.04
A
A
10
25
8
35

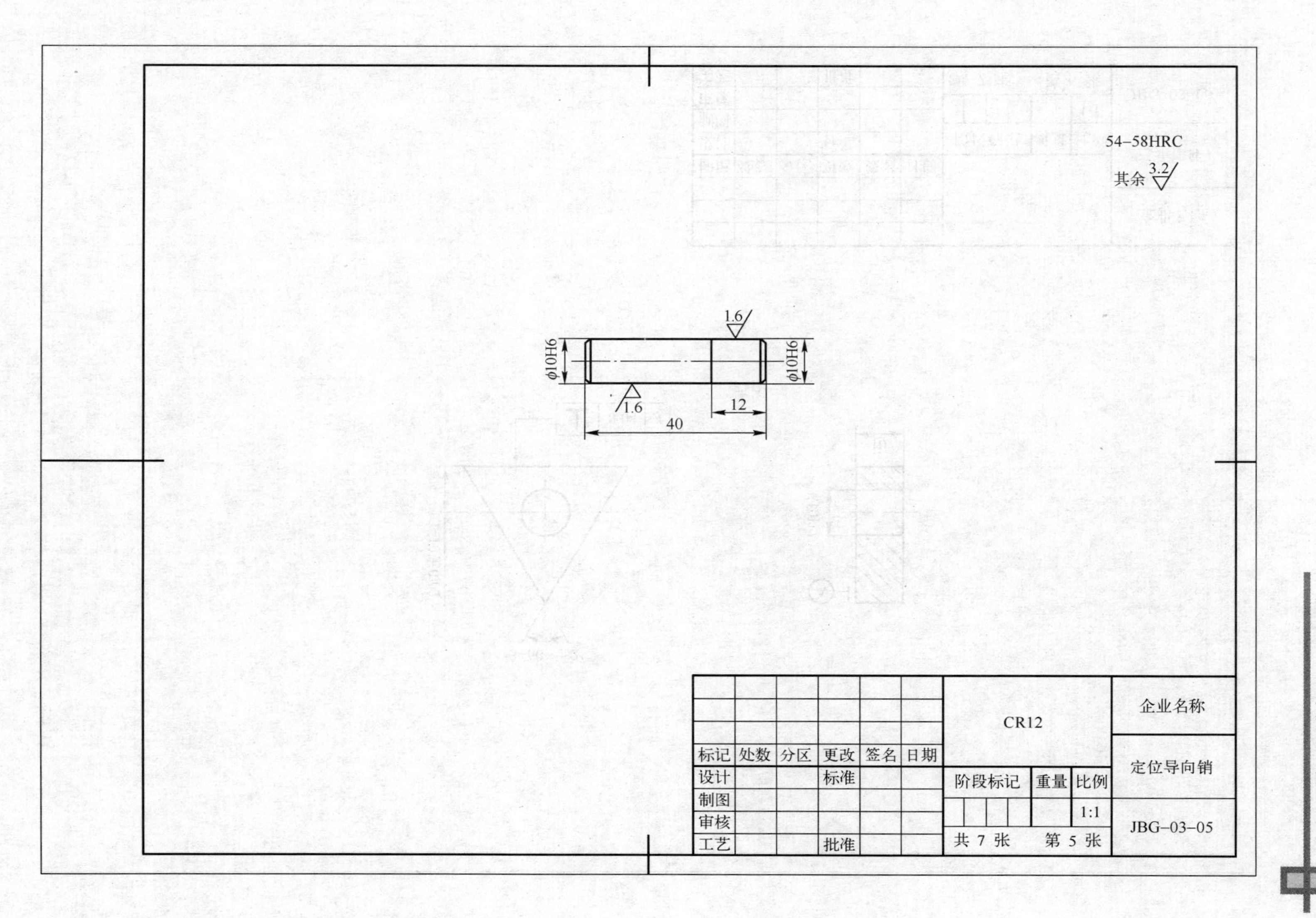

54-58HRC
其余 3.2
1.6
φ10H6
φ10H6
1.6
12
40
CR12
企业名称
定位导向销
JBG-03-05
标记 处数 分区 更改 签名 日期
设计 标准
制图
审核
工艺 批准
阶段标记 重量 比例
1:1
共 7 张 第 5 张

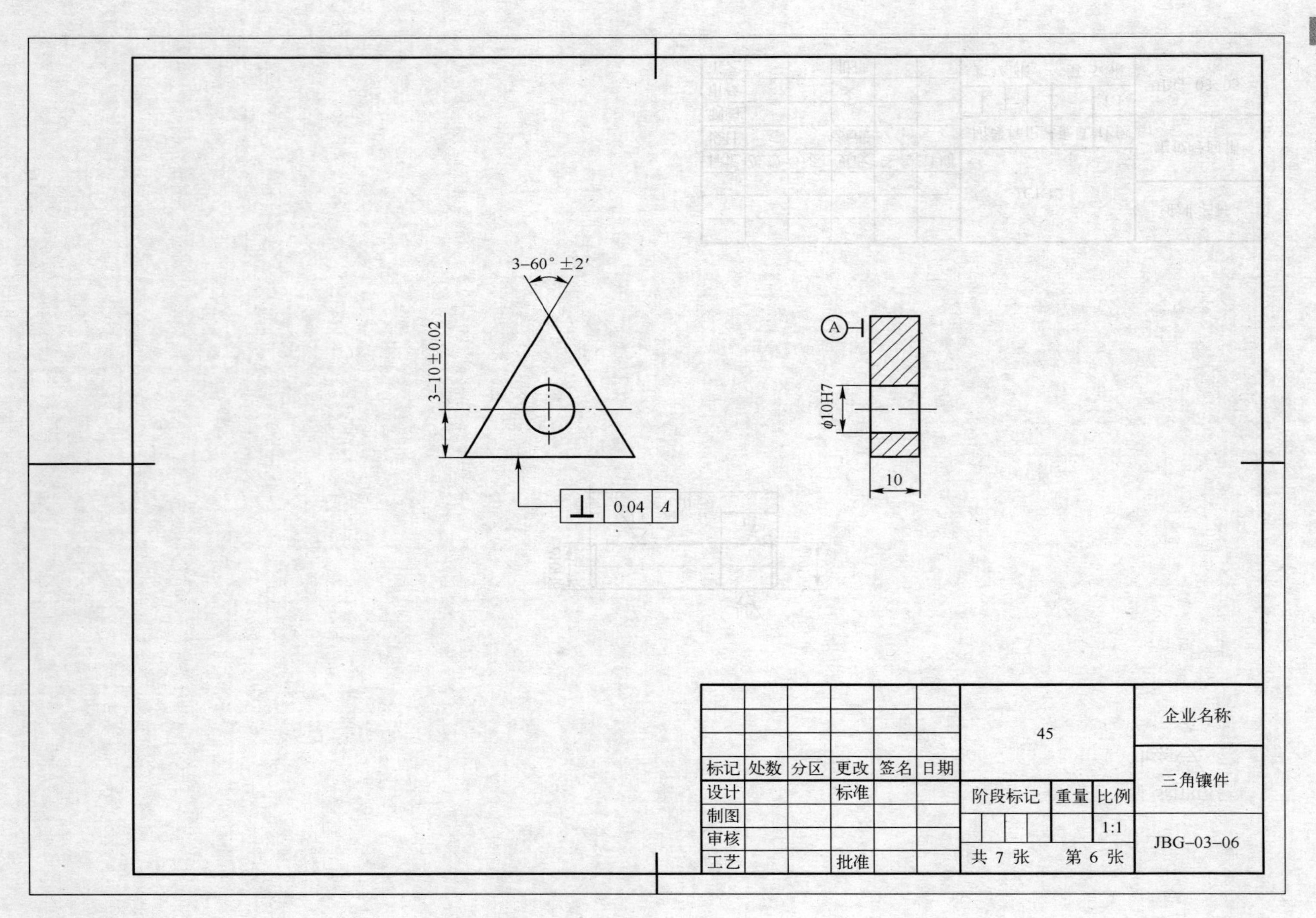
3-60°±2′
3-10±0.02
⊥ 0.04 A
A
φ10H7
10
标记 处数 分区 更改 签名 日期
设计 标准
制图
审核
工艺 批准
45
阶段标记 重量 比例
1:1
共 7 张 第 6 张
企业名称
三角镶件
JBG-03-06

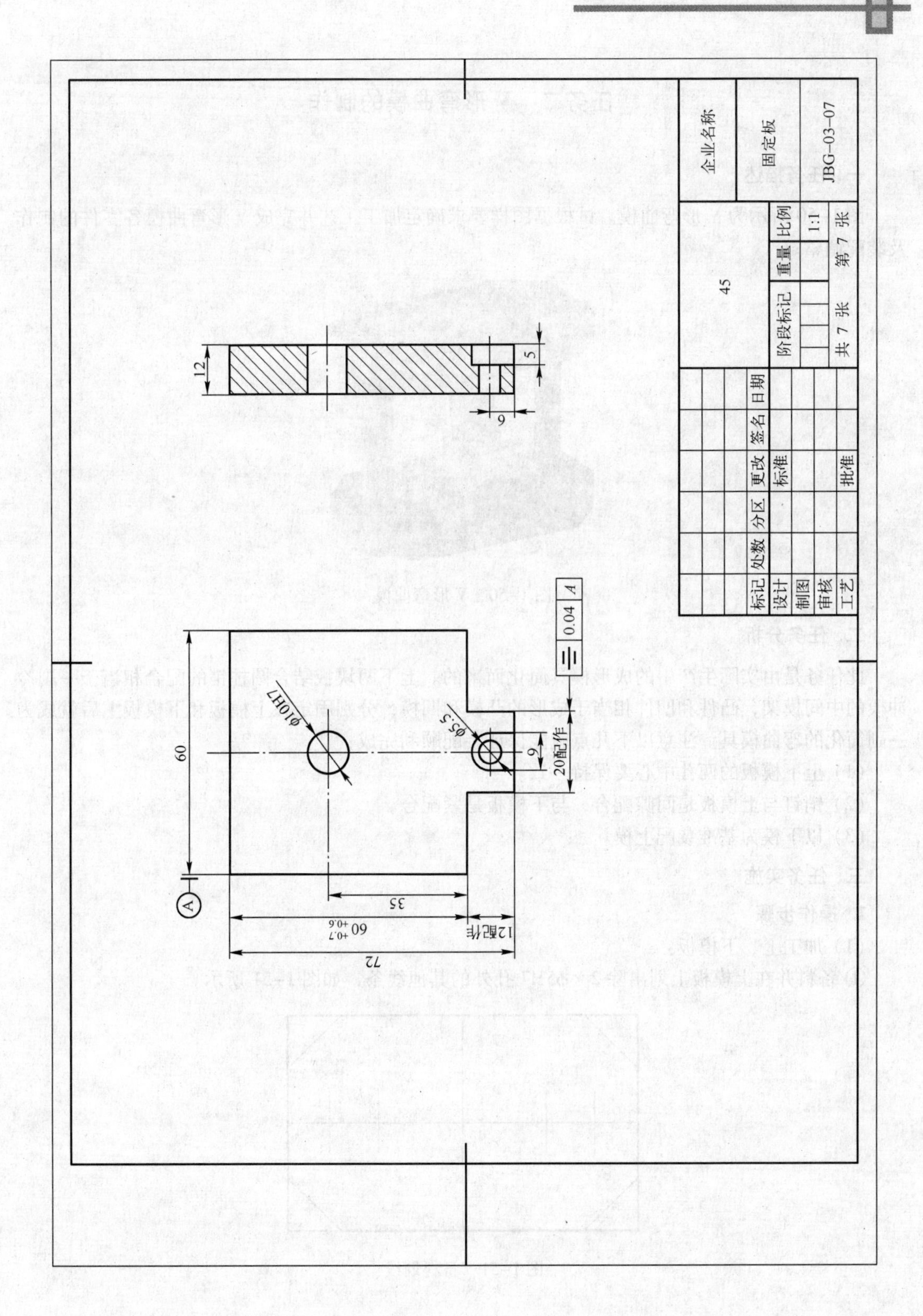
企业名称
固定板
JBG-03-07
45
阶段标记
重量
比例
1:1
共 7 张
第 7 张
标记
处数
分区
更改
签名
日期
设计
标准
制图
审核
工艺
批准
12
5
9
0.04
A
φ10H7
φ5.5
60
9
20配作
35
60 +0.7 +0.6
12配作
72

任务二 V形弯曲模的制作

一、任务描述

图1-50所示为V形弯曲模。试根据图样要求确定加工工艺并完成V形弯曲模各零件的制作及装配调整。

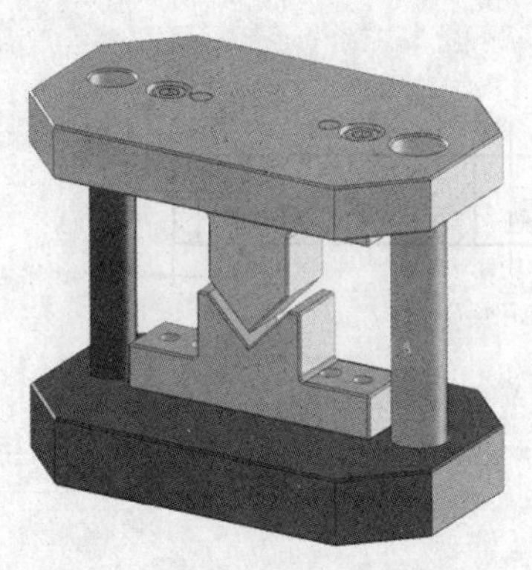

图1-50 V形弯曲模

二、任务分析

此任务是由实际生产中的成形模具简化而来的。上下两块板结合圆柱销的配合相当于一副冷冲模的中间模架，凸件和凹件相当于成形的凸模和凹模，分别固定在上模板和下模板上后就成为一副简化的弯曲模具。注意以下几点就能保证装配顺利完成：

（1）上下模板的两孔中心要保持一致。

（2）销钉与上模板是间隙配合，与下模板是紧配合。

（3）以下模为基准装配上模。

三、任务实施

1. 操作步骤

（1）加工上、下模板：

① 备料并在上模板上划出除2×ϕ5H7孔外的其他线条，如图1-51所示。

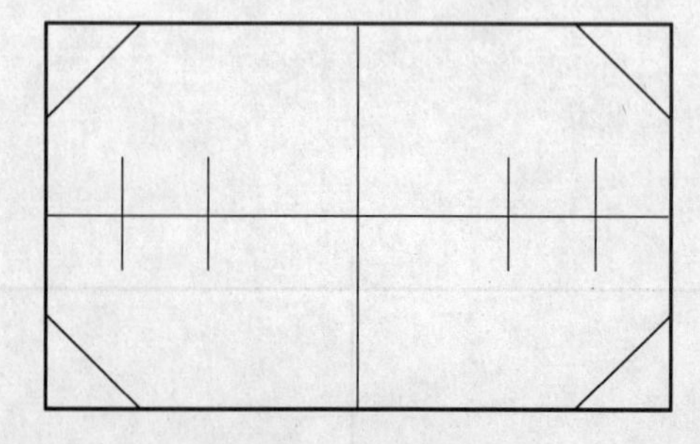

图1-51 备料划线

② 用 C 形夹将两模板固定，锯割锉削 $C15$ 倒角至尺寸，如图 1-52 所示。

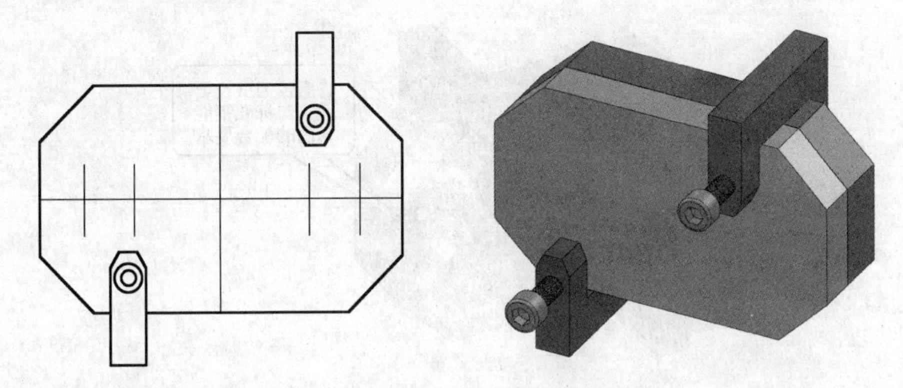

图 1-52　C 形夹固定加工倒角

③ 钻 $2\times\phi5.5$ 反扩孔至尺寸，钻 $\phi10$ 预孔 $\phi9.8$，钻 $\phi12$ 预孔 $\phi11.8$，如图 1-53 所示。

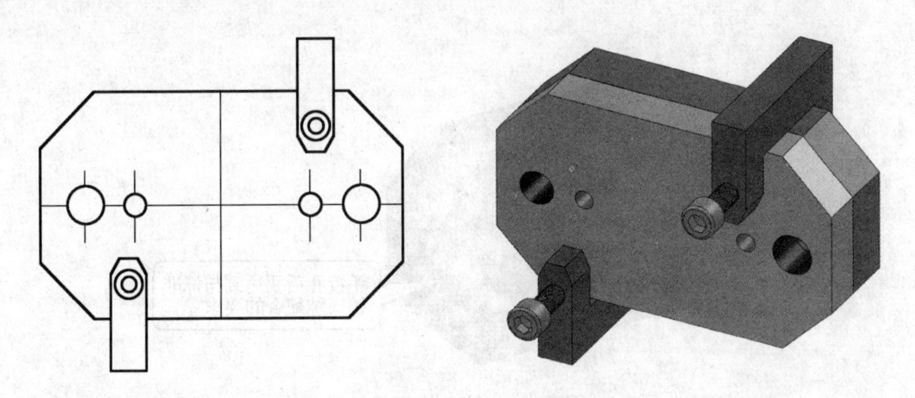

图 1-53　钻孔

④ 两面扩孔至尺寸，如图 1-54 所示。

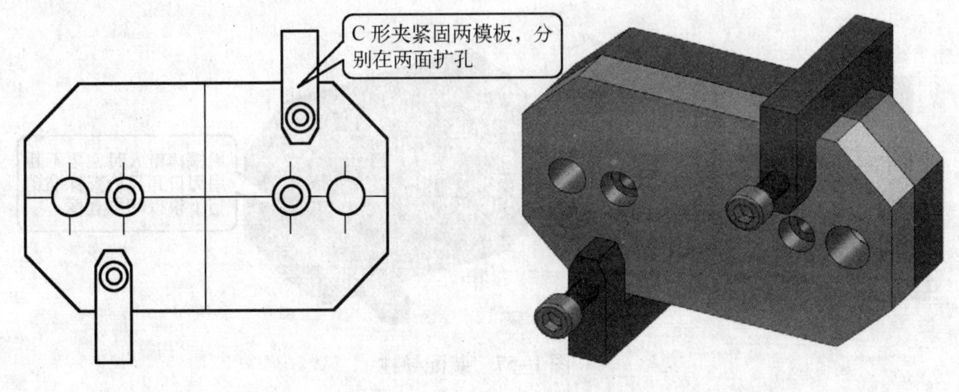

图 1-54　扩孔

⑤ 用修磨试铰过的铰刀分别铰下模板两导柱孔，如图 1–55 所示。

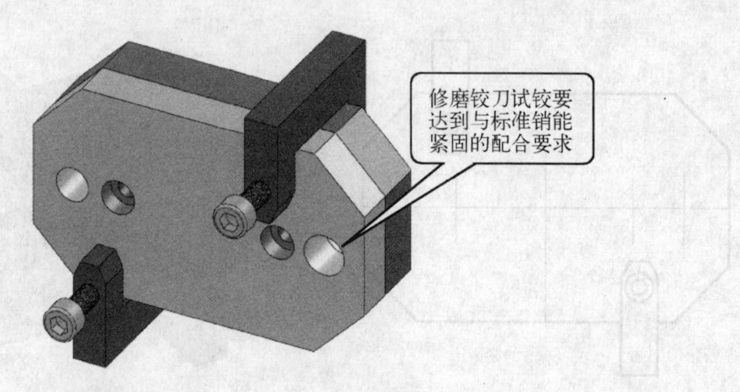

图 1–55　铰下模板导柱孔

⑥ 拆去 C 型夹，各处棱边孔口倒角，并用手铰刀把上模板的两导柱孔铰至尺寸，如图 1–56 所示。

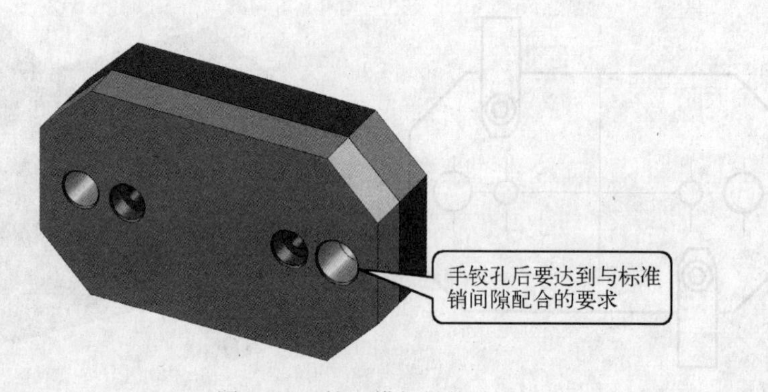

图 1–56　铰上模板导柱孔

（2）将上、下两模板叠放在平板上，将标准销用铜棒小心地敲入下模板固定，如图 1–57 所示。

图 1–57　装配导柱

（3）检查并调整至上模板与下模板能上下滑动，如图 1–58 所示。

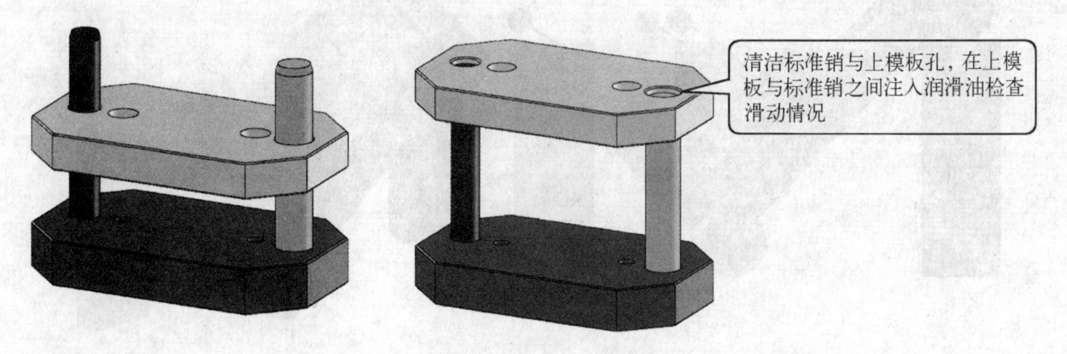

图 1–58　调整上、下模板

（4）加工凸模：

① 备料划出所有加工线条，如图 1–59 所示。

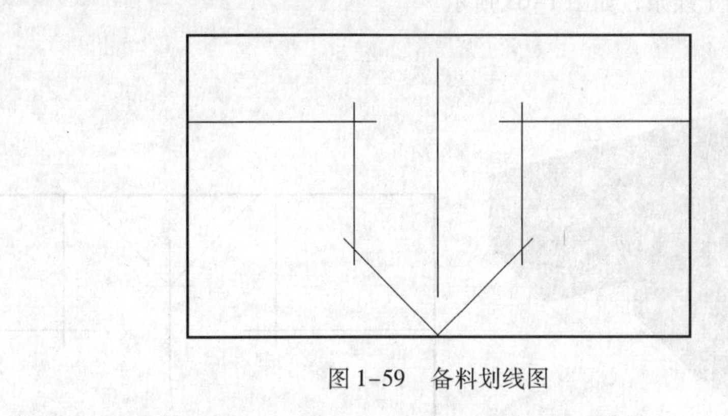

图 1–59　备料划线图

② 锯割去除废料及粗、精锉两侧直角面至尺寸，如图 1–60 所示。

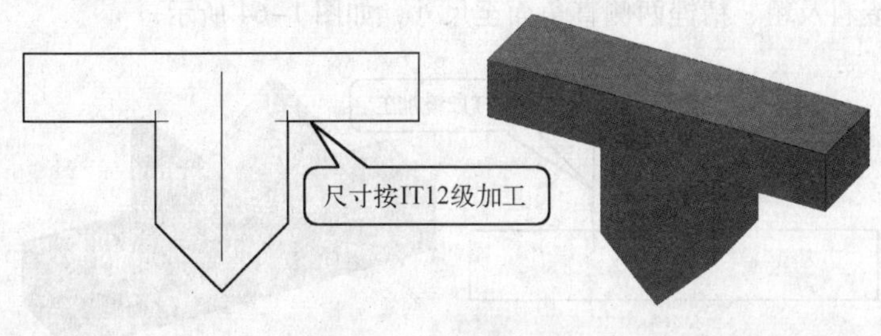

图 1–60　加工直角面

③ V 形斜面用百分表和量块比对测量保证对称度，如图 1–61 所示。

图 1-61　加工测量斜面

④ 钻、攻 M5 螺纹孔及钻 ϕ5H7 销底孔 ϕ4.8 至尺寸，如图 1-62 所示。

(5) 加工凹模：

① 备料划出所有加工线条，如图 1-63 所示。

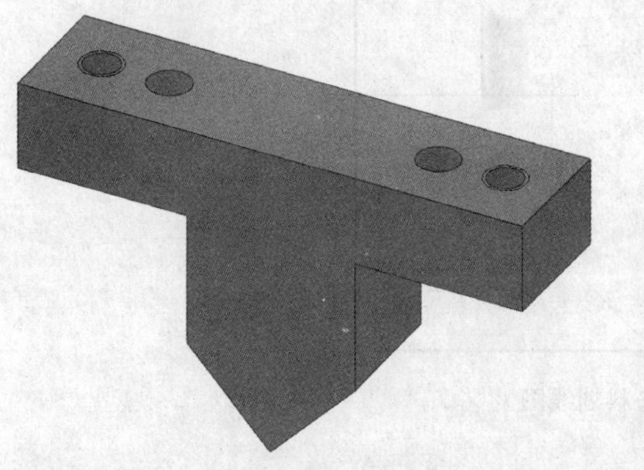

图 1-62　钻孔攻螺纹

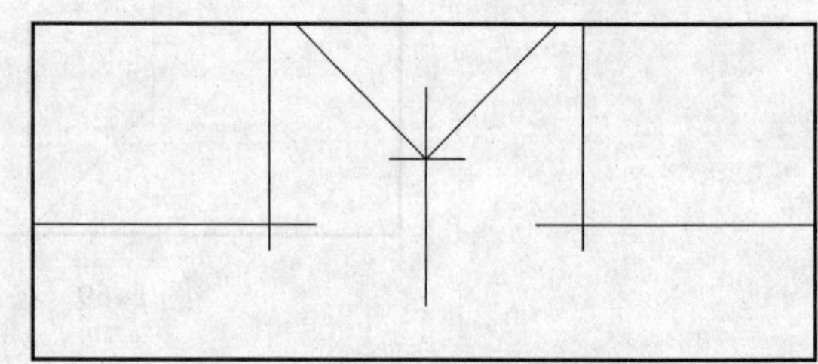

图 1-63　备料划线

② 锯割去除废料及粗、精锉两侧直角面至尺寸，如图 1-64 所示。

图 1-64　加工直角面

③ V 形斜面用百分表和量块比对测量保证对称度，如图 1-65 所示。

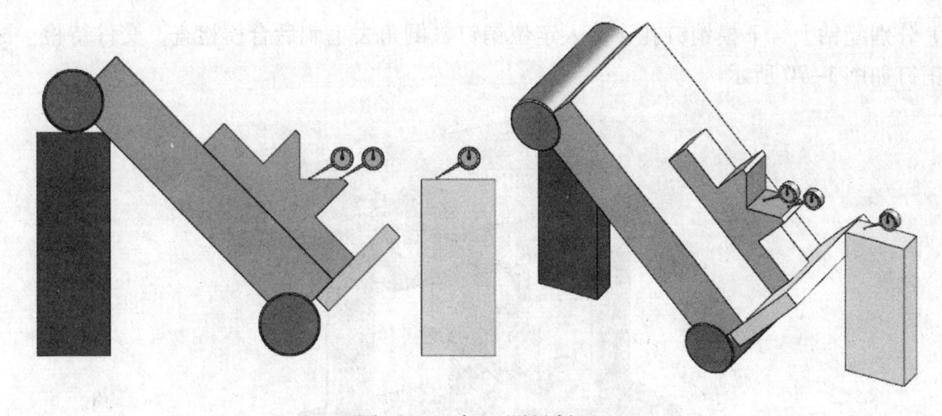

图 1-65　加工测量斜面

④ 钻、攻 M5 螺纹孔及钻 ϕ5H7 销底孔 ϕ4. 8 至尺寸，如图 1-66 所示。

（6）用内六角螺钉将凹模固定在下模板上，如图 1-67 所示。

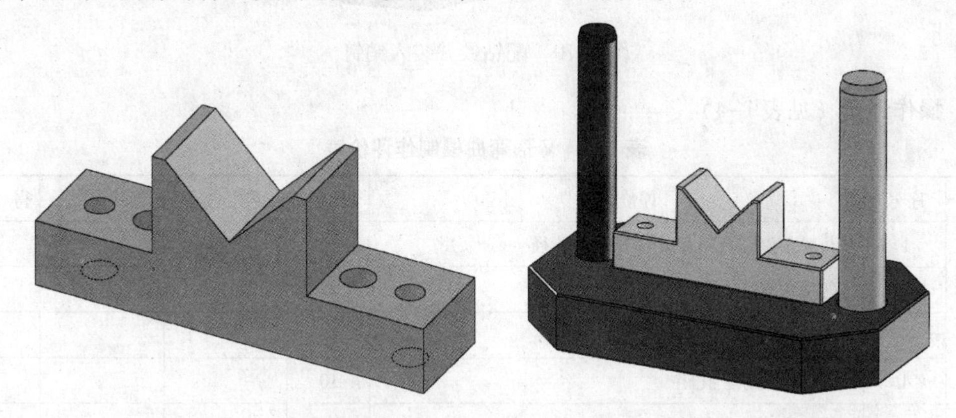

图 1-66　钻孔攻螺纹图　　图 1-67　固定凹模在下模板图

（7）用内六角螺钉将凸模固定在上模板上，如图 1-68 所示。

（8）合模并调整凸模与凹模的位置，分别紧固上下内六角螺钉，图 1-69 所示。

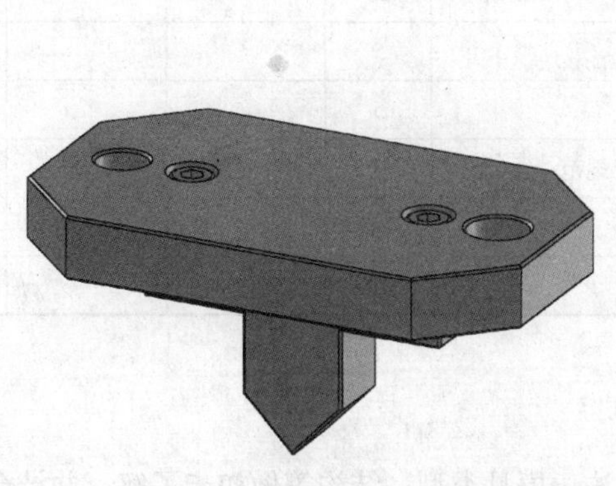

图 1-68　固定凸模在上模板

图 1-69　调整及紧固

（9）分别配钻上、下模销钉孔，装入定位销钉，倒角去毛刺后合模检查，交件待检。配钻铰并装入销钉如图 1-70 所示。

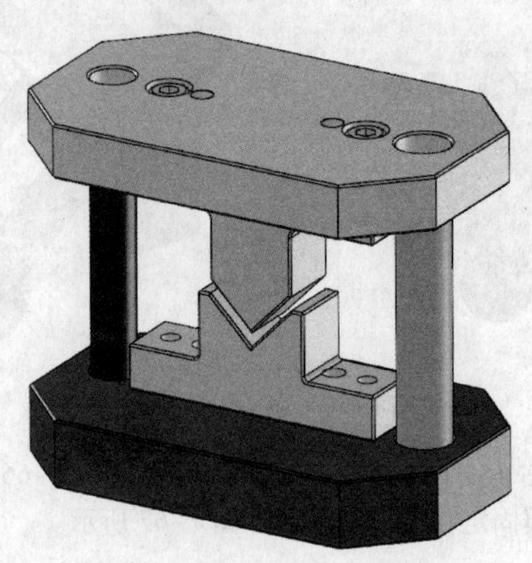

图 1-70　配钻铰并装入销钉

2. 操作评价（见表 1-4）

表 1-4　V 形弯曲模制作评价表

项目	序号	评价内容	配分	学生自评	教师评分	得　分
零件加工	1	凸模角度、台阶尺寸、孔距、孔径	15			
	2	凹模角度、台阶尺寸、孔距、孔径	15			
	3	上模板孔径、孔距	10			
	4	下模板孔径、孔距	10			
模具装配	1	零件的清洁与复检	5			
	2	模架装配是否规范	4			
	3	各活动部件及配合是否正常	5			
	4	组合后的间隙测量	20			
操作过程	1	装配过程中不能损坏零件	5			
	2	装配过程中不得违反安全操作规程	5			
	3	装配过程中的工量具摆放及文明生产规范	6			
	4	如有违规操作或不合理处扣 5～10 分				
总　分			100			

思考与提高

通过参观模具企业，对现代模具的加工方法、模具类型、结构等做初步了解，并结合自身感受写一份参观小结。

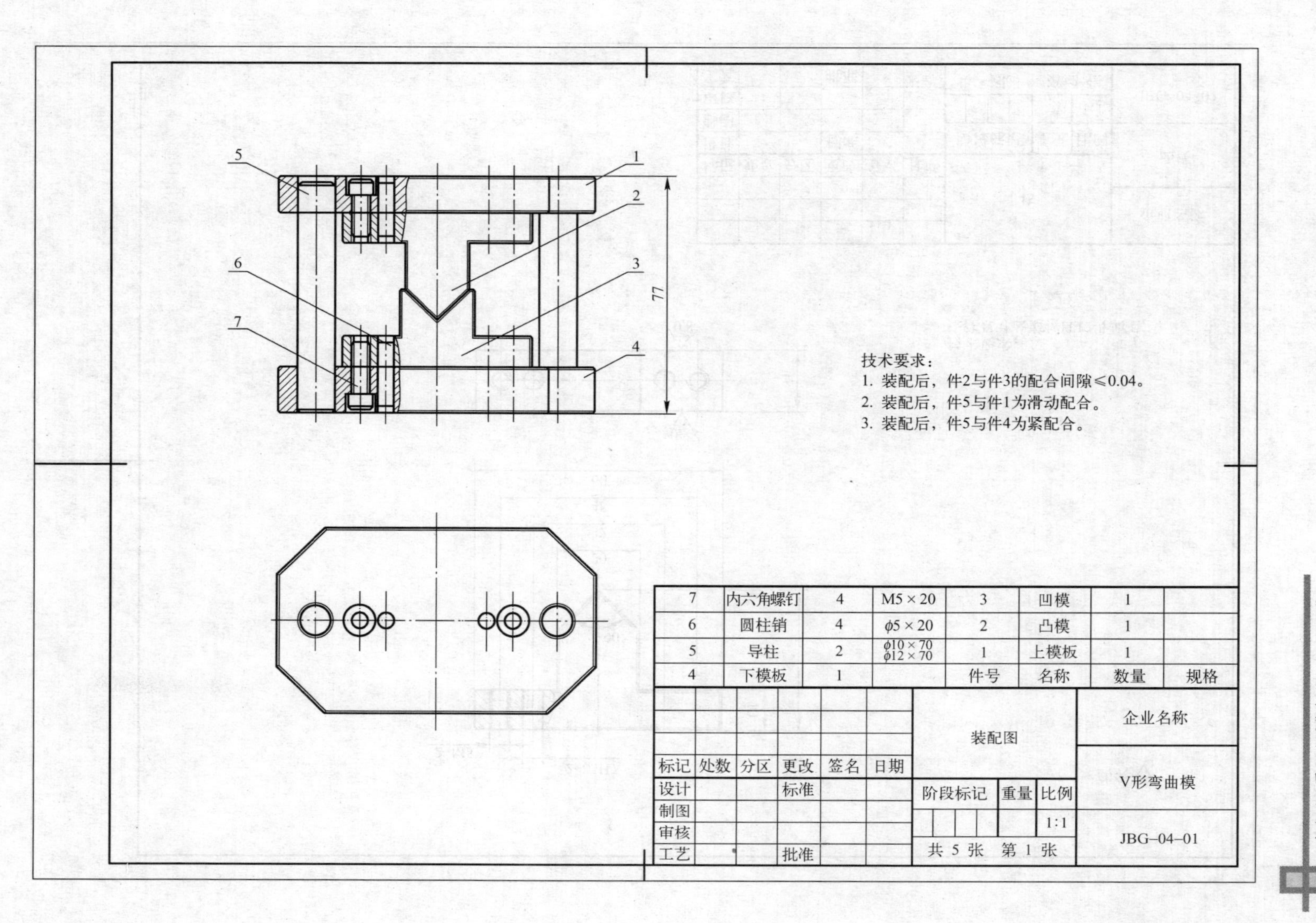
5
1
2
6
3
7
4
77
技术要求：
1. 装配后，件2与件3的配合间隙≤0.04。
2. 装配后，件5与件1为滑动配合。
3. 装配后，件5与件4为紧配合。
7 内六角螺钉 4 M5×20
6 圆柱销 4 φ5×20
5 导柱 2 φ10×70 φ12×70
4 下模板 1
3 凹模 1
2 凸模 1
1 上模板 1
件号 名称 数量 规格
装配图
企业名称
V形弯曲模
标记 处数 分区 更改 签名 日期
设计 标准
制图
审核
工艺 批准
阶段标记 重量 比例
1:1
共 5 张 第 1 张
JBG-04-01

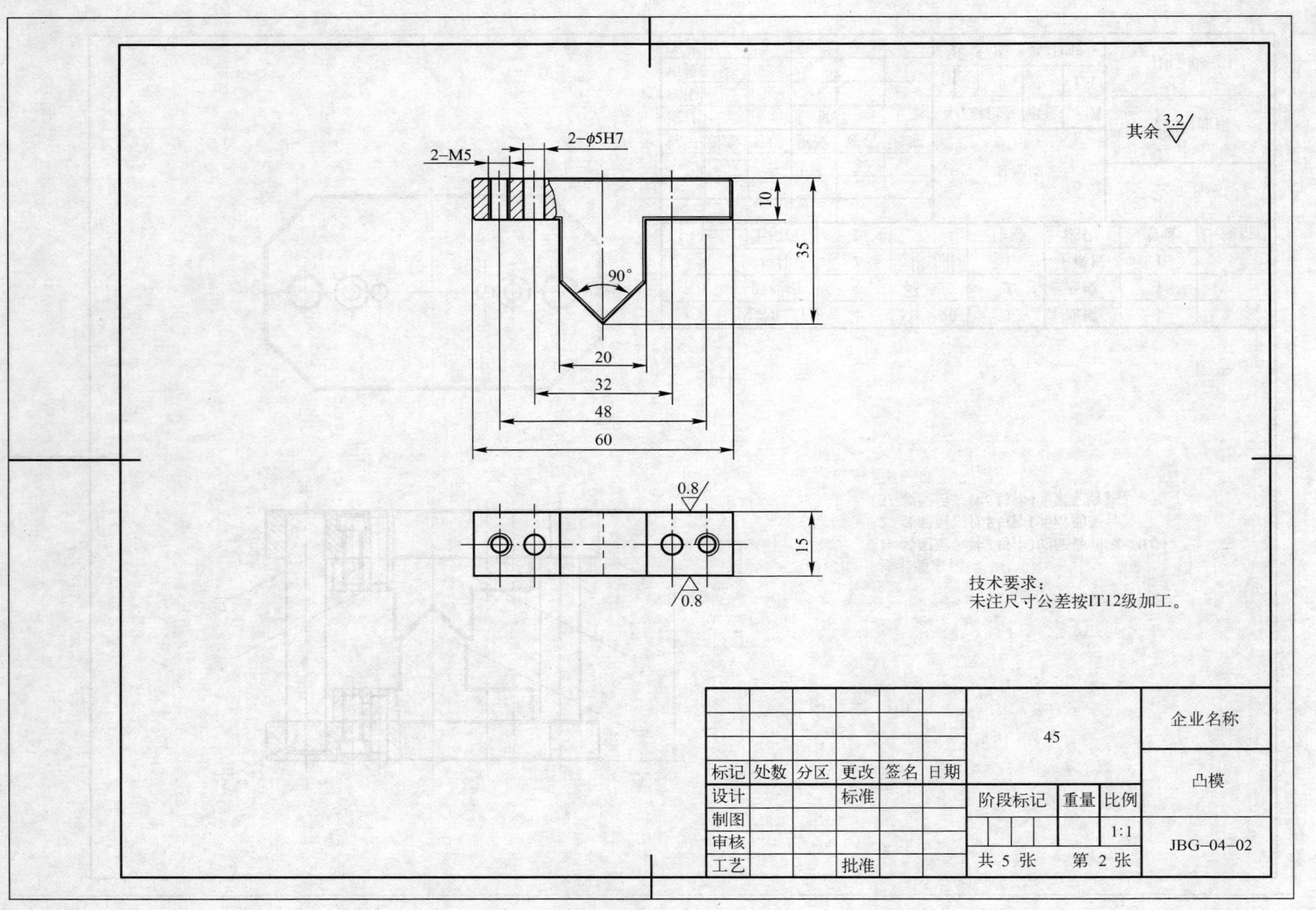
2-M5
2-φ5H7
其余 3.2
10
35
90°
20
32
48
60
0.8
15
0.8
技术要求：
未注尺寸公差按IT12级加工。
标记
处数
分区
更改
签名
日期
设计
标准
制图
审核
工艺
批准
45
阶段标记
重量
比例
1:1
共 5 张
第 2 张
企业名称
凸模
JBG-04-02

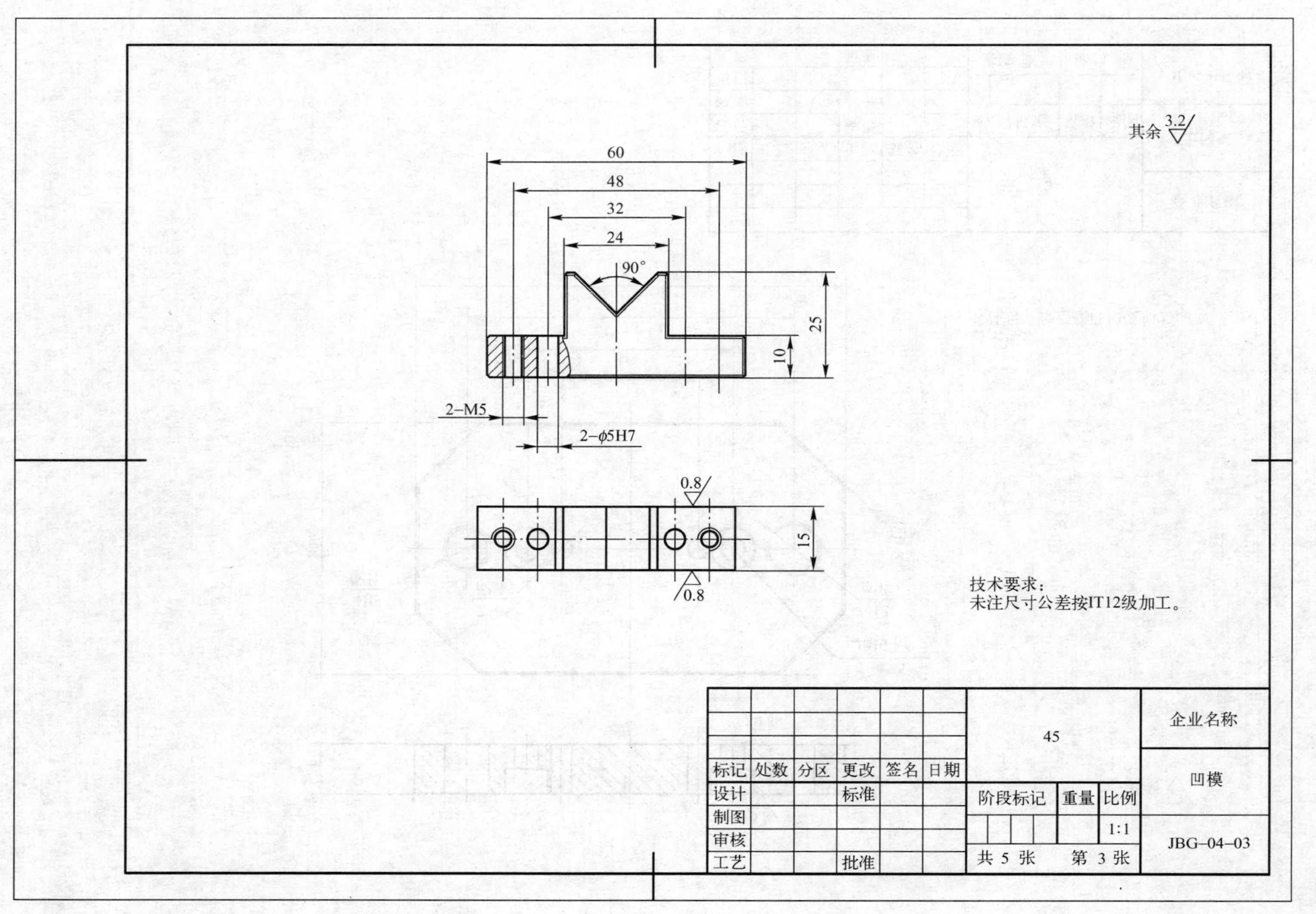
其余 3.2
60
48
32
24
90°
25
10
2–M5
2–φ5H7
0.8
15
0.8
技术要求：
未注尺寸公差按IT12级加工。
标记
处数
分区
更改
签名
日期
设计
标准
制图
审核
工艺
批准
45
阶段标记
重量
比例
1:1
共 5 张
第 3 张
企业名称
凹模
JBG–04–03

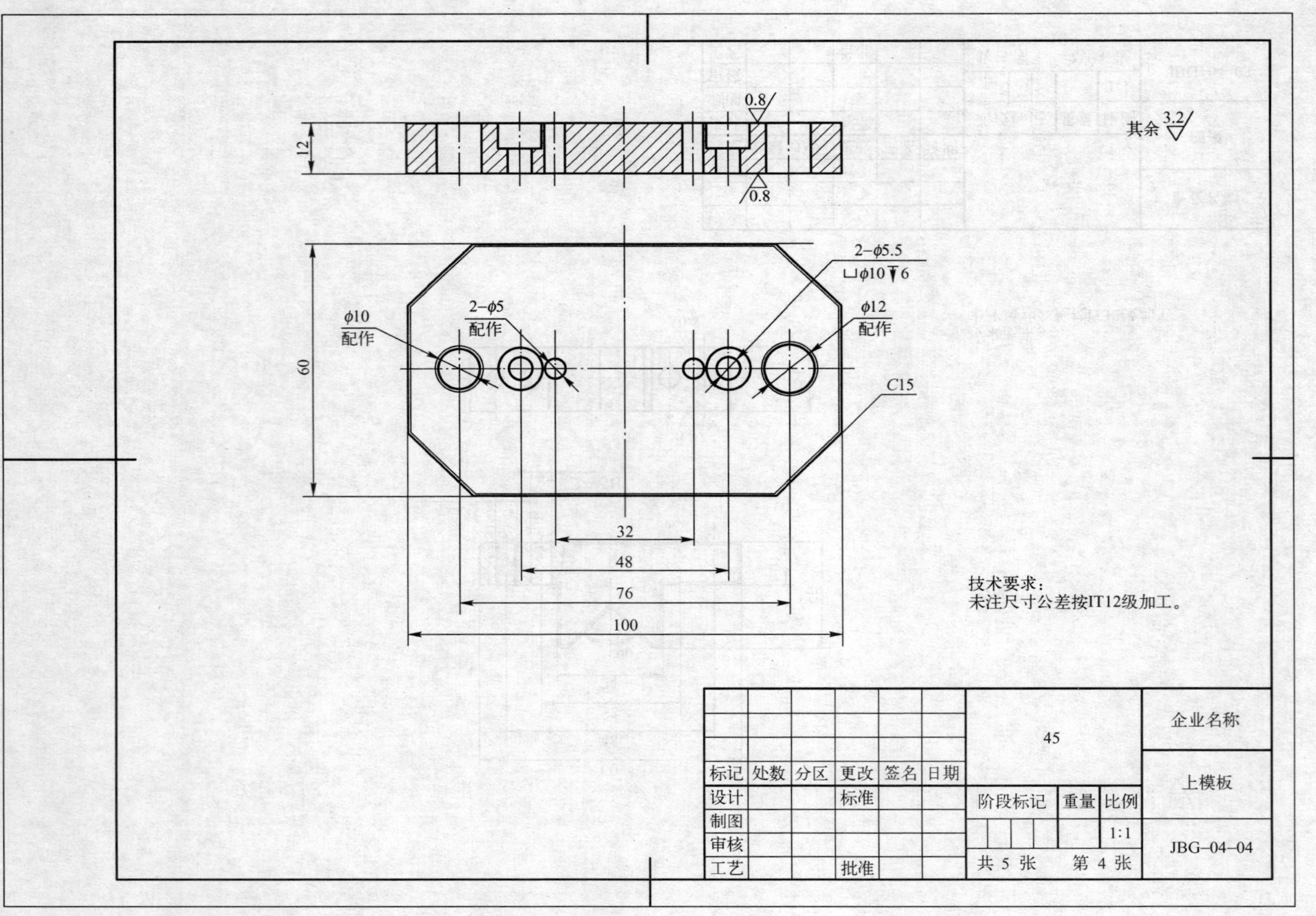

其余 3.2
0.8
0.8
12
2−ϕ5.5
⌴ϕ10↧6
ϕ12
配作
C15
2−ϕ5
配作
ϕ10
配作
60
32
48
76
100
技术要求：
未注尺寸公差按IT12级加工。
企业名称
上模板
JBG−04−04
45
阶段标记
重量
比例
1:1
共 5 张
第 4 张
标记
处数
分区
更改
签名
日期
设计
标准
制图
审核
工艺
批准

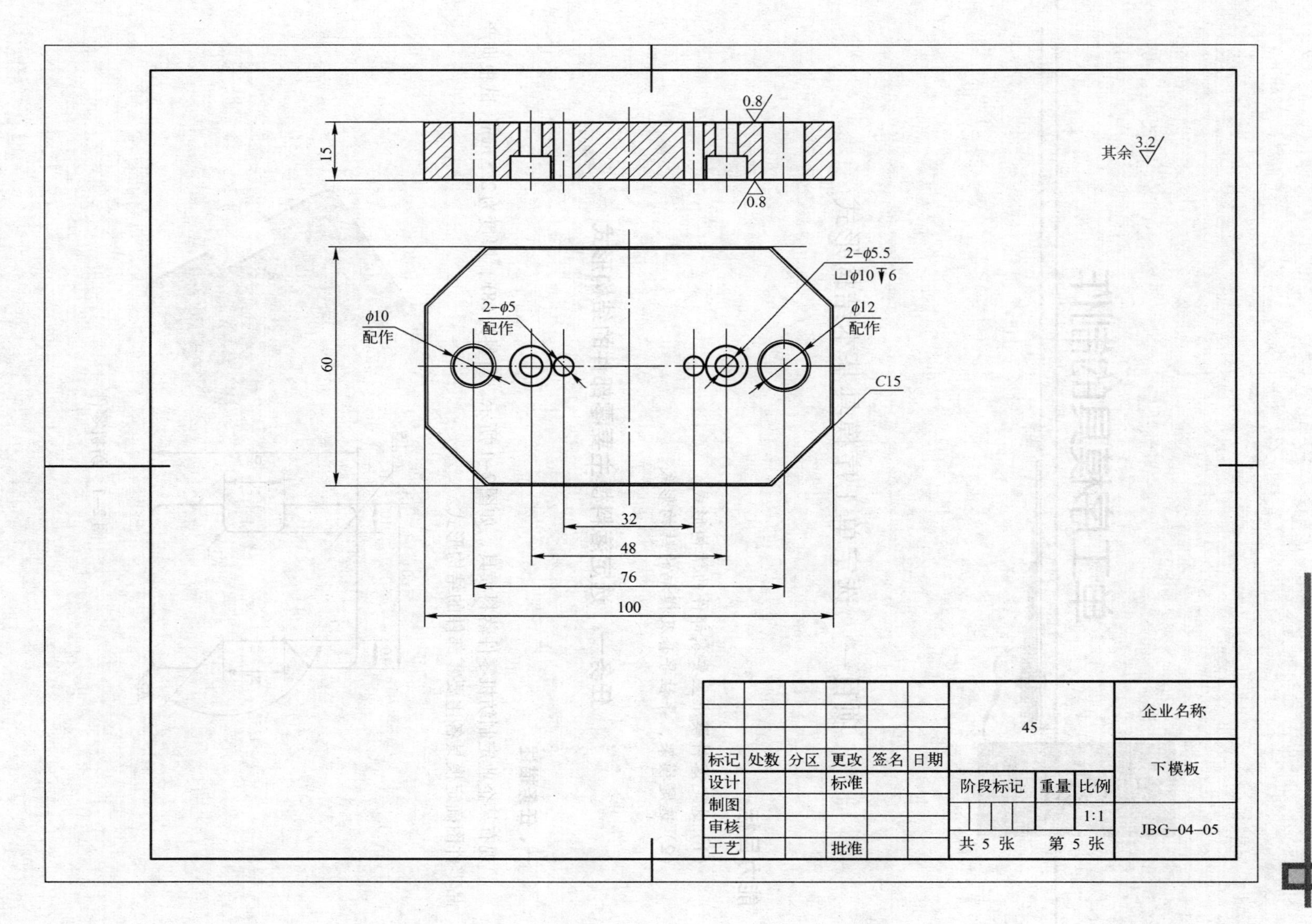

0.8
15
0.8
其余 3.2
2−φ5.5
⊔φ10▼6
φ10
配作
2−φ5
配作
φ12
配作
60
C15
32
48
76
100
45
企业名称
标记
处数
分区
更改
签名
日期
下模板
设计
标准
阶段标记
重量
比例
制图
审核
1:1
JBG-04-05
工艺
批准
共 5 张
第 5 张

单工序模具的制作

项目一　选定单工序模具基本结构形式

能力目标：

(1) 选定落料模中主要零部件的结构形式。

(2) 选定模架、导柱导套及模柄的结构形式。

任务一　选定落料模主要零部件的结构形式

一、任务描述

现有某企业定制纺机零件落料模具，如图 2-1 所示，材料为08F，厚度为2.5 mm。试根据产品零件图确定模具各主要零部件的结构形式。

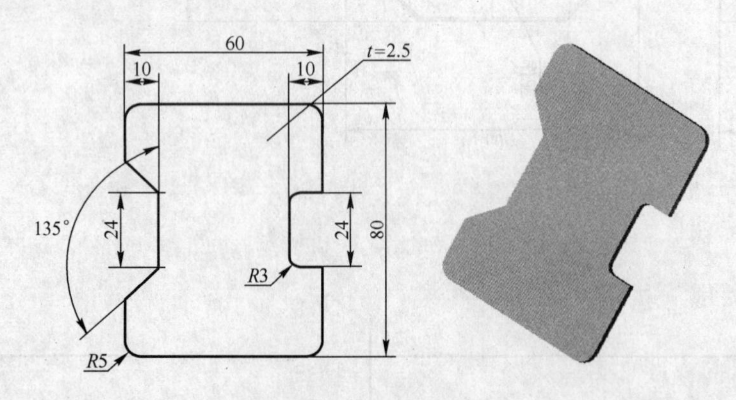

图 2-1　纺机零件

二、任务分析

根据纺机零件图可以看出，用一副单工序的落料模就能冲制出合格的产品。落料模具有结构简单，便于加工，装配省力的特点。主要零部件的结构形式包含有凸模固定、凹模落料、卸料导料、定位挡料等方面，在能满足产品要求和加工条件的基础上，不需要发明创造，只要在现有成熟结构形式中加以选择即可。

三、任务实施

1. 相关知识

冷冲模主要零部件的各种结构形式如表 2–1 ～表 2–6 所示。

表 2–1　凸模结构形式

形　式	零 件 结 构	特　点
台阶式		这种凸模结构简单，加工、装配、修磨方便，是一种经济且常用的凸模结构形式
整体式		常用于大、中型复杂形状的凸模，装配时，用螺钉与凸模固定板直接紧固，外形能一次线切割加工完成，避免两次装夹的误差

表 2–2　凸模固定形式

固定形式（局部剖示图）	特　点
	将凸模用螺钉直接固定在凸模固定板或上模座上，一般适用于中型和大型零件

续表

固定形式（局部剖示图）	特　点
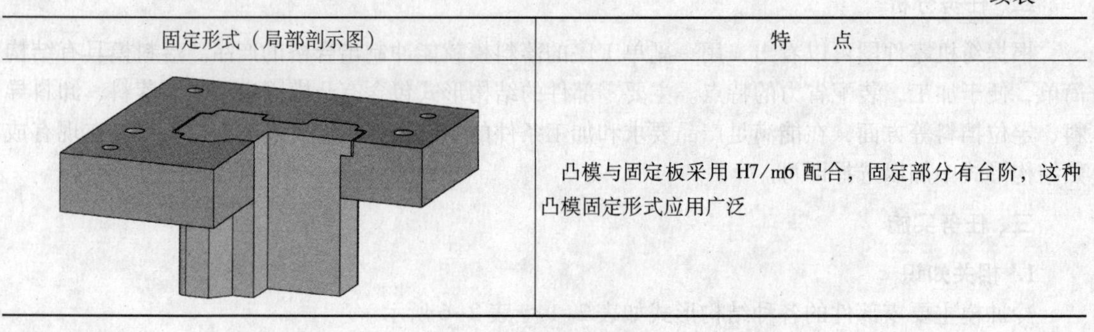	凸模与固定板采用 H7/m6 配合，固定部分有台阶，这种凸模固定形式应用广泛

表 2–3　凹模落料形式

形　式	零 件 结 构	特点与应用范围
柱形刃口加过渡孔		刃口强度较高，修磨后工作部分尺寸不变，柱形刃口部分易积存废料或制件，在冲裁中等厚度材料的模具中应用广泛
通孔柱形刃口		刃口强度高。修磨后工作部分尺寸不变，适用于有推料装置出料的模具。一般用于形状复杂和精度要求较高的制件
柱形刃口加锥形过渡孔		刃口强度较高，修磨后工作部分的尺寸不变，常应用在级进模的凹模制造中
锥形刃口		刃口强度较差，修磨后工作部分尺寸略有增大。适用于冲裁薄料或凹模厚度较薄的场合

表 2–4　凹模固定形式

固定形式（局部剖示图）	特　点
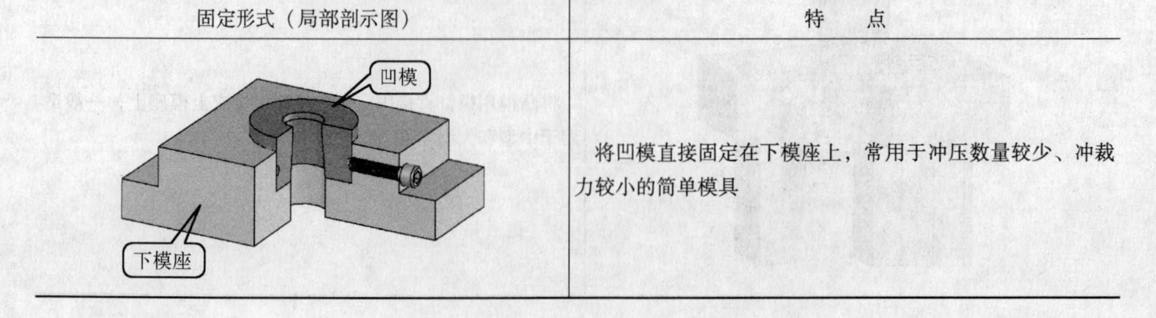	将凹模直接固定在下模座上，常用于冲压数量较少、冲裁力较小的简单模具

续表

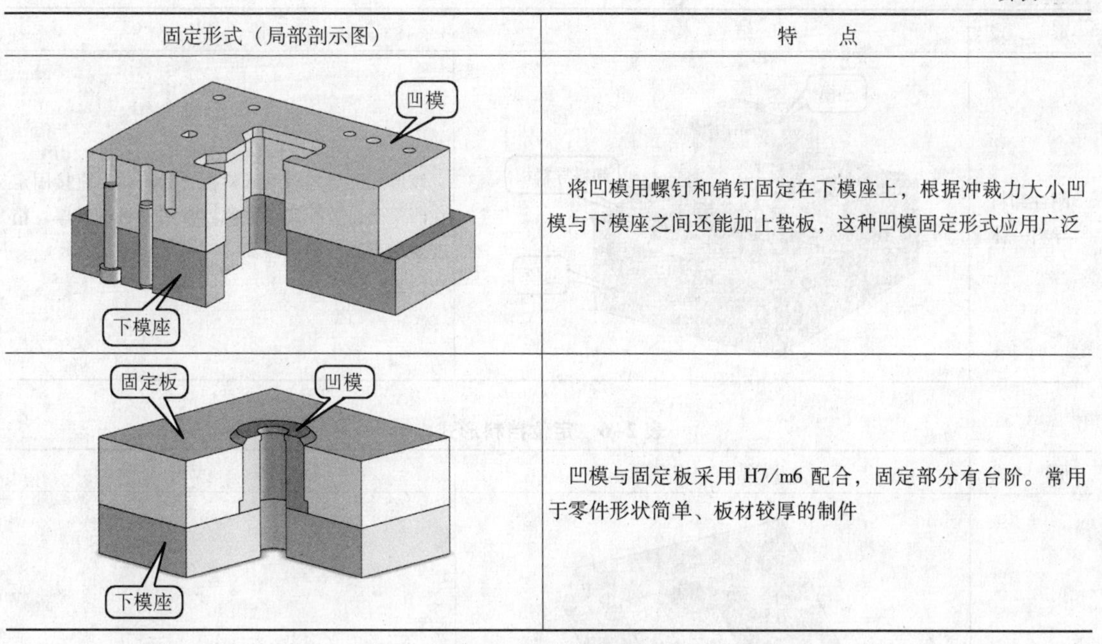

固定形式（局部剖示图）	特　点
	将凹模用螺钉和销钉固定在下模座上，根据冲裁力大小凹模与下模座之间还能加上垫板，这种凹模固定形式应用广泛
	凹模与固定板采用 H7/m6 配合，固定部分有台阶。常用于零件形状简单、板材较厚的制件

表 2-5　卸料导料形式

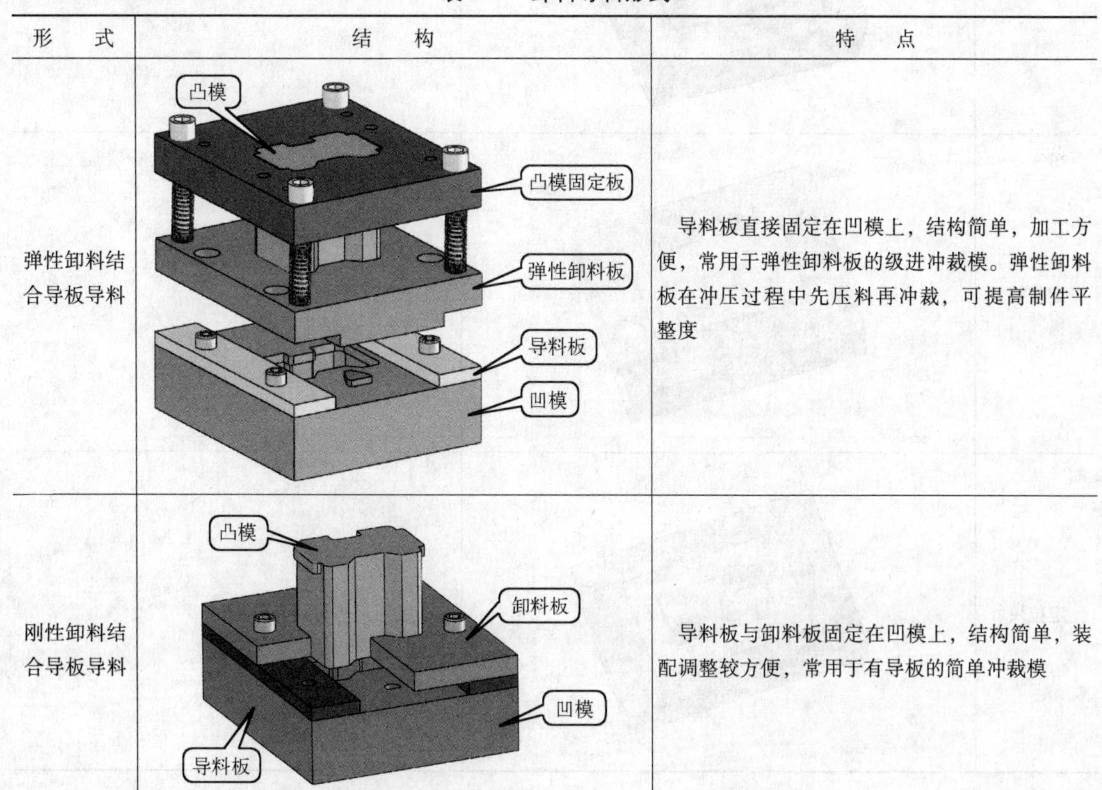

形　式	结　构	特　点
弹性卸料结合导板导料		导料板直接固定在凹模上，结构简单，加工方便，常用于弹性卸料板的级进冲裁模。弹性卸料板在冲压过程中先压料再冲裁，可提高制件平整度
刚性卸料结合导板导料		导料板与卸料板固定在凹模上，结构简单，装配调整较方便，常用于有导板的简单冲裁模

续表

形　式	结　构	特　点
刚性卸料导料一体	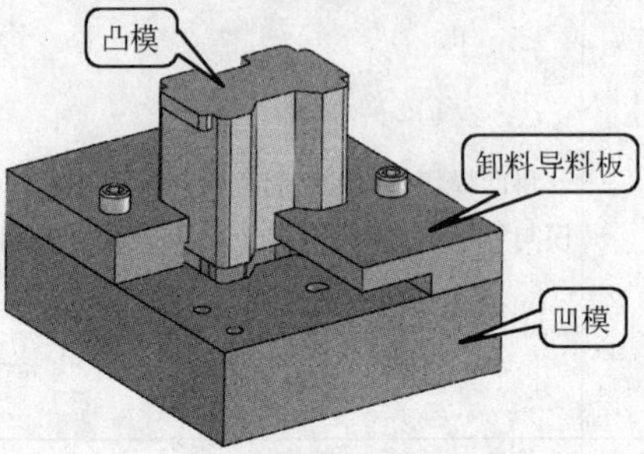	该形式的导料板与卸料板合为一体，直接固定在凹模上，装配调整方便，常用于板材较厚，精度要求不高的简单冲裁模

表 2-6　定位挡料形式

形　式	结　构	特　点
定位板	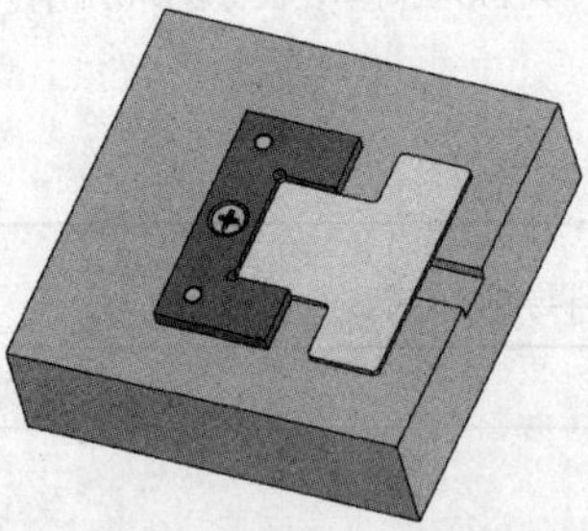	一般用于坯料的外形定位
定位钉	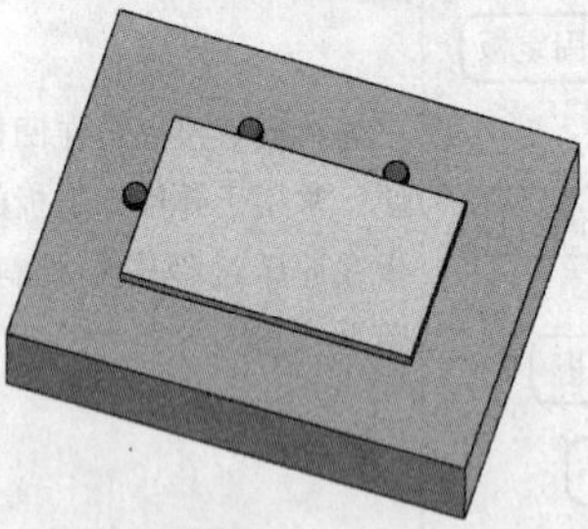	一般用于坯料的外形定位
定位块	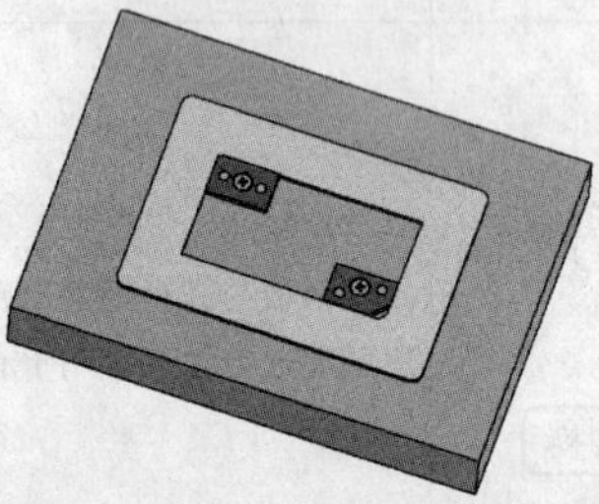	一般用于坯料的内孔定位

续表

形　式	结　构	特　点
圆柱固定式挡料销		这种挡料销结构简单，加工、装配方便，是一种经济常用的结构形式
钩形挡料销	加工一平面能防止挡料销的旋转	当挡料销孔位置离凹模刃口较近时，使用钩形挡料销能偏移一定距离且不改变挡料位置，能保证凹模的强度，但增大了加工的难度
活动挡料销	挡料销　卸料板　弹簧　固定板	在挡料销尾端装有弹簧，挡料销能上下伸缩，常用在弹性卸料机构中，复合模中最常见

2. 选定纺机零件落料模的主要零部件结构形式

纺机零件用材为厚度 2.5 mm 的 08F 钢板，属于中等厚度并适合冷冲压加工的材质，这也是选择零部件结构形式的主要依据。

(1) 凸模结构采用简单易加工的台阶式，与固定板呈过渡配合，如图 2-2 所示。

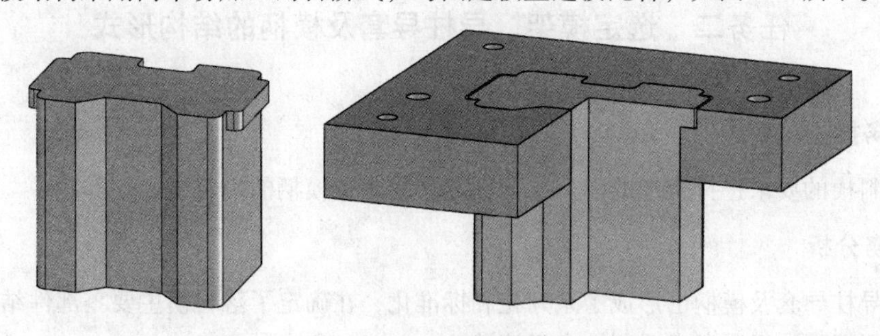

图 2-2　台阶式凸模结构形式

(2) 凹模落料采用刃口强度较高，修磨后工作部分尺寸不变的柱形刃口加过渡孔的结构形式，用螺钉和销钉将凹模与下模座固定，如图 2-3 所示。

(3) 导料与卸料采用刚性卸料导料一体的结构形式，直接固定在凹模上，如图 2-4 所示。

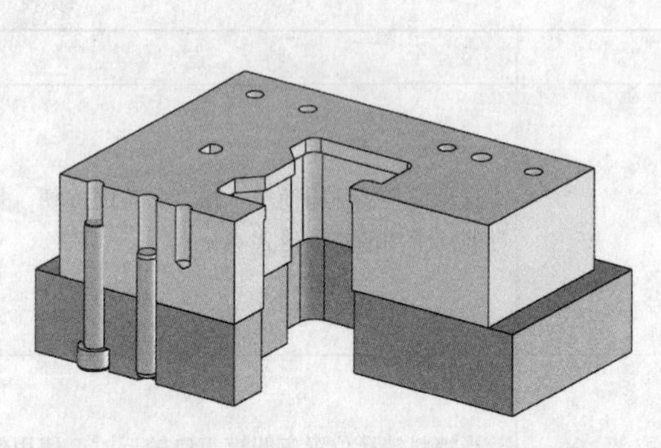

图 2-3　凹模落料及与下模座的固定结构形式

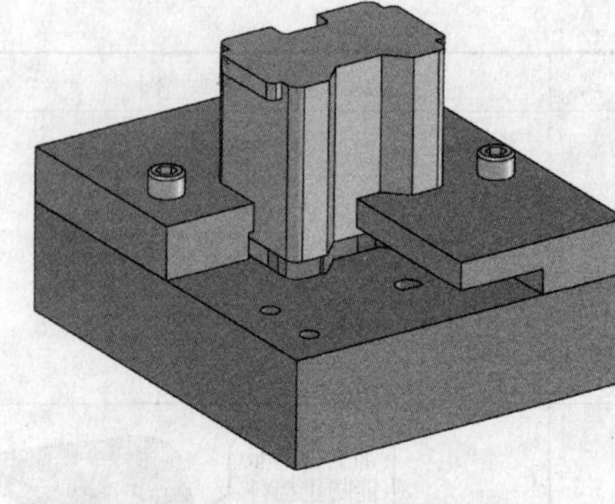

图 2-4　一体式刚性导料卸料结构形式

（4）采用钩形挡料销定位挡料的结构形式，能保证凹模刃口的强度，如图 2-5 所示。

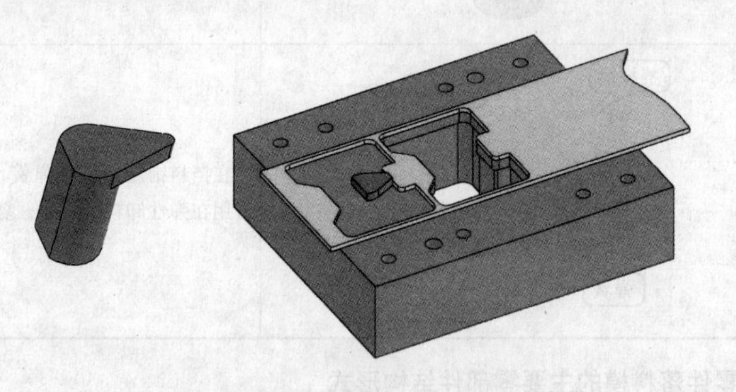

图 2-5　钩形挡料销定位挡料的结构形式

任务二　选定模架、导柱导套及模柄的结构形式

一、任务描述

根据落料模的要求选择合适的模架、导柱导套及确定模柄的固定方式。

二、任务分析

模架、导柱导套及模柄已形成了系列化和标准化，在确定了落料模主要零部件结构形式的基础上加以选择即可，但要考虑适用性和经济性。

三、任务实施

1. 相关知识

模架、导柱导套及模柄的结构形式如表 2-7 ～表 2-9 所示。

表 2–7　模架的结构形式

形　式	结　构	特　点
中间模架	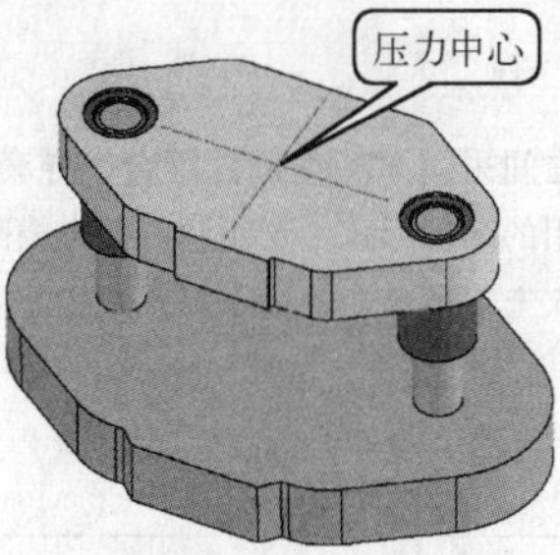	两导柱在模座中心两侧布置，导柱中心与模座中心一致，都通过压力中心，导向情况较好，但只能从一个方向送料，操作不方便
后侧模架	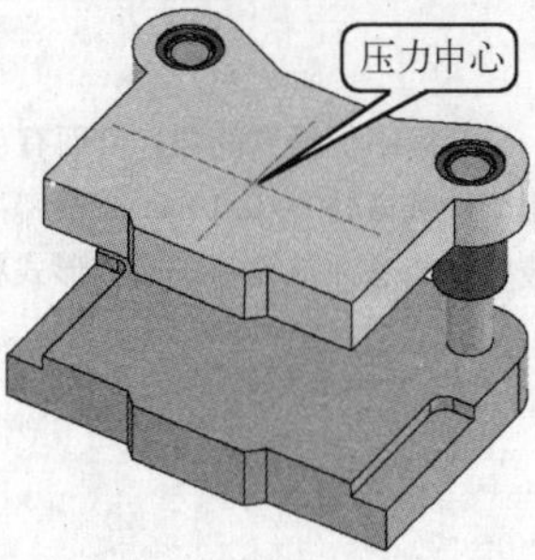	两导柱置于模座中心后侧，导柱中心与压力中心不一致，导向情况较差。但它能从三个方向送料，操作方便，适用于导向要求不严格且偏移力不大的冲裁模
对角模架		两导柱在模座中心对角布置，类似于中间模架，导柱与模座中心一致，都通过压力中心，导向情况较好。可以从两个方向送料，操作方便程度介于中间模架和后侧模架之间
四角模架	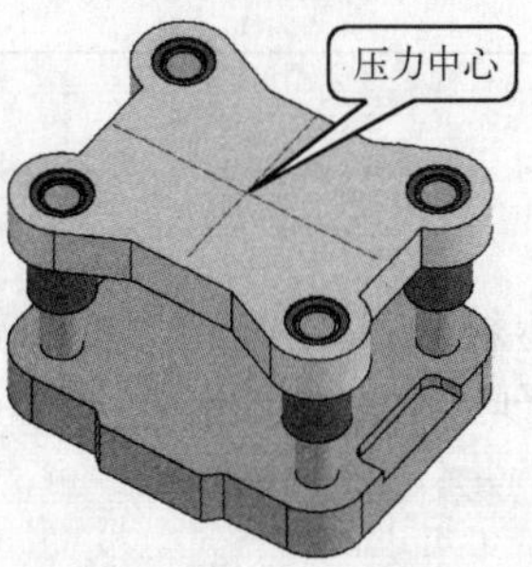	四导柱在模座中心四角布置，且与压力中心一致，导向效果最好，但结构复杂，只有导向要求高、偏移力大和大型冲模才采用

表 2-8　导柱导套的结构形式

形　式	结　构	特　点
普通导柱导套	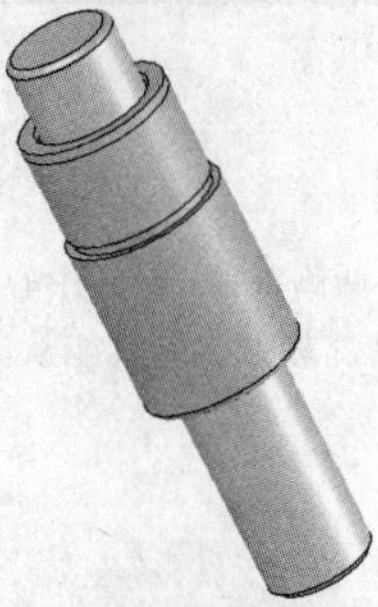	导柱与导套之间采用 H7/h6 间隙配合，导套内壁开有储油槽，是标准模架常用的结构形式。企业制造标准模架时已用压机分别把导套导柱压入上下模座，一般不需另外装配
滚珠导柱导套	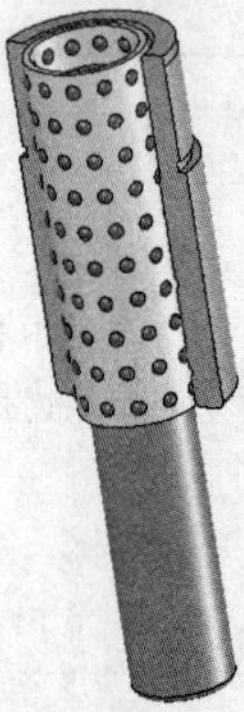	导柱、滚珠、导套间不但没有间隙，反而有 0.01～0.02 mm 的过盈量。它适用于冲裁薄料 $t\approx0.1$ mm 或精密冲裁模、无间隙冲裁模、硬质合金模和高速冲裁模等。这种形式精度高但加工制造复杂

表 2-9　模柄的结构形式

形　式	结　构	特　点
压入式	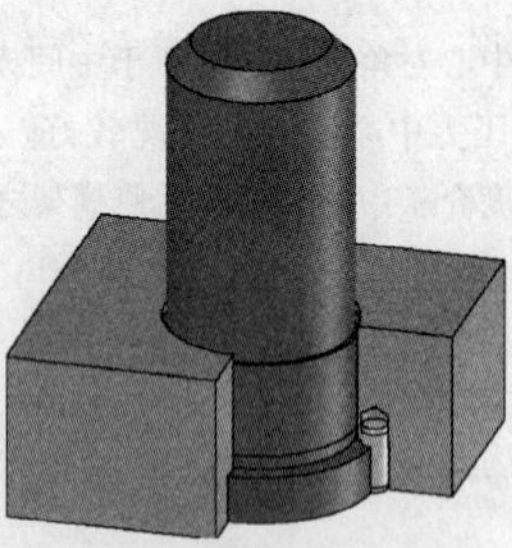	模柄与上模座采用 H7/m6 配合，固定部分有台阶，装配后配钻骑缝销防转，这种固定形式应用较为广泛
旋入式	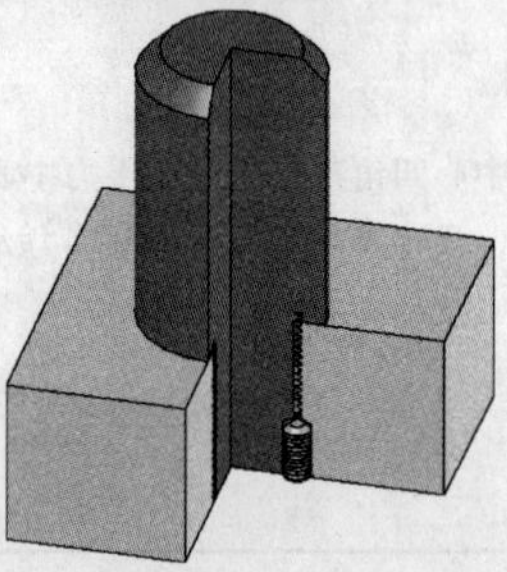	模柄与上模座采用螺纹配合的形式，加工上模座内螺纹时要保证与上模座大平面的垂直度，适用于中小型模具

续表

形　式	结　构	特　点
法兰式		模柄带法兰以螺钉与上模座固定，适用于较大或有刚性推件装置的冲裁模
整体式		加工与装配都较省力，不需要在上模座上加工与之配合的大孔，只需用螺钉与上模座固定即可，但较为费料

2. 选定模架、导柱导套及模柄的结构形式

（1）模架采用操作方便程度介于中间模架和后侧模架之间的对角模架，如图 2-6 所示。

（2）由于是简单落料模，所以只要采用普通导柱导套的结构形式就能满足要求，标准模架在出厂时已装配完毕，如图 2-7 所示。

（3）模柄选择应用广泛的压入式模柄，加工与装配都比较简单，如图 2-8 所示。

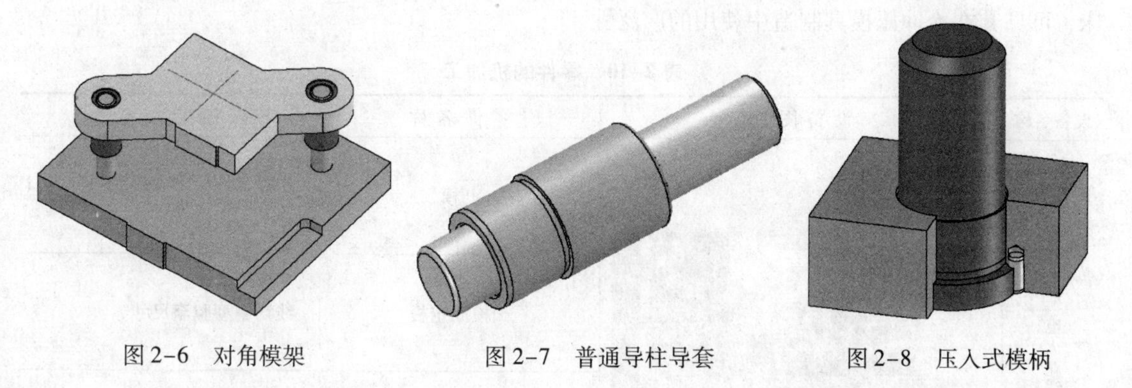

图 2-6　对角模架　　图 2-7　普通导柱导套　　图 2-8　压入式模柄

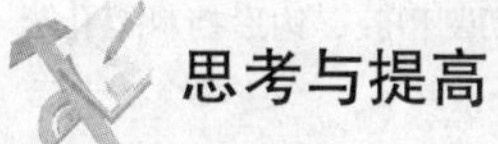

思考与提高

通过查资料，了解浮动模柄的结构和使用场合以及复合模常用导料、挡料和卸料形式。

项目二　单工序模具零部件的加工及装配

能力目标：

(1) 掌握落料模中主要零部件的加工工艺。
(2) 看懂装配图并掌握落料模的装配方法。

任务一　落料模零部件的加工

一、任务描述

根据落料模各零件图的要求，完成各零部件的加工。

二、任务分析

落料模各零件的图形比较简单，其中的凸模、凸模固定板、凹模以及卸料板是主要零件，从投料准备到加工完毕只要严格按图加工，就能给落料模的装配打好基础。

三、任务实施

模具零件大都是单件生产，但对于模具制造工，加工前明确零件间的装配位置关系非常重要。不仅能少走弯路，还可以避免不必要的返工甚至报废，达到事半功倍的效果。

除钳加工外，凸模、凸模固定板、凹模以及卸料板都用到了电火花线切割机床。凹模的落料孔则用到了电火花成形机的加工，如表2-10所示。但石墨电极的制作又要用到电火花线切割机床，可见其在冷冲压模具制造中使用的广泛性。

表2-10　零件的机加工

设备名称	设备图片	零件名称	加工内容
电火花线切割		凸模	用淬火件切割外形至尺寸，台阶留0.1
		凸模固定板	线切割型腔至尺寸
		凹模	线切割型腔、钩形挡料销孔至尺寸
		卸料板	线切割型腔至尺寸

续表

设备名称	设备图片	零件名称	加工内容
电火花成形机		凹模 落料孔在线切割型腔完毕后，以型腔中心为准用石墨电极进行电火花成形加工 想一想：落料孔还能用什么加工方法来代替？	用电火花加工落料孔至尺寸
成形磨床		凸模 磨两侧台阶至尺寸	磨加工两侧台阶至尺寸
万能工具铣床		凸模固定板 与凸模台阶匹配	铣加工固定凸模台阶至尺寸
		卸料导料板 卸料导料槽 想一想：应先加工槽还是型腔？说明原因。	铣加工槽至尺寸

任务二　落料模的装配

一、任务描述

根据落料模装配图的要求，完成模具的装配。

二、任务分析

通过识读落料模的装配图，读懂各零部件在模具中的装配位置和功用，各零部件间的装配关系和连接方式等要求，完成落料模的装配。

三、任务实施

1. 相关知识

参照纺机零件落料模的爆炸图，按操作步骤完成模具的装配，如图 2-9 所示。

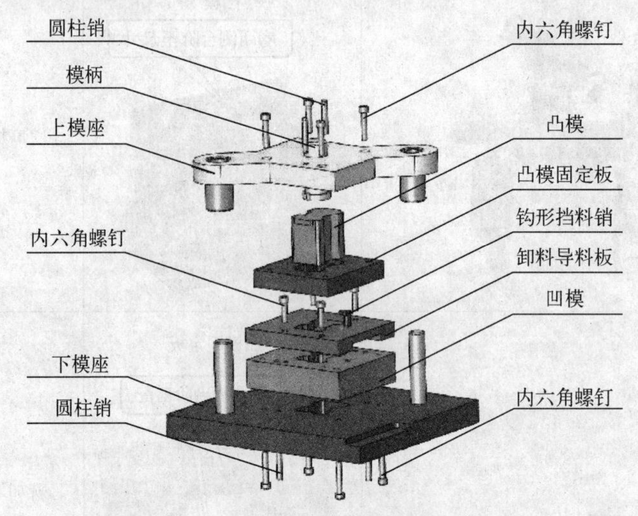

图 2-9　纺机零件落料模爆炸图

（1）将凸模压入凸模固定板，如图 2-10 所示。

图 2-10　凸模与凸模固定板的装配

（2）将钩形固定挡料销装入凹模，如图 2-11 所示。

（3）用内六角螺钉将凹模紧固在下模座上，再配钻铰销钉孔后装入圆柱销，如图 2-12 所示。

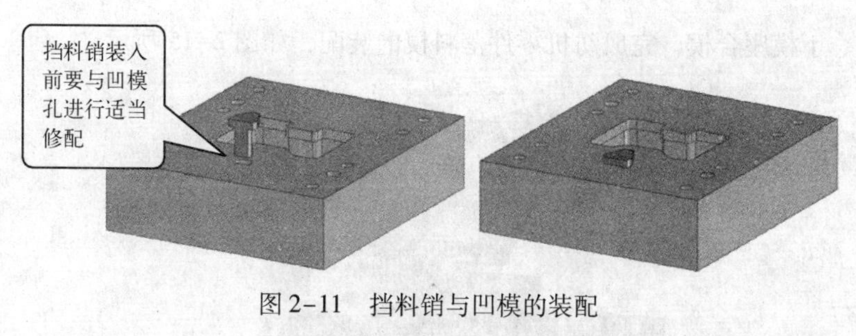

图 2-11　挡料销与凹模的装配

图 2-12　凹模与下模座的装配

（4）用内六角螺钉将装配好的凸模组件与上模座紧固，开模配钻铰销钉孔后装入圆柱销，如图 2-13 所示。

图 2-13　凸模组件与上模座的装配

（5）用内六角螺钉将一体式卸料导料板紧固在凹模上，如图 2-14 所示。

图 2-14　一体式卸料导料板的装配

（6）将上、下模座合模，完成纺机零件落料模的装配，如图 2-15 所示。

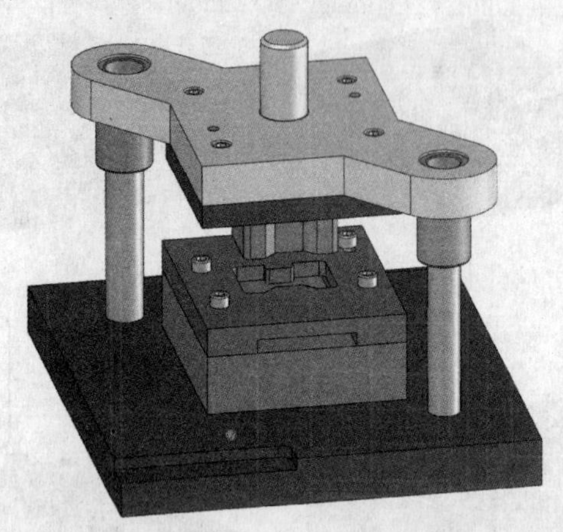

图 2-15　合模图

⚠ **注意：**合模前要认准方向，对角模架是以两根导柱的不同直径来定方向的。

2. 操作评价（见表 2-11）

表 2-11　纺机零件落料模制造评价表

项目	序号	评价内容	配分	学生自评	教师评分	得　分
零件加工	1	凸模	10			
	2	凹模	10			
	3	上、下模板	7			
	4	卸料导料板	5			
	5	凸模固定板	5			
	6	钩形挡料销	3			
模具装配	1	零件的清洁与复检	5			
	2	模架装配是否规范	4			
	3	凸模组件的装配	5			
	4	凹模组件的装配	5			
	5	各活动部件及配合是否正常	5			
	6	合模后的间隙测量	20			
操作过程	1	装配过程中不能损坏零件	5			
	2	装配过程中不得违反安全操作规程	5			
	3	装配过程中的工量具摆放及文明生产规范	6			
	4	如有违规操作或不合理处扣 5～10 分				
总　分			100			

思考与提高

通过查资料，了解什么是复合模，以及复合模的结构特点和工作原理。

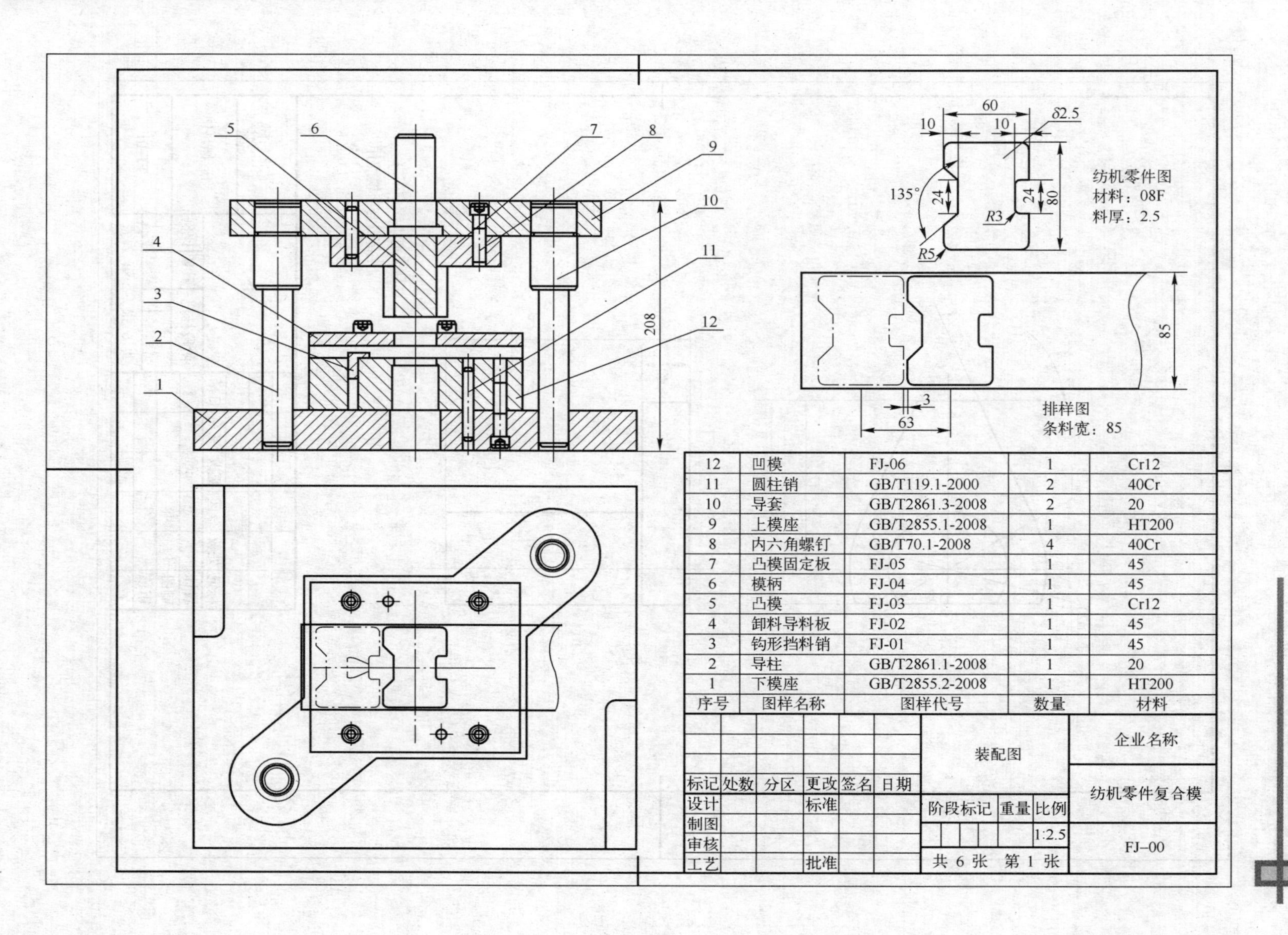
5
6
7
8
9
10
4
11
3
12
2
1
208
60
10
10
δ2.5
135°
24
24
80
R3
R5
纺机零件图
材料：08F
料厚：2.5
85
3
63
排样图
条料宽：85
12 凹模 FJ-06 1 Cr12
11 圆柱销 GB/T119.1-2000 2 40Cr
10 导套 GB/T2861.3-2008 2 20
9 上模座 GB/T2855.1-2008 1 HT200
8 内六角螺钉 GB/T70.1-2008 4 40Cr
7 凸模固定板 FJ-05 1 45
6 模柄 FJ-04 1 45
5 凸模 FJ-03 1 Cr12
4 卸料导料板 FJ-02 1 45
3 钩形挡料销 FJ-01 1 45
2 导柱 GB/T2861.1-2008 1 20
1 下模座 GB/T2855.2-2008 1 HT200
序号 图样名称 图样代号 数量 材料
装配图
企业名称
纺机零件复合模
标记 处数 分区 更改 签名 日期
设计 标准
阶段标记 重量 比例
制图
1:2.5
审核
FJ–00
工艺 批准
共 6 张 第 1 张

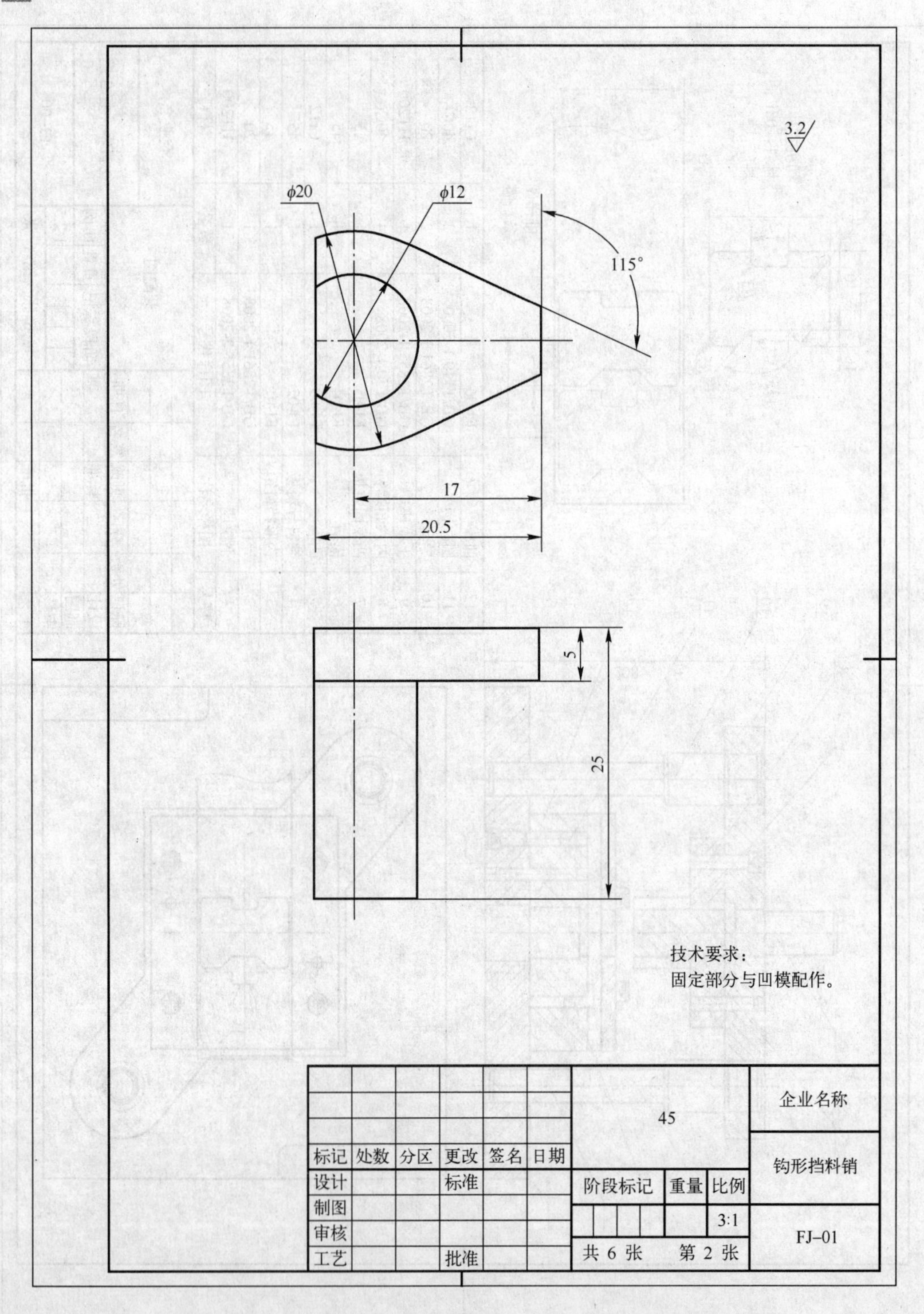

3.2
φ20
φ12
115°
17
20.5
5
25
技术要求：
固定部分与凹模配作。
45
企业名称
钩形挡料销
标记 处数 分区 更改 签名 日期
设计 标准
制图
审核
工艺 批准
阶段标记 重量 比例
3:1
共 6 张 第 2 张
FJ–01

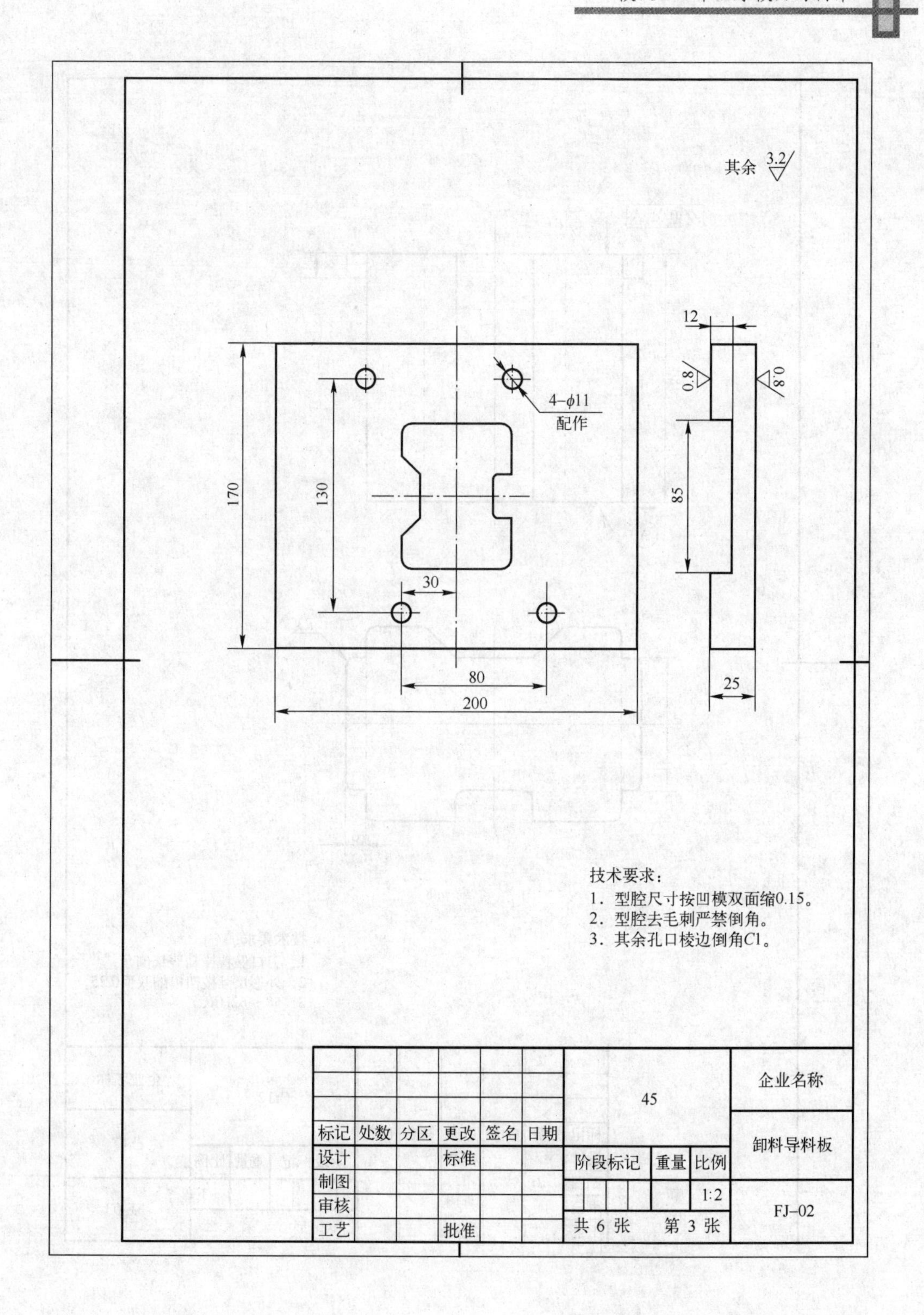

其余 3.2
12
0.8
0.8
4–ϕ11
配作
170
130
85
30
80
200
25
技术要求：
1．型腔尺寸按凹模双面缩0.15。
2．型腔去毛刺严禁倒角。
3．其余孔口棱边倒角C1。
45
企业名称
标记 处数 分区 更改 签名 日期
设计 标准
制图
审核
工艺 批准
卸料导料板
阶段标记 重量 比例
1:2
共 6 张 第 3 张
FJ–02

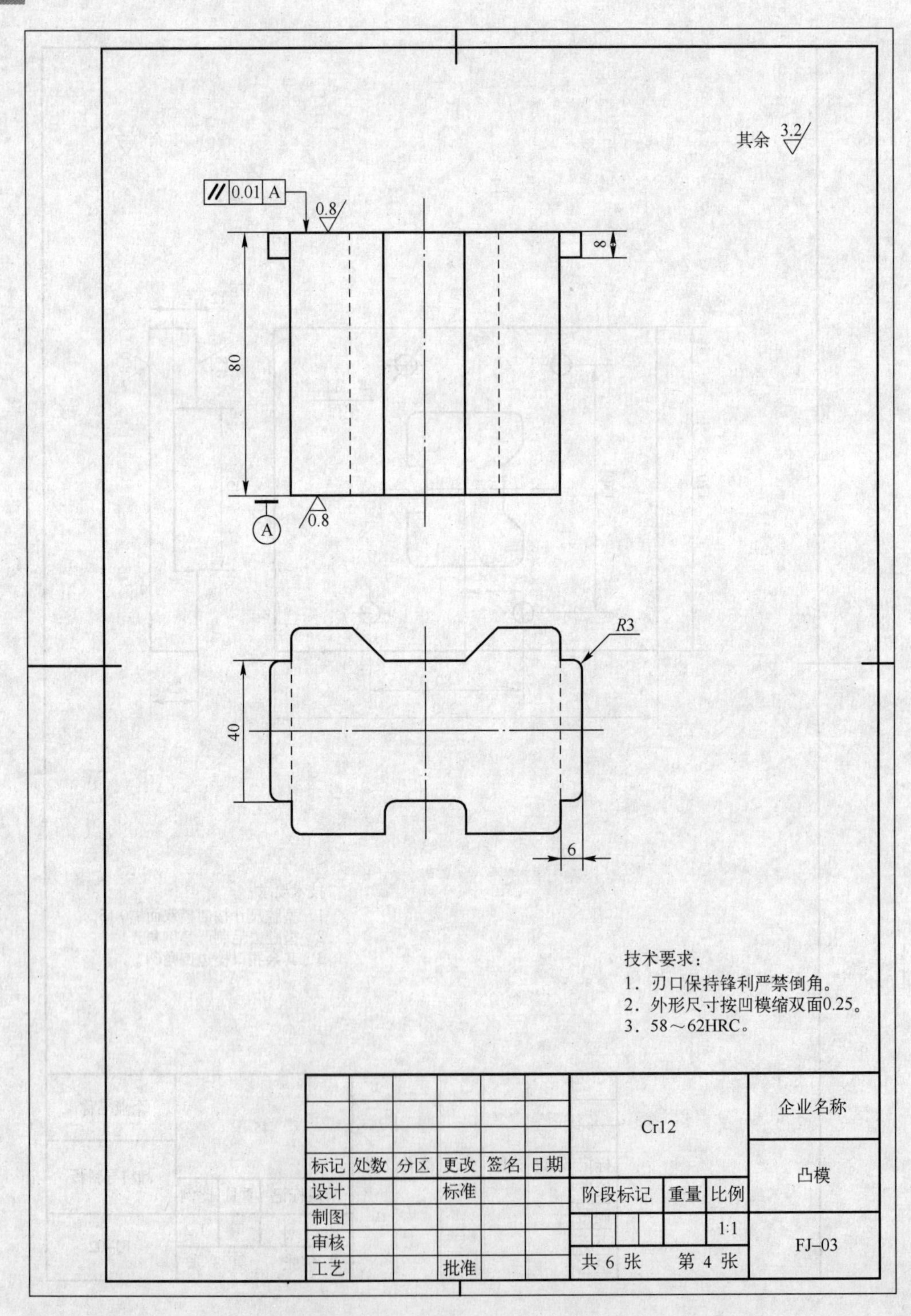
其余 3.2
0.01 A
0.8
8
80
A
0.8
R3
40
6
技术要求：
1．刃口保持锋利严禁倒角。
2．外形尺寸按凹模缩双面0.25。
3．58～62HRC。
Cr12
企业名称
凸模
标记 处数 分区 更改 签名 日期
设计 标准
制图
审核
工艺 批准
阶段标记 重量 比例
1:1
FJ–03
共 6 张 第 4 张

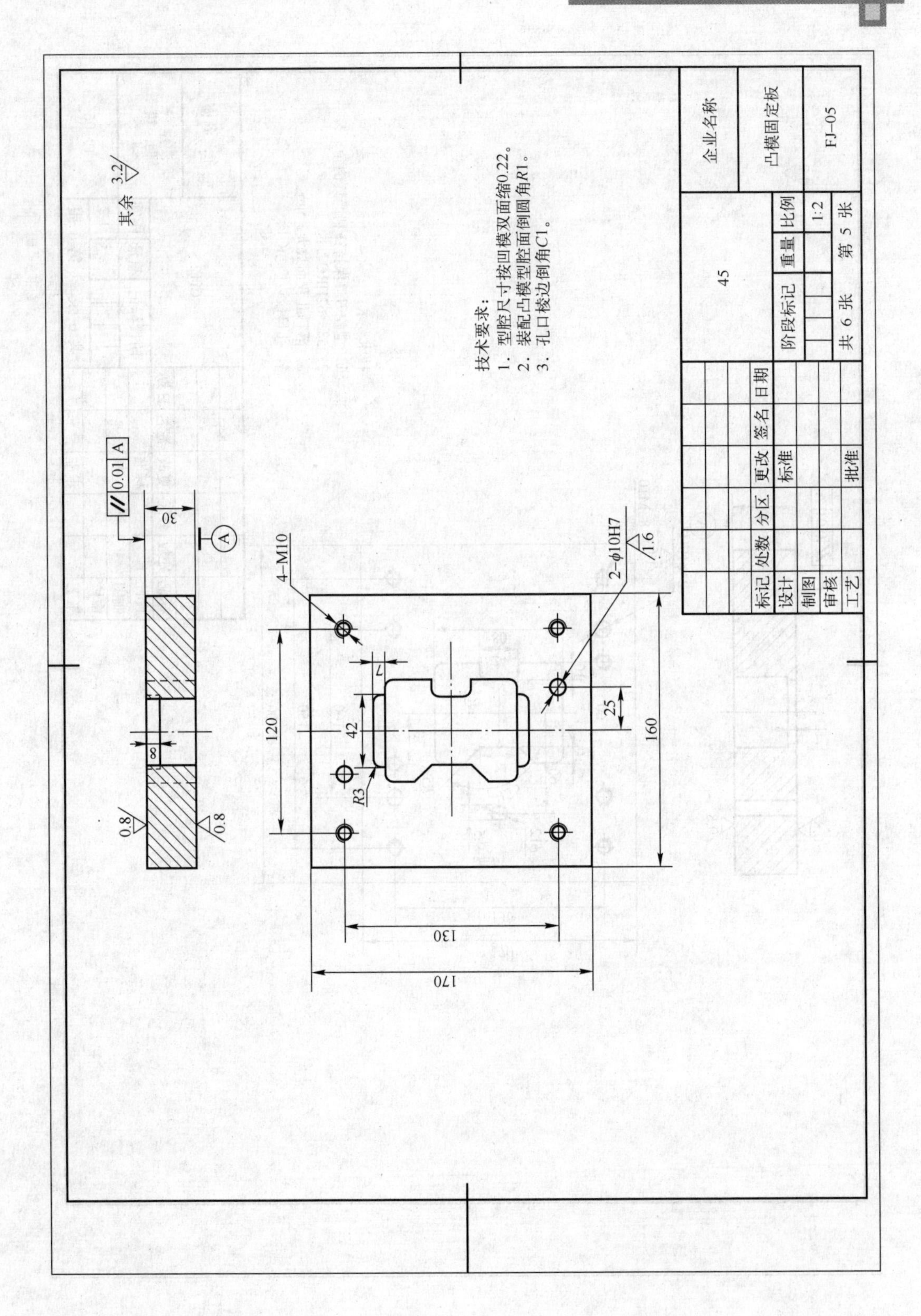

其余 3.2
0.01 A
30
A
4-M10
2-φ10H7
1.6
0.8
0.8
8
120
42
R3
7
25
160
130
170
技术要求：
1. 型腔尺寸按凹模双面缩0.22。
2. 装配凸模型腔面倒圆角R1。
3. 孔口棱边倒角C1。
企业名称
凸模固定板
FJ-05
45
标记 处数 分区 更改 签名 日期
设计 标准
制图
审核
工艺 批准
阶段标记 重量 比例
1:2
共 6 张 第 5 张

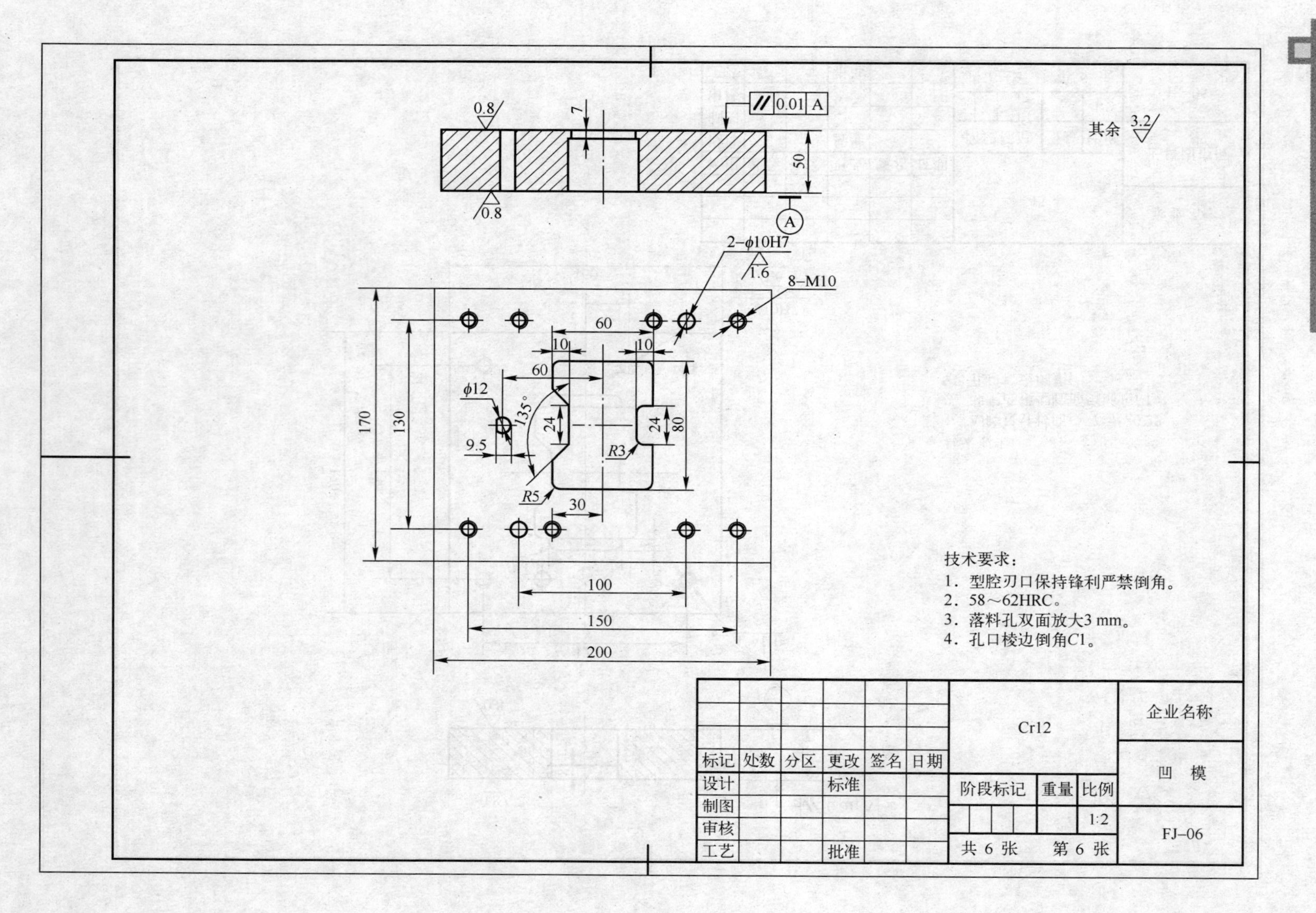

0.8
7
0.01 A
其余 3.2
50
0.8
A
2-φ10H7
1.6
8-M10
60
10
10
60
φ12
135°
24
24
80
170
130
9.5
R3
R5
30
100
150
200
技术要求：
1. 型腔刃口保持锋利严禁倒角。
2. 58～62HRC。
3. 落料孔双面放大3 mm。
4. 孔口棱边倒角C1。
Cr12
企业名称
凹 模
FJ-06
标记
处数
分区
更改
签名
日期
设计
标准
制图
审核
工艺
批准
阶段标记
重量
比例
1:2
共 6 张
第 6 张

倒装复合模的制作

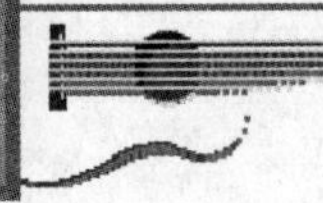

项目一　冲压产品生产过程方案的制订

能力目标：

(1) 根据产品零件图制订冲压工序内容。

(2) 制订产品在条料上的排样方案。

(3) 计算条料的宽度和材料利用率。

任务一　制订冲压工序内容

一、任务描述

现有某企业定制插脚模具，插脚零件是家用电器插头中的一片，如图 3-1 所示，材料为 H62。试根据产品零件图制订冲压工序内容。

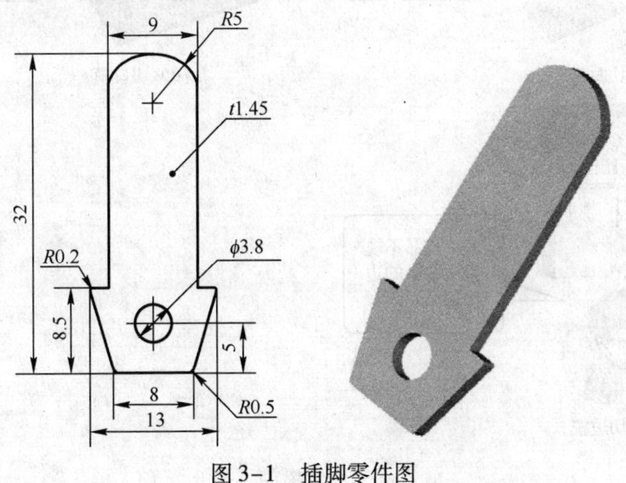

图 3-1　插脚零件图

二、任务分析

识读插脚零件图时首要考虑的问题就是要确定冲压工序，冲压工序的确定是设计人员根据零件精度、生产批量和制造成本等因素综合考虑的结果。插脚零件比较简单，确定是采用单工序模具冲压还是复合工序模具冲压即可。

三、任务实施

1. 相关知识

(1) 冷冲压工序：

① 分离类工序如图 3-2 所示。

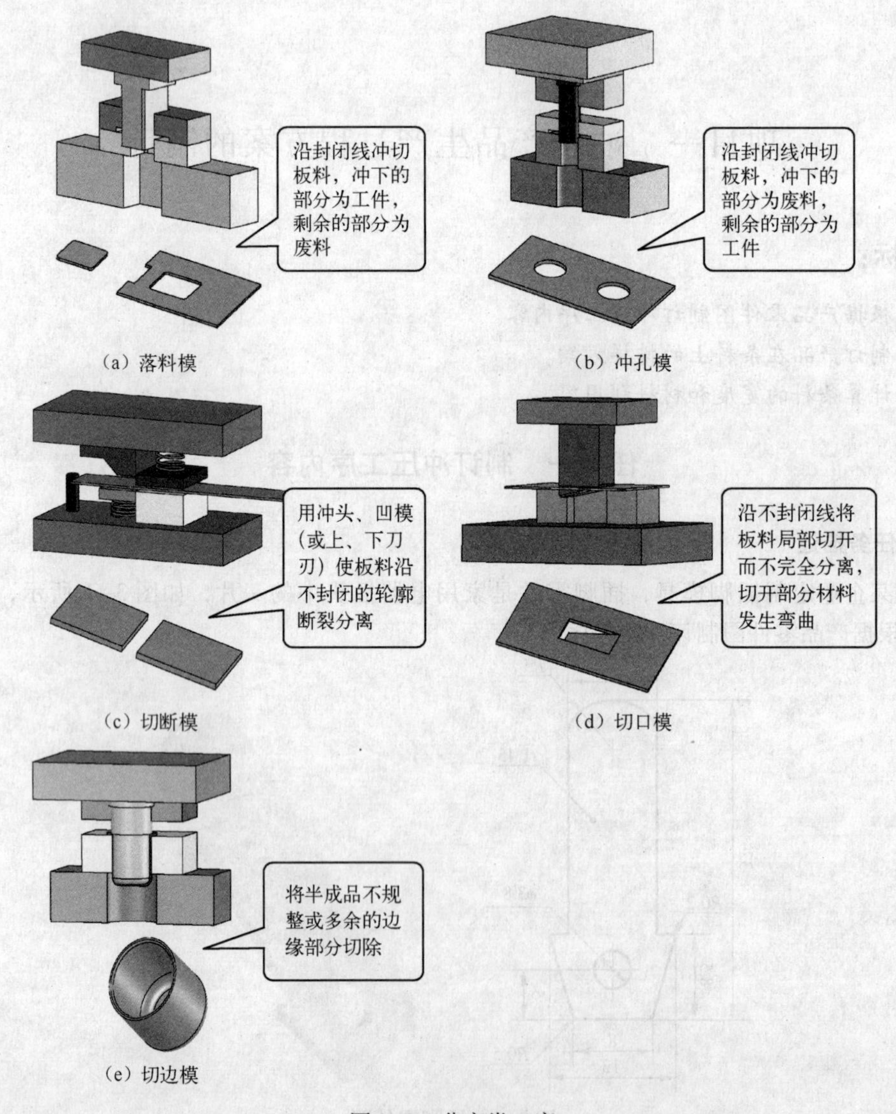

图 3-2 分离类工序

② 成形类工序如图 3-3 所示。

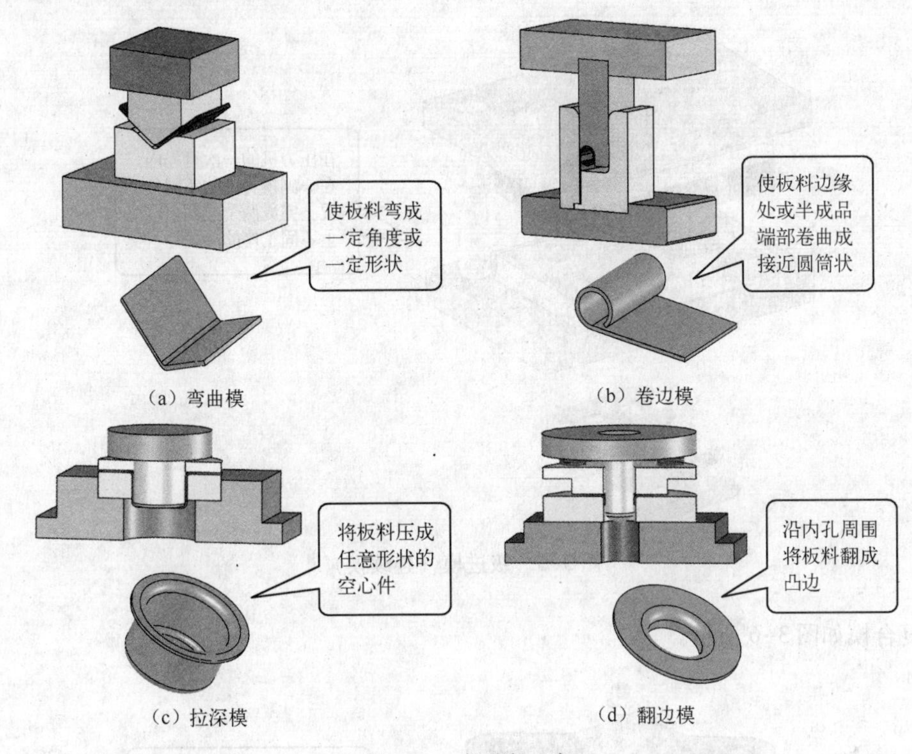

图 3-3　成形类工序

(2) 工序组合方式：

① 单工序模如图 3-4 所示。

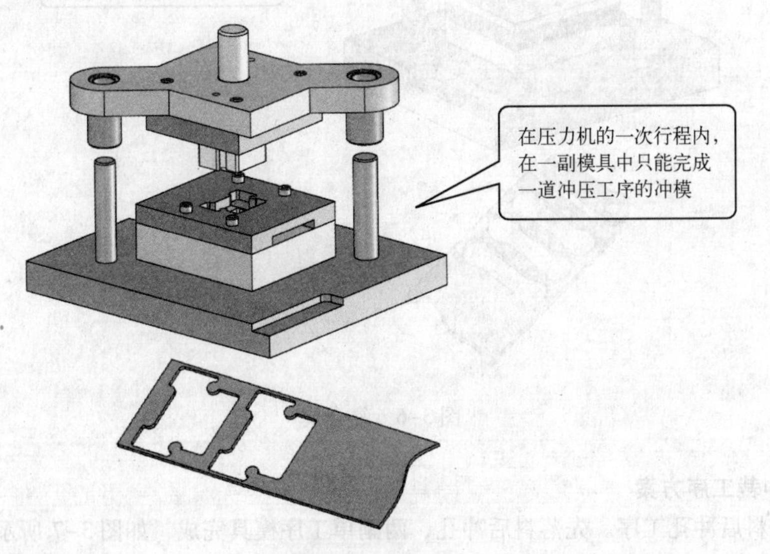

图 3-4　单工序模

② 级进模（连续模）如图 3-5 所示。

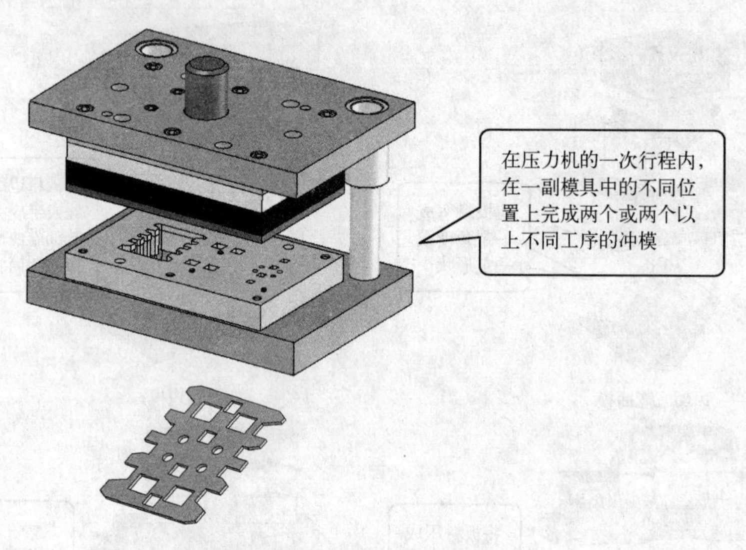

图 3-5　级进模（连续模）

③ 复合模如图 3-6 所示。

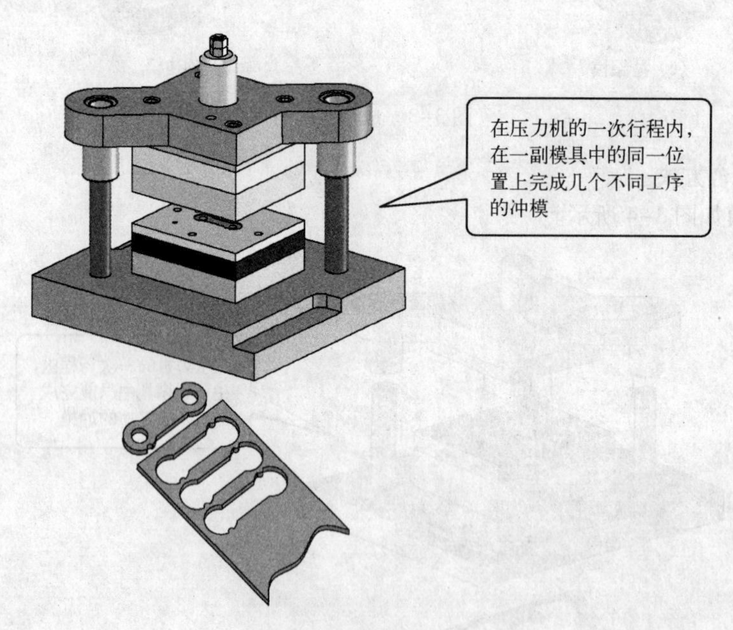

图 3-6　复合模

2. 选定冲裁工序方案

（1）先落料后冲孔工序。先落料后冲孔，两副单工序模具完成，如图 3-7 所示。

（2）先冲孔后落料工序。先冲孔后落料，两副单工序模具完成，如图 3-8 所示。

图 3-7　先落料后冲孔工序

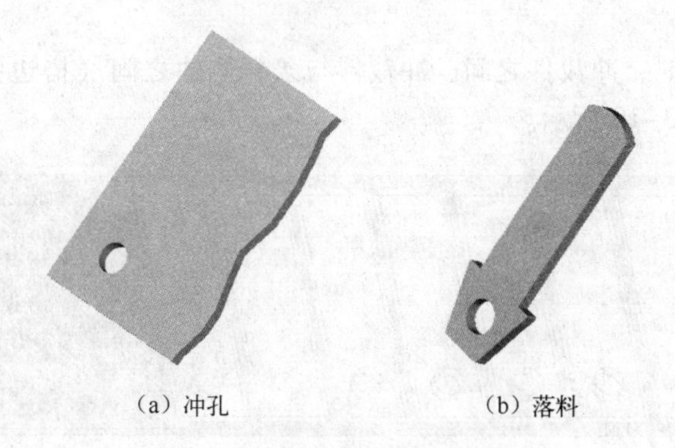

图 3-8　先冲孔后落料工序

（3）冲孔落料复合工序。落料冲孔复合工序模具完成，如图 3-9 所示。

图 3-9　冲孔落料复合工序

通过综合考虑，很显然应该采取第三种方案的复合工序模具，冲压件精度的保证和工作效率的提高是选择的依据。

任务二　制订冲压件排样方案并计算材料利用率

一、任务描述

根据产品零件图从几种排样方案中选定最佳方案，分别计算出每种排样方案的材料利用率是多少。

二、任务分析

排样方案虽然多种多样，但就其原则来讲，最主要的是考虑提高材料利用率和工作效率，所以应从这两方面加以考虑。

三、任务实施

1. 相关知识

根据材料的利用情况，冲压件条料的排样方法基本形式可分为有废料排样、少废料排样、无废料排样三种。

1）有废料排样

沿冲裁件轮廓冲裁时，冲裁件之间、冲裁件与条料侧边之间（搭边）都有工艺余料，冲裁后搭边成为废料，如图 3-10 所示。

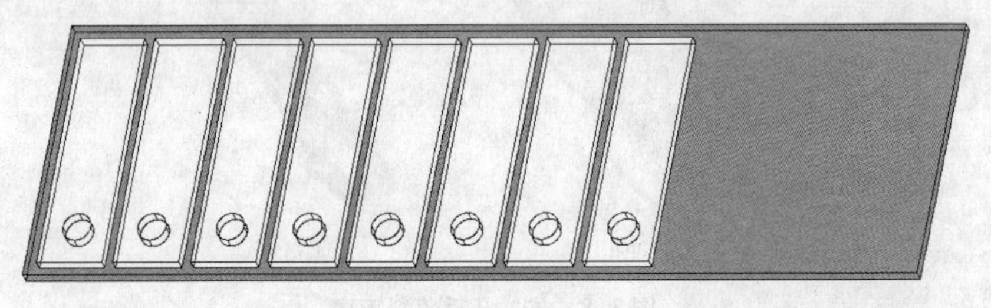

图 3-10　有废料排样

2）少废料排样

沿冲裁件部分轮廓切断或冲裁时，只在冲裁件之间或冲裁件与条料侧边之间留有搭边，如图 3-11 和图 3-12 所示。

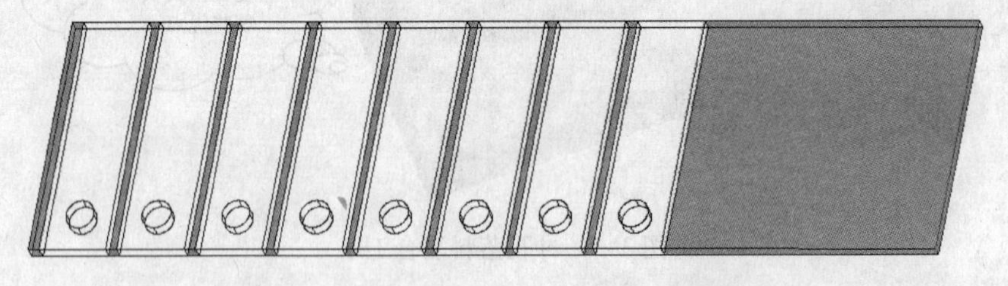

图 3-11　少废料排样（冲裁件之间有搭边）

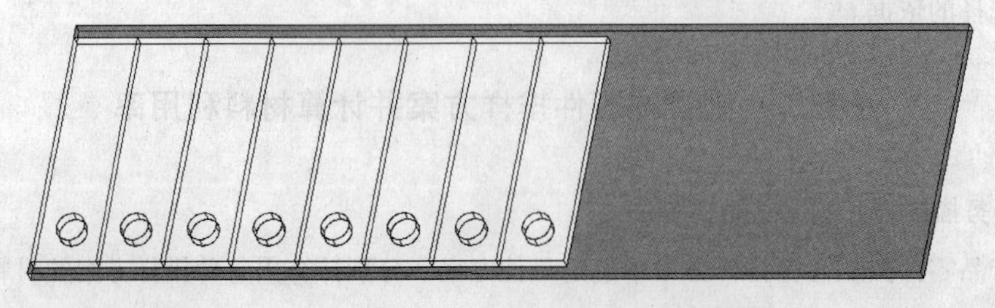

图 3-12　少废料排样（冲裁件与条料侧边之间有搭边）

3）无废料排样

沿直线或曲线切断条料而获得冲裁件，无任何搭边，如图 3-13 所示。

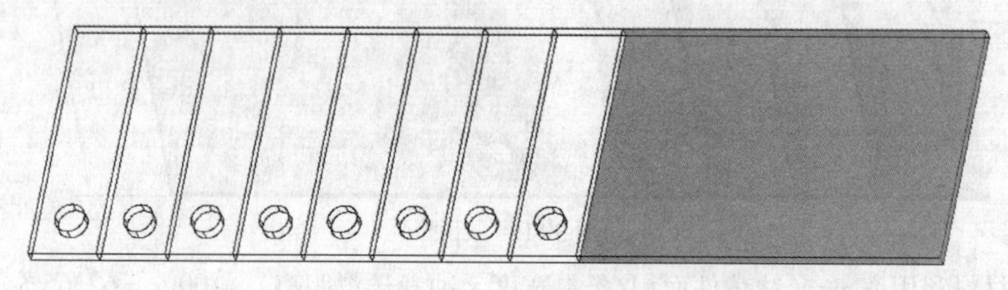

图 3-13　无废料排样

2. 根据复合模具高效率、高精度的特点选定排样方案

（1）横排，如图 3-14 所示。

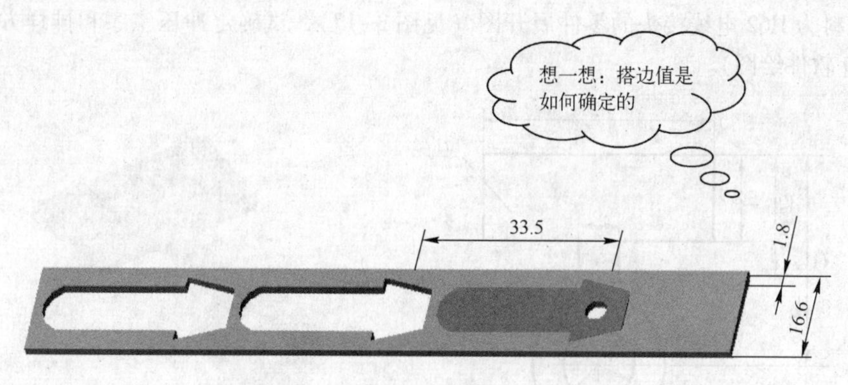

图 3-14　横排

材料利用率 η =（冲裁件面积/条料宽度 × 冲裁送料距离）× 100% ＝50.13%

（2）竖排，如图 3-15 所示。

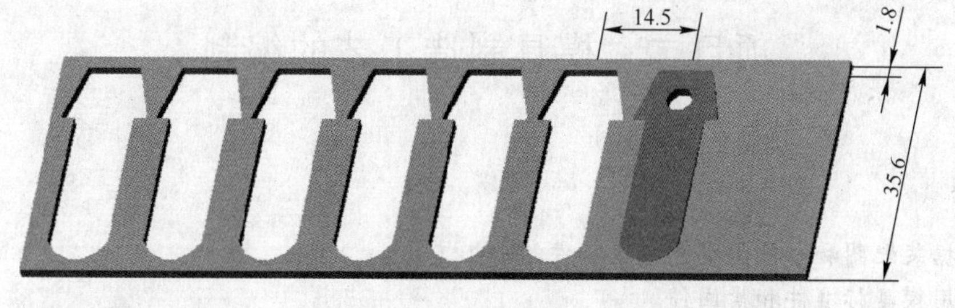

图 3-15　竖排

材料利用率 η =（冲裁件面积/条料宽度 × 冲裁送料距离）× 100% ＝54%

（3）对排，如图 3-16 所示。

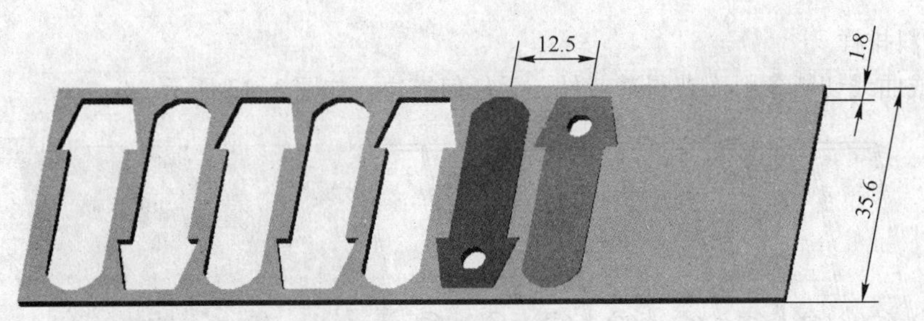

图 3-16　对排

材料利用率 η =（冲裁件面积/条料宽度 × 冲裁送料距离）× 100% = 62.65%

综合考虑加工、压力机操作和材料利用率等因素，确定采用第三种排样方法。

思考与提高

根据材料为 H62 电线接头的零件展开图（见图 3-17），试确定冲压工序和排样方案（排样方案用 CAD 软件绘图）。

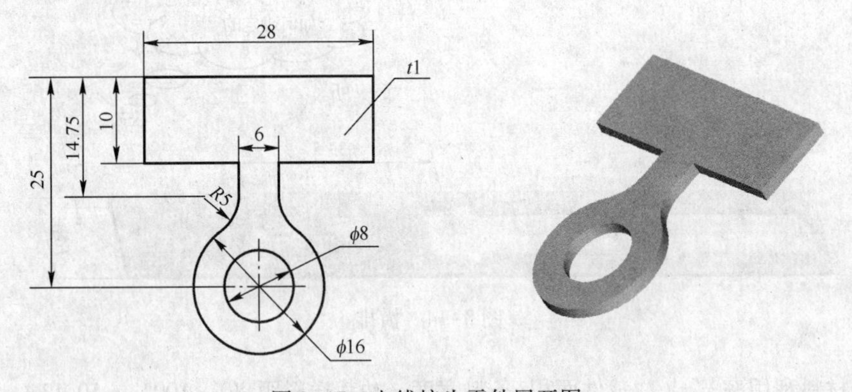

图 3-17　电线接头零件展开图

项目二　模具制造工艺的编制

能力目标：

（1）根据装配图和零件图编制模具零件的加工工艺。

（2）选用模具标准件和紧固件。

任务一　编制冷冲模零件的加工工艺、选用加工设备

一、任务描述

根据插脚复合模具图样的加工精度和技术要求，选择合适的机床或加工方法达到各零件的技

术要求，编制各零件的加工工艺。

二、任务分析

模具零件一般都是单件加工，所以从备料开始就要考虑到模具的经济适用性。在机床的选择上采取够用的原则，够用就是可以满足零件的加工精度和技术要求。加工孔是选择钻、线切割还是磨，前道工序和后道工序的衔接是否合理，对模具装配的影响等都需要通盘考虑，仔细推敲。

三、任务实施

工艺规程是记述由毛坯加工成。零件整个过程的一种工艺文件，它简要地规定了零件的加工顺序，选用的机床、工具、工序的技术要求及必要的操作方法等。因此，工艺规程具有指导生产和组织工艺准备的作用，是生产中必不可少的技术文件。

模具的工艺规程可分为零件的机械加工工艺、检验工艺、装配工艺规程等，但主要以零件的机械加工工艺规程为主，其他工艺则按需要而定。又因为模具常为单件小批量生产，所以零件加工时常用工艺过程卡来指示加工过程。

1）制订工艺规程的原则

制订工艺规程的原则是在一定的生产条件下，要使所编制的工艺规程能以最少的劳动量和最低的费用，可靠地加工出符合图样及技术要求的零件。工艺规程首先要保证产品的质量，同时要争取最好的经济效益。在制订工艺规程时，要注意以下三个方面：

（1）技术上的先进性。在制定工艺规程时，要了解国内外本行业工艺技术的发展。通过必要的工艺试验，优先采用先进工艺和工艺装备，同时还要充分利用现有的生产条件。

（2）经济上的合理性。在一定的生产条件下，可能会出现几个保证工件技术要求的工艺方案。此时应全面考虑，通过核算或评比选择经济上最合理的方案，使产品的能源、物资消耗和成本最低。

（3）有良好的劳动条件。制订工艺规程时，要注意保证工人具有良好、安全的劳动条件，通过机械化、自动化等途径，把工人从笨重的体力劳动中解放出来。

制订工艺规程时，工艺人员必须认真研究原始资料，如产品图样、生产纲领、毛坯资料及生产条件的状况等。然后参照同行业工艺技术的发展，综合本部门的生产实践经验，进行工艺文件的编制。

2）制订工艺规程的步骤

编制工艺规程，一般可按以下步骤进行：

（1）零件图的研究与工艺审查。

（2）确定生产类型。

（3）确定毛坯的种类和尺寸。

（4）选择定位基准和主要表面的加工方法，拟订零件的加工工艺路线。

（5）确定工序尺寸、公差及其技术要求。

（6）确定机床、工艺装备、切削用量及时间定额。

（7）填写工艺文件。

根据制订工艺规程的原则和一般步骤，制订以下四个模具主要零件的加工工艺过程卡片以供参考：

（1）凹模加工工艺过程卡片如表 3-1 所示。

（2）凸凹模加工工艺过程卡片如表 3-2 所示。

（3）固定板加工工艺过程卡片如表 3-3 所示。

（4）上模座加工工艺过程卡片如表 3-4 所示。

表 3-1　凹模制造工艺过程卡片

工艺过程卡片			名称	凹模	数量	1
			零件图号		材料	Cr12
工序	设备	加工内容	定额工时	实际工时	操作者	检验实测尺寸
备料	锻打	六面锻打至 85 × 65 × 25				
刨	刨床	六面垂直尺寸 80.4 × 60.4 × 20.4	30 分			
磨	平磨	六面垂直尺寸 80.2 × 60.2 × 20.2	30 分			
钳		棱边倒角 *C*1	10 分			
铣	数铣	以工件中心为基准点（各孔中心孔），台阶铣至尺寸并加深 0.2	30 分			
钳	台钻	钻、攻 6 × M6 至尺寸，钻型腔及销孔，钻 ϕ4 穿丝孔，去毛刺	60 分			
热处理		58～62HRC				
磨	平磨	六面垂直尺寸保证台阶深度	30 分			
电火花	线切割	以工件中心为基准线切割型腔及销钉孔至尺寸	120 分			
钳		修正螺纹孔清理各处毛刺并清洗上油	10 分			
本零件总计综合工时						

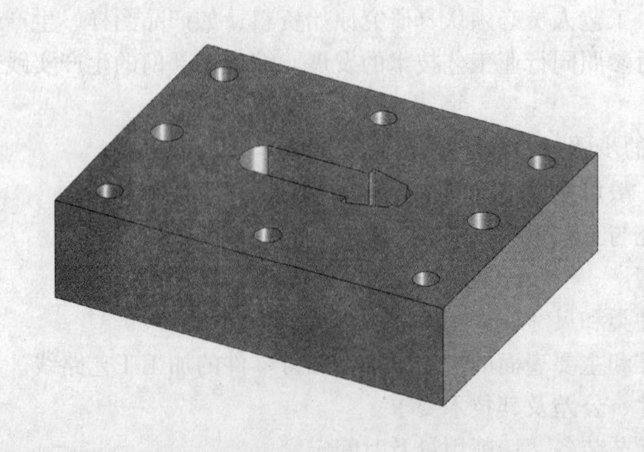

编制　　　　审核　　　　201　年　月　日

表 3-2　凸凹模制造工艺过程卡片

工艺过程卡片			名称	凸凹模	数量	1
			零件图号		材料	Cr12
工序	设备	加工内容	定额工时	实际工时	操作者	检验实测尺寸
备料		备料厚 50.5，58～62HRC 的淬火件				
磨	平磨	两平面磨出	10 分			
钳		划出穿孔位置线	10 分			
电火花	穿孔机	在划线位置加工出 φ2 穿丝孔	30 分			
电火花	线切割	按图线切割凸凹模孔、外形至尺寸，台阶处留 0.1 磨量	320 分			
磨	成型磨	按图磨台阶至尺寸	15 分			
钳		清理各处毛刺并清洗上油	10 分			
本零件总计综合工时						

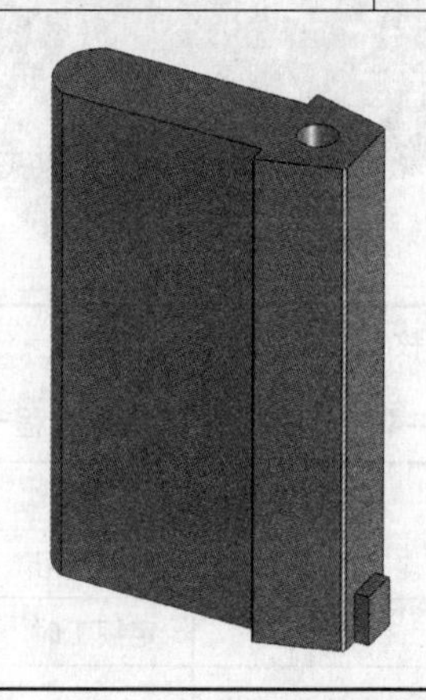

编制　　　　审核　　　　201 年　月　日

表 3-3　凸凹模固定板制造工艺过程卡片

工艺过程卡片			名称	凸凹模固定板	数量	1
			零件图号		材料	45
工序	设备	加工内容	定额工时	实际工时	操作者	检验实测尺寸
备料	锻打	六面锻打至 85×65×20				
刨	刨床	六面垂直尺寸为 80.3×60.3×15.3	30 分			
磨	平磨	六面垂直厚度留 0.1，其余至尺寸	20 分			
钳		棱边倒角 $C1$	10 分			

续表

工艺过程卡片			名称	凸凹模固定板	数量	1
			零件图号		材料	45
工序	设备	加工内容	定额工时	实际工时	操作者	检验实测尺寸
铣	数铣	以工件中心为准点（各孔中心孔），铣台阶及 3 × ϕ6 沉孔至尺寸	40 分			
钳	台钻	钻 4 × ϕ7、钻攻 4 × M6 至尺寸，钻型腔及销孔，钻 ϕ4 穿丝孔，去毛刺	50 分			
电火花	线切割	以工件中心为基准线切割型腔及销孔至尺寸	100 分			
钳		清理各处毛刺并清洗上油	10 分			
本零件总计综合工时						

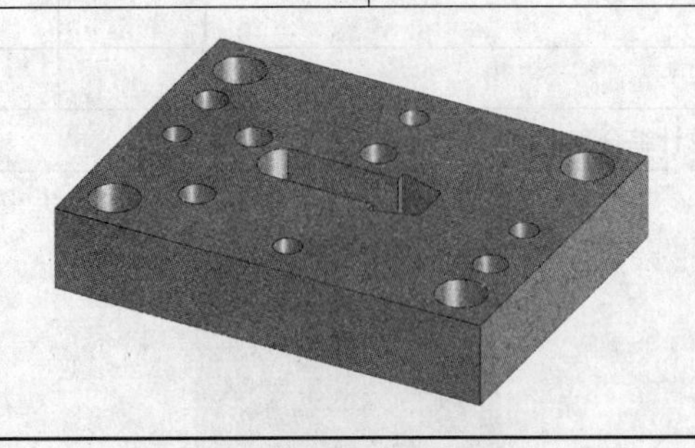

编制　　　　审核　　　　201　年　月　日

表 3-4　上模座制造工艺过程卡片

工艺过程卡片			名称	上模座	数量	1
			零件图号		材料	HT200
工序	设备	加工内容	定额工时	实际工时	操作者	检验实测尺寸
钳		以凹模外形划出在上模座上的位置线并敲上冲眼，钻 ϕ30 模柄预孔	30 分			
铣	数铣	以划线为基准点（各孔中心孔），销孔不钻，根据模柄实际尺寸配作模柄孔及台阶至尺寸	30 分			
钳	台钻	4 × ϕ7 及扩孔至尺寸，清理各处毛刺	30 分			

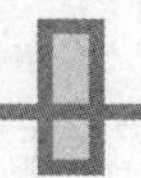

续表

工艺过程卡片			名称	上模座	数量	1
			零件图号		材料	HT200
工序	设备	加工内容	定额工时	实际工时	操作者	检验实测尺寸
本零件总计综合工时						

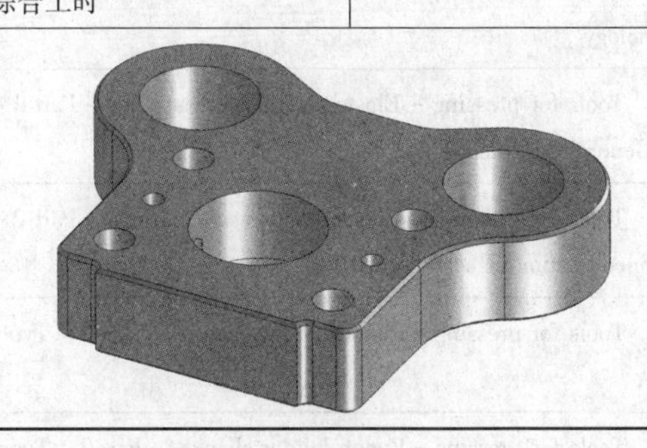

编制　　　　　　　　审核　　　　　　　　201　年　月　日

任务二　选用冷冲模标准件和紧固件

一、任务描述

插脚复合模具中有一些零件属于标准件和紧固件，应根据装配图和模具零件的实际情况合理选用。

二、任务分析

模具中有许多零件是标准件和紧固件。如模架、销钉，内六角螺钉等，合理地选用这些零件对完成整副模具的总装配至关重要。通过模具各零件图和模具装配图就不难选定这些零件。

三、任务实施

1. 相关知识

模具制造行业执行的标准目前还不够规范统一，主要是受到了模具单件或小批量生产的特点以及我国模具制造水平与国际水平相比存在着一定差距的影响。所以，在执行标准化方面，存在多种标准并行的局面。比如，有参照国际标准（ISO 国际标准化组织）的，有参照已发布的国家标准的（GB 中国国家标准），还有参照行业标准的（JB 我国机械行业标准），甚至一些有一定规模的模具制造企业还有自己的企业标准。

目前，随着我国模具加工水平的不断提升，中国的模具加工与国外模具制造企业间的交流与合作越来越紧密，模具制造采用的标准就会使用国际标准。而根据《中华人民共和国标准化法》的规定，行业标准由国务院有关行政主管部门制定，并报国务院标准化行政主管部门备案。当同一内容的国家标准公布后，则该内容的行业标准即行废止。

1）国际标准（见表3-5）

表3-5　ISO模具标准目录（节选）

序号	标准号	英文名称	中文名称
1	ISO 6753—1：2005	Tools for pressing and moulding – Machined plates – Part 1：Machined plates for press tools	冲模和成形模　机加工板　第1部分：冲模机加工板
2	ISO 8695：1987	Tools for pressing – Punches – Nomenclature and terminology	冲模　凸模　名词术语
3	ISO 10069—1：2008	Tools for pressing – Elastomer pressure springs – Part 1：General specification	冲模　弹性体压缩弹簧　第1部分：通用规格
4	ISO 10069—2：2008	Tools for pressing – Elastomer pressure springs – Part 2：Specification of accessories	冲模　弹性体压缩弹簧　第2部分：附件规格
5	ISO 10242—1：1998	Tools for pressing – Punch holder shanks – Part 1：Type A	冲模　模柄　第1部分：A型
6	ISO 10242—2：1991	Tools for pressing – Punch holder shanks – Part 2：Type C	冲模　模柄　第2部分：C型
7	ISO 10242—3：1991	Tools for pressing – Punch holder shanks – Part 3：Type D	冲模　模柄　第3部分：D型
8	ISO 10243：1991	Tools for pressing – Compression springs with rectangular section – Housing dimensions and colour coding	冲模　矩形截面压缩弹簧安装尺寸和颜色标志
9	ISO 11415：1997	Tools for pressing – Die sets	冲模　模架
10	ISO 11903：1996	Tools for pressing – Guide pillar mountings	冲模　导柱固定座

2）国家标准（见表3-6）

表3-6　冷冲模国家标准目录（节选）

序号	标准号	名称
1	JB/T7650. 9—1995	冷冲模 卸料装置 聚胺酯弹性体
2	SJ 2612—1985	冷冲模 滑动后侧导柱模架
3	SJ 2613—1985	冷冲模 滑动中间导柱模架
4	SJ 2620—1985	冷冲模 模架技术条件
5	SJ 2634. 1—1985	冷冲模 矩形垫板
6	SJ 2634. 2—1985	冷冲模 矩形固定板
7	SJ 2634. 3—1985	冷冲模 矩形卸料板
8	SJ 2634. 4—1985	冷冲模 矩形凹模板
9	SJ 2636—1985	冷冲模 导料板
10	SJ 2637—1985	冷冲模 承料板

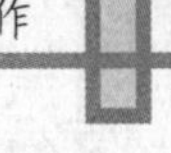

续表

序号	标准号	名称
11	SJ 2638. 1—1985	冷冲模 压入式模柄
12	SJ 2638. 2—1985	冷冲模 旋入式模柄
13	SJ 3093—1988	冷冲模 倒装复合薄凹模典型结构
14	SJ 3094—1988	冷冲模 倒装复合厚凹模典型结构
15	SJ 3095—1988	冷冲模 模具技术条件

3）模具行业标准（略）

4）紧固件国家标准（见表3-7）

表3-7　模具常用螺钉的国家标准

序号	标　准　号	名　　称
1	GB/T 67 - 2008	开槽盘头螺钉
2	GB/T 70. 1 - 2008	内六角圆柱头螺钉
3	GB/T 70. 2 - 2008	内六角平圆头螺钉
4	GB/T 70. 3 - 2008	内六角沉头螺钉
5	GB/T 94. 1 - 2008	弹性垫圈技术条件 弹簧垫圈
6	GB/T 94. 3 - 2008	弹性垫圈技术条件 鞍形、波形弹性垫圈

以上介绍了模具制造中应知的几种标准。在标准中能查到大多数的模具零件的规格尺寸、使用场合和应达到的技术要求，尤其是冷冲模零件的标准化已相当普遍。因此，一方面可以根据模具零件大致的使用要求，在表中合理选用标准化参数，在模具生产制造中实施标准化。另一方面，对于一些标准化了的模具零件，也可以直接到市场上采购，提高模具制造加工的效率，从而降低模具制造的成本。

应当注意到，目前许多国家直接把国际标准作为本国标准使用。这是由于国际贸易广泛开展，产品在国际市场上的竞争越来越激烈，要求产品具有高的质量，好的性能，还要具有广泛的通用性、互换性；这就要求标准在各国间统一起来，按照国际上统一的标准生产，如果标准不一致，就会给国际贸易带来障碍，所以世界各国都积极采用国际标准。

2. 插脚复合模具选用标准件列表（见表3-8）

表3-8　标准件、紧固件选用列表

序号	名　称	数　量	规　格	材　料	备　注	结　构
1	模架	1	后侧1号	HT200		

续表

序号	名称	数量	规格	材料	备注	结构
2	橡胶	1	80×60×30	聚氨酯		
3	圆柱销	4	$\phi6\times60$	碳钢	GB/T 119.1－2000	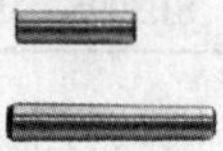
4	圆柱销	4	$\phi6\times35$	碳钢	GB/T 119.1－2000	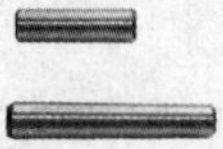
5	圆柱销	1	$\phi6\times10$	碳钢	GB/T 119.1－2000	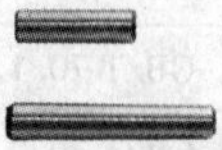
6	打杆（圆柱销改制）	2	$\phi5\times30$	碳钢	GB/T 119.1－2000	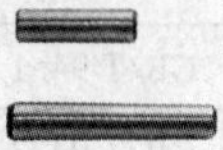
7	内六角螺钉	4	M6×55	碳钢	GB/T 70.1－2008	
8	内六角螺钉	2	M6×16	碳钢	GB/T 70.1－2008	
9	内六角螺钉	4	M6×35	碳钢	GB/T 70.1－2008	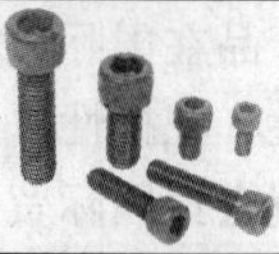
10	弹簧	4	$\phi1$（线径）× $\phi4$（中径）×35	65Mn	GB/T 1358－2009	
11	六角螺母	2	M10	碳钢	GB/T 41－2000	

思考与提高

编制其他零件图的加工工艺如表3–9所示。

表3–9　零件制造工艺过程卡片

工艺过程卡片			名称		数量	
			零件图号		材料	
工　　序	设　　备	加工内容	定额工时	实际工时	操作者	检验实测尺寸
零件总计综合工时						

编制　　　　　　　　　　　　审核　　　　　　　　　　　　201　年　　月　　日

项目三　制造冲压模具的主要零部件

能力目标：

掌握和运用各类生产工艺装备及加工方法完成插脚复合模具零部件的制造。

任务一　冷冲模零件的常规加工和数控加工

一、任务描述

凹模、凸凹模、固定板、上模座的常规加工和数控加工以及钳工制造技术的综合应用。

二、任务分析

凹模、凸凹模、凸凹模固定板、上模座是整副复合模具中的主要零部件，单件生产要紧抓各加工环节的加工质量，及时发现问题防止零件的报废，缩短模具零件的制造周期，为整副模具的装配打下良好的基础。

三、任务实施

> ⚠ 模具零件钳加工过程中要注意的事项：
>
> （1）攻螺纹时要用角尺进行检查以保证垂直度，攻好后要用手拧螺钉的方法检查以保证螺钉的通过性良好。
>
> （2）凹模材料是Cr12，在钻孔过程中要及时冷却，以免钻头由于切削热而导致过快磨损。
>
> （3）所有刃口处以及落废料孔处严禁倒角。

模具零件加工过程如下：

（1）全面清理和初检已准备好的标准件、原材料毛坯等。

（2）选择和准备在加工过程中将使用的刀具、夹具等其他工具。

（3）估计每个模具零件每道工序的加工工时，制订加工过程生产计划。

（4）根据模具零件图样及零件加工工艺规程逐一加工模具零件。

（5）检验加工出的模具零件。

按编制的加工工艺完成插脚复合模具的零部件常规加工和数控加工制造。

1. 凹模的制造

当凹模六面垂直加工完毕并倒角后，要使用数控机床进行加工。

数控铣床加工前应编制相应的程序：以工件中心为基准点（各孔中心孔），台阶铣至尺寸并加深0.2 mm（想一想：此处台阶铣至尺寸为什么还要加深0.2 mm呢?）。

```
O0001（点孔参考程序）
G21;(选择公制尺寸)
G54 G90 G17 G40 G49 G80;(选择54坐标系,绝对坐标,选择X/Y平面,取消刀具半径补偿,取消刀
                         具长度补偿,固定循环取消)
G00 X-32.5 Y22.5;
M03 S2000;(主轴转动,转速2 000 r/min)
G43 H1 Z10;(读取刀具长度补偿)
G98 G81 Z-3 R10 F80;(点孔)
X0;
X32.5;
Y0;
Y-22.5;
X0;
X-32.5;
```

```
Y0;
X6.5;
G80;(固定循环取消)
M05;(主轴停)
G91 G28 Z0;(Z 轴回参考点)
G28 X0 Y0;(X、Y 轴回参考点)
M30;(结束程序运行且返回程序开头)

O0002(铣阶台参考程序)
G54 G90 G00 G49 G80 G40 Z0;
M03 S2000 F150;
G00 X18 Y0;
G43 G00 Z20 H1;
G00 Z5;
G1 Z-5;
G41 G01 X18 Y-4.5 D1;
G01 X25 Y-4.5,R1;
G01 X25 Y4.5,R1;
G01 X18 Y4.5;
G40 G01 X18 Y0;
G49 G00 Z0;
M30;
```

钳加工工序中穿丝孔位置要尽量缩短钼丝走过的空程，两 $\phi6$ 销孔穿丝孔钻在孔中心，图 3-18 所示为型腔穿丝孔的参考位置。

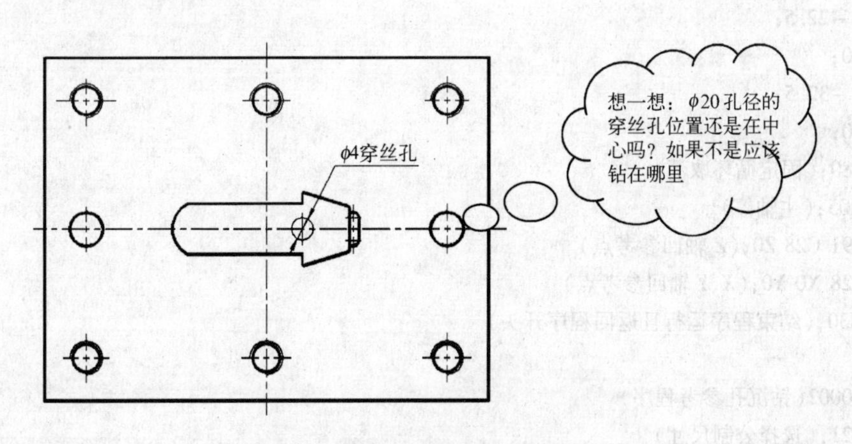

图 3-18　凹模型腔穿丝孔位置图

2. 凸凹模的制造

在编制的参考加工工艺中使用淬火件直接进行加工，如果实际生产中使用非淬火件的加工工艺，则穿丝孔就需要钳工在台钻上钻出，并且需要正反两面接穿。图3-19所示为两面钻孔不垂直示意图。

图3-19　两面钻孔不垂直示意图

3. 凸凹模固定板的制造（参照凹模进行常规加工）

```
O0001(点孔参考程序)
G21;(选择公制尺寸)
G54 G90 G17 G40 G49 G80;(选择54坐标系,绝对坐标,选择X/Y平面,取消刀具半径补偿,取消刀
                         具长度补偿,固定循环取消)
G00 X-32.5 Y22.5;
M03 S2000;(主轴转动,转速2000 r/min)
G43 H1 Z10;(读取刀具长度补偿)
G98 G81 Z-3 R10 F80;(点孔)
X0;
X32.5;
Y0;
Y-22.5;
X0;
X-32.5;
Y0;
G80;(固定循环取消)
M05;(主轴停)
G91 G28 Z0;(Z轴回参考点)
G28 X0 Y0;(X、Y轴回参考点)
M30;(结束程序运行且返回程序开头)

O0002(钻沉孔参考程序)
G21;(选择公制尺寸)
G54 G90 G17 G40 G49 G80;(选择54坐标系,绝对坐标,选择X/Y平面,取消刀具半径补偿,取消刀
                         具长度补偿,固定循环取消)
G00 X0 Y10;
M03 S800;(主轴转动,转速800 r/min)
```

```
G43 H2 Z10;(读取刀具长度补偿)
G98 G83 Z-8 R10 Q5 F80;(钻孔)
X-20.8 Y5;
Y-15;
G80;(固定循环取消)
M05;(主轴停)
G91 G28 Z0;(Z轴回参考点)
G28 X0 Y0;(X、Y轴回参考点)
M30;(结束程序运行且返回程序开头)

O0003(铣平底参考程序)
G21;(选择公制尺寸)
G54 G90 G17 G40 G49 G80;(选择54坐标系,绝对坐标,选择X/Y平面,取消刀具半径补偿,取消刀
                        具长度补偿,固定循环取消)
G00 X0 Y10;
M03 S1200;(主轴转动,转速1 200 r/min)
G43 H3 Z10;(读取刀具长度补偿)
G01 Z-8 F150;
G00 Z10;
X-20.8 Y5;
G01 Z-8 F150;
G00 Z10;
Y-15;
G01 Z-8 F150;
G00 Z10;
M05;(主轴停)
G91 G28 Z0;(X、Y轴回参考点)
G28 X0 Y0;(结束程序运行且返回程序开头)
M30;

O0004(铣阶台参考程序)
G21;(选择公制尺寸)
G54 G90 G17 G40 G49 G80;(选择54坐标系,绝对坐标,选择X/Y平面,取消刀具半径补偿,取消刀
                        具长度补偿,固定循环取消)
G00 X13 Y0;
M03 S5000;(主轴转动,转速5 000 r/min)
G43 H4 Z10;(读取刀具长度补偿)
G01 Z-5 F10;
G41 D4 G01 X13 Y-3.5 F20;(读取刀具半径补偿)
X15.68;
```

```
G03 X17.18 Y-2 R1.5;
G01 Y2;
G03 X15.68 Y3.5 R1.5;
G01 X13;
G40 X13 Y0;(取消刀具半径补偿)
G00 Z10;(Z 轴回安全点)
M05;(主轴停)
G91 G28 Z0;(Z 轴回参考点)
G28 X0 Y0;(X、Y 轴回参考点)
M30;(结束程序运行且返回程序开头)
```

4. 上模座的制造

```
O0001(点孔参考程序)
G21;(选择公制尺寸)
G54 G90 G17 G40 G49 G80;(选择 54 坐标系,绝对坐标,选择 X/Y 平面,取消刀具半径补偿,取消刀
                          具长度补偿,固定循环取消)
G00 X-32.5 Y22.5;
M03 S2000;(主轴转动,转速 2 000 r/min)
G43 H1 Z10;(读取刀具长度补偿)
G98 G81 Z-3 R10 F80;(点孔)
Y0;
Y-22.5;
X32.5;
Y0;
Y22.5;
X-1.5Y0;
G80;(固定循环取消)
M05;(主轴停)
G91 G28 Z0;(Z 轴回参考点)
G28 X0 Y0;(X、Y 轴回参考点)
M30;(结束程序运行且返回程序开头)

O0002(模柄孔粗加工参考程序)
G21;(选择公制尺寸)
G54 G90G17 G40 G49 G80 G90;(选择 54 坐标系,绝对坐标,选择 X/Y 平面,取消刀具半径补偿,取
                            消刀具长度补偿,固定循环取消)
G00 X-13.6 Y3.2;
M03 S1000;(主轴转动,转速 1 000 r/min)
G43 H3 Z50;(读取刀具长度补偿)
Z10;(Z 方向安全点)
G01 Z-5 F150;
```

```
G41 D3 X-16.8 F200;(读取刀具半径补偿)
G03 X-20 Y0 R3.2;
X17 R18.5;
X-20 R18.5;
X-16.8 Y-3.2 R3.2;
G01 G40 X-13.6;(取消刀具半径补偿)
Y3.2;
Z-10 F150;
G41 D3 X-16.8 F200;
G3 X-20 Y0 R3.2;
X17 R18.5;
X-20 R18.5;
X-16.8 Y-3.2 R3.2;
G01 G40 X-13.6;
Y3.2;
Z-15 F150;
G41 D03 X-16.8 F200;
G03 X-20 Y0 R3.2;
X17 R18.5;
X-20 R18.5;
X-16.8 Y-3.2 R3.2;
G01 G40 X-13.6;
Y3.2;
Z-20 F150;
G41 D03 X-16.8 F200;
G03 X-20 Y0 R3.2;
X17 R18.5;
X-20 R18.5;
X-16.8 Y-3.2 R3.2;
G01 G40 X-13.6;
Z10 F1000;(回Z方向安全点)
M05;(主轴停)
G91 G28 Z0;(Z轴回参考点)
G28 X0 Y0;(X、Y轴回参考点)
M30;(结束程序运行且返回程序开头)

O0003(模柄孔精加工参考程序)
G21;(选择公制尺寸)
G54 G90 G17 G40 G49 G80;(选择54坐标系,绝对坐标,选择X/Y平面,取消刀具半径补偿,取消刀
                          具长度补偿,固定循环取消)
```

```
G00 X-1.5 Y0;
M03 S1500;(主轴转动,转速1 500 r/min)
G43 H3 Z50;(读取刀具长度补偿)
Z10;(Z方向安全点)
G01 Z-20 F150;
G41 D3 X-20 Y0;(读取刀具半径补偿)
X17 R18.5;
X-20 R18.5;
G40 G01 X-1.5 Y0;(取消刀具半径补偿)
G00 Z10;
G01 Z-5 F150;
G41 D3 X-22.55 Y0;
X19.55 R21.05;
X-22.55 R21.05;
G40 G01 X-1.5 Y0;
Z10 F1000;(回Z方向安全点)
G00 Z50;
M05;(主轴停)
G91 G28 Z0;(Z轴回参考点)
G28 X0 Y0;(X、Y轴回参考点)
M30;(结束程序运行且返回程序开头)
```

任务二　冷冲模零件的特种加工

一、任务描述

凹模、凸凹模、凸凹模固定板的特种加工制造。

二、任务分析

由于科学技术的发展，新的加工装备和加工方法应运而生，在插脚复合模具中，主要运用最普遍的特种加工设备电火花穿孔机、电火花线切割机床来完成热处理淬火后零件的加工。在插脚复合模具中特种加工是零件的最后一道工序，所以在操作过程中一定要小心谨慎，以免造成整件报废延误工期。

三、任务实施

按编制的加工工艺完成插脚复合模具的零部件特种加工制造。

采用苏州新火花 DK7725、钼丝直径 0.2、电柜数控系统 CNC-W5 的机床来进行参考程序的编制

1. 凹模的制造（3B 参考程序）

线切割两销孔：

Start Point　=　415.98154,756.95329;　　X,　Y

```
N    1:B   2900 B      0 B   2900 GX   L1;418.882,756.953
N    2:B   2900 B      0 B  11600 GY  NR1;418.882,756.953
N    3:B   2900 B      0 B   2900 GX   L3;415.982,756.953
N    4:DD
```

线切割型腔:

Start Point　=　1011.18280,590.77930;　　X,　Y

```
N    1:B      0 B   4400 B   4400 GY   L4;1011.183,590.779
N    1:B      0 B   1833 B   1833 GY   L4;1011.183,588.946
N    2:B    100 B      0 B    128 GX  NR3;1011.311,588.850
N    3:B   7885 B   2319 B   7885 GX   L1;1019.196,591.169
N    4:B    113 B    384 B    384 GY  NR4;1019.483,591.553
N    5:B      0 B    726 B    726 GY   L2;1019.483,592.279
N    6:B    780 B      0 B    780 GX   L1;1020.263,592.279
N    7:B     0B    900 B    900 GY  NR4;1021.163,593.179
N    8:B      0 B   4000 B   4000 GY   L2;1021.163,597.179
N    9:B    900 B      0 B    900 GX  NR1;1020.263,598.079
N   10:B    780 B      0 B    780 GX   L3;1019.483,598.079
N   11:B      0 B    726 B    726 GY   L2;1019.483,598.805
N   12:B    400 B      0 B    287 GX  NR1;1019.196,599.189
N   13:B   7885 B   2319 B   7885 GX   L2;1011.311,601.508
N   14:B     28 B     96 B    104 GY  NR1;1011.183,601.412
N   15:B      0 B   1833 B   1833 GY   L4;1011.183,599.579
N   16:B  20757 B      0 B  20757 GX   L3;990.426,599.579
N   17:B   2156 B   4400 B   5488 GX  NR2;990.426,590.779
N   18:B  20756 B      0 B  20756 GX   L1;1011.182,590.779
N   19:DD
```

2. 凸凹模固定板的制造（3B 参考程序）

线切割两销孔:

Start Point　=　415.98154,756.95329;　　X,　Y

```
N    1:B   2900 B      0 B   2900 GX   L1;418.882,756.953
N    2:B   2900 B      0 B  11600 GY  NR1;418.882,756.953
N    3:B   2900 B      0 B   2900 GX   L3;415.982,756.953
N    4:DD
```

线切割型腔:

Start Point　=　1011.19780,590.79430;　　X,　Y

```
N    1:B      0 B    4385 B    4385 GY     L4;1011.198,590.794
N    1:B      0 B    1848 B    1848 GY     L4;1011.198,588.946
N    2:B     85 B       0 B     109 GX    NR3;1011.307,588.865
N    3:B   7885 B    2319 B    7885 GX     L1;1019.192,591.184
N    4:B    109 B     369 B     369 GY    NR4;1019.468,591.553
N    5:B      0 B     742 B     742 GY     L2;1019.468,592.295
N    6:B    795 B       0 B     795 GX     L1;1020.263,592.295
N    7:B      0 B     885 B     885 GY    NR4;1021.148,593.180
N    8:B      0 B    4000 B    4000 GY     L2;1021.148,597.180
N    9:B    885B        0 B     885 GX    NR1;1020.263,598.065
N   10:B    795 B       0 B     795 GX     L3;1019.468,598.065
N   11:B      0 B     740 B     740 GY     L2;1019.468,598.805
N   12:B    385 B       0 B     276 GX    NR1;1019.192,599.174
N   13:B   7885 B    2320 B    7885 GX     L2;1011.307,601.494
N   14:B     24 B      82 B      88 GY    NR1;1011.197,601.413
N   15:B      1 B    1849 B    1849 GY     L4;1011.198,599.564
N   16:B  20768 B       0 B   20768 GX     L3;990.430,599.564
N   17:B   2153 B    4385 B    5464 GX    NR2;990.430,590.794
N   18:B  20768 B       0 B   20768 GX     L1;1011.198,590.794
N   19:DD
```

3. 凸凹模的制造（3B 参考程序）

> ⚠ **注意**：凸凹模在电火花穿孔机上穿出 2 mm 孔后再进行线切割，内孔和外形应一次装夹线切割完成，孔到外形的距离应采用空走的方式。

线切割孔：

```
Start Point  =  428.68532,757.50722;          X,      Y
N    1:B   1870 B      0 B   1870 GX     L1;430.555,757.507
N    2:B   1870 B      0 B   7480 GY    NR1;430.555,757.507
N    3:B   1870 B      0 B   1870 GX     L3;428.685,757.507
N    4:DD
```

线切割外形：

```
Start Point  =  439.36568,749.58580;             X,      Y
N    1:B   8670 B   2550 B   8670 GX     L1;448.036,752.136
N    2:B      0 B    979 B    979 GY     L2;448.036,753.115
N    3:B    595 B      0 B    595 GX     L1;448.631,753.115
N    4:B      0 B   1085 B   1085 GY    NR4;449.716,754.200
N    5:B      0 B   4000 B   4000 GY     L2;449.716,758.200
```

```
N    6:B    1085 B      0 B    1085 GX    NR1;448.631,759.285
N    7:B     595 B      0 B     595 GX    L3;448.036,759.285
N    8:B       0 B    978 B     978 GY    L2;448.036,760.263
N    9:B    8670 B   2550 B    8670 GX    L2;439.366,762.813
N   10:B       0 B   2028 B    2028 GY    L4;439.366,760.785
N   11:B   20614 B      0 B   20614 GX    L3;418.752,760.785
N   12:B    2199 B   4585 B    5772 GX    NR2;418.752,751.615
N   13:B   20614 B      0 B   20614 GX    L1;439.366,751.615
N   14:B       0 B   2029 B    2029 GY    L4;439.366,749.586
N   15:DD
```

线切割台阶留 0.1 磨量：

```
Start Point  =  818.04650,743.35113;          X,        Y
N    2:B       0 B  44900 B   44900 GY    L4;850.107,698.451
N    3:B    1500 B      0 B    1500 GX    L1;851.607,698.451
N    4:DD
```

思考与提高

完成其他零件的常规加工和特种加工制造。

项目四　倒装复合模的装配及试模

能力目标：

（1）完成插脚复合模具的装配。

（2）调整间隙经手工试冲合格。

任务一　倒装复合模的装配

一、任务描述

选择装配基准件，合理安排装配顺序，按照装配技术要求对插脚复合模具进行总装配并保证装配质量。

二、任务分析

插脚复合模具的总装直接关系到能否冲制出合格的产品。有几个关键部分必须要很好地把握：

(1) 凸凹模组件（凸凹模、凸凹模固定板）的装配。

(2) 凹模组件（凸模、凹模、打块、凹模固定板）的装配。

(3) 凸凹模组件与凹模组件的配合并保证间隙均匀。

只要把握住以上几点，才能为整副模具的顺利总装完成打好基础。

三、任务实施

1. 相关知识

冲裁模（冲孔模、落料模）无论在精度方面还是在间隙大小和均匀性等方面的要求，均高于其他模具，因此，在冷冲模装配中，冲裁模的装配技术要求也体现了冷冲压模具装配的技术规范。

1）冲裁模装配工艺要点

主要保证凸模和凹模的对中，使其间隙均匀。在此基础上选择正确的装配方法和装配顺序。装配顺序通常是看上、下模的主要零件中哪一个位置所受的限制大，该零件就作为装配的基准件先装，并以它来调整另一个零部件的位置。

2）一般冲裁模的装配顺序

(1) 无导向装置的冲裁模。由于凸模与凹模的间隙是在模具安装到机床上时进行调整的，因此上、下模的装配顺序没有严格的要求，可以分别进行装配。

(2) 有导向装置的冲裁模。装配时先要选择基准件，原则上按照模具主要零件加工时的依赖关系来确定。可作装配时基准件的有导板、凸模、凹模或凸凹模。装配时，先装基准件，再按基准件装配相关零件，然后调整凸模与凹模的间隙，保证间隙均匀，而后再安装其他辅助零件。如果凹模是装在下模座上的，一般先装下模较为方便。

(3) 上模的工作件是配入上模座窝座内的导柱模。应先装上模，根据上模工作件校装下模，同时找正凸模与凹模的间隙。

(4) 上、下模工作件是分别配入上、下模座窝座内的导柱模。应分别按图样要求，把工作件配入上、下模座窝座内后，在坐标镗床上，分别以上、下模工作件的刃口为基准，镗上、下模座的导套和导柱孔。或者将组装好的上模和下模合在一起，调整凸模与凹模间隙，均匀后紧固，然后镗导套与导柱孔。

3）冲裁模装配工艺过程

冲压模具的装配就是按照冲压模具设计的装配图，把所有的零件连接起来，使之成为一个整体，并达到所规定的技术要求的一种加工工艺。

(1) 装配前的准备工作：

① 熟悉装配工艺规程，掌握模具验收标准。

② 分析并熟悉模具装配图。装配图是冲模进行装配的重要依据。在装配图上，一般绘有模具的正面剖视图、固定部分（下模）的俯视图。

a. 在正面剖视图上标有模具的闭合高度。

b. 在装配图的右上方，绘有冲压制件的形状、尺寸和排样方法。

c. 在装配图的右下方，标明模具在工艺方面和设计方面的说明及对装配工作的技术要求。如凸、凹模的配合间隙，模具的最大修磨量和加工时的特殊要求等。在说明下面还列有模具零件的明细表。

通过对模具装配图的分析研究，可以深入了解该模具的结构特点和工作性能，了解模具中各个零件的作用和相互之间的位置关系、配合要求及连接方式，从而确定合理的装配基准、装配顺序和装配方法，并结合工艺规程制订出装配工艺方案。

③ 确定装配方法和装配顺序。

a. 选择装配方法。冲压模具的装配方法比较多，目前常用的有直接装配法和配作法两种，具体选择哪种方法，可根据冲压模具的结构特点和零件的加工工艺与精度要求来确定。

b. 确定装配顺序：

i 当以导板（或卸料板）作基准件时，应通过导板的导向孔将凸模装入固定板，再装上模板，然后再装下模的凹模及下模板。

ii 对于连续模（级进模），为了便于调整步距，在装配时应先将拼块凹模装入下模板后再以凹模为定位反装凸模，装配时，可将凸模通过凹模定位装入凸模固定板中。

④ 布置工作场地，清理检查零件。

a. 根据模具的结构和装配的方法确定工作场地。工作场地必须干净整洁，不应有任何杂物。同时要将必须的工具、夹具、量具及所需的装配设备准备好，并擦拭干净。

b. 根据模具装配图和零件明细表清点和清洗零件，并仔细检查主要工作零部件的数量、外观、形状、加工精度和表面质量。同时应根据装配图的要求，准备好装配所需的螺钉、销钉、弹簧及相应的辅助材料，如橡胶、低熔点合金、环氧树脂、无机粘结剂等。

（2）装配过程中的工作：

① 对模具的主要部件进行装配。冲模主要零部件的装配是指凸、凹模的装配，凸、凹模与固定板的装配，上、下模座的装配等。

② 模具的总装配。选择好装配的基准件，并安排好上、下模的装配顺序，然后进行模具的总体装配。装配时，应调整好各配合部位的位置和配合状态。严格按照所规定的各项技术要求进行装配，以保证装配质量。

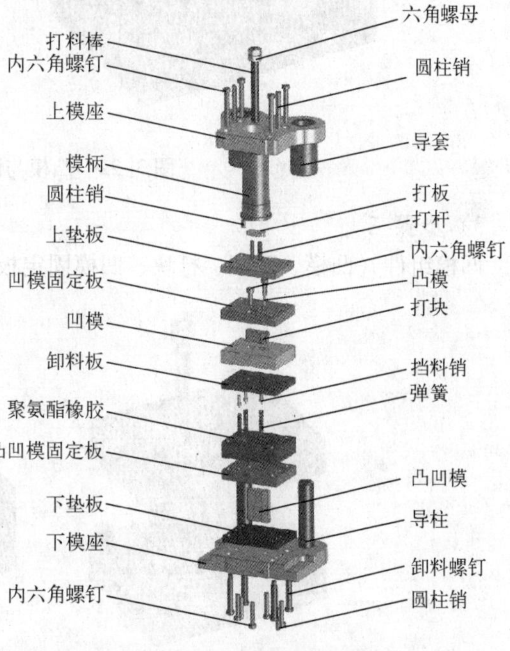

图3-20　插脚零件倒装复合模爆炸图

2. 完成模具装配

参照插脚零件倒装复合模的爆炸图，按操作步骤完成模具的装配，如图3-20所示。

1）步骤一

凸凹模与凹模试配后将凸凹模压入固定板，如图3-21所示。

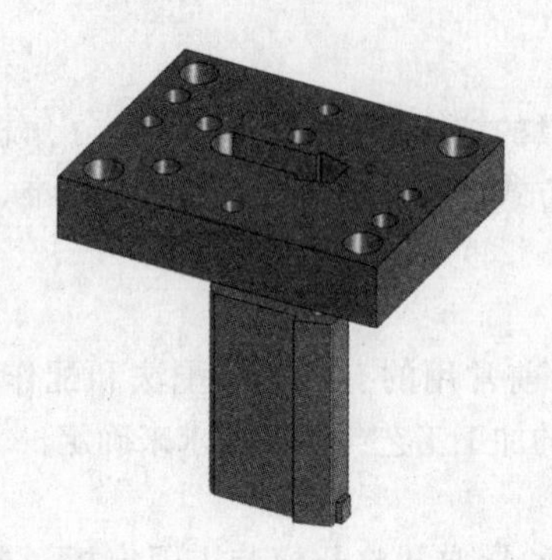

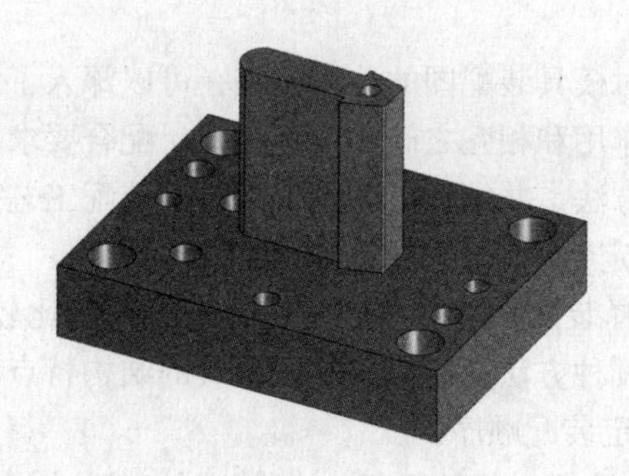

图 3-21 凸凹模与凸凹模固定板的装配

2）步骤二

凹模、凸模分别与打块试配后把凸模压入固定板，如图 3-22 所示。

图 3-22 凸模与凹模固定板的装配

3）步骤三

凹模组件（凸模、凹模、打块、凹模固定板）的装配，如图 3-23 所示。

图 3-23 凹模组件的装配

4）步骤四

凸凹模组件、凹模组件分别磨出刃口，如图 3-24 所示。

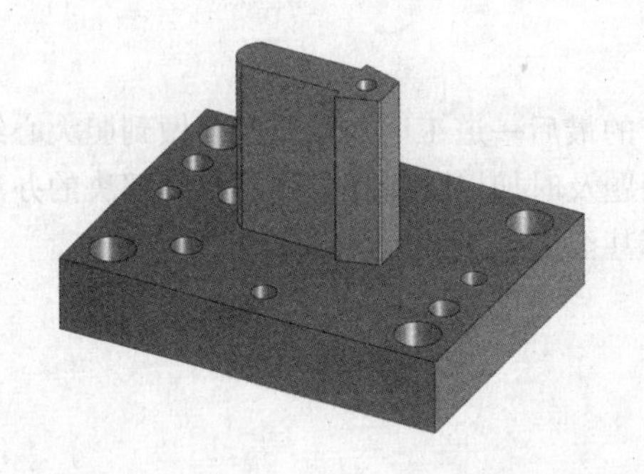

图 3-24　组件的磨刃口

5）步骤五

用内六角螺钉把凹模组件安装至上模座，如图 3-25 所示。

6）步骤六

用内六角螺钉把凸凹模组件安装至下模座，如图 3-26 所示。

图 3-25　凹模组件与上模座的装配

图 3-26　凸凹模组件与下模座的装配

任务二　倒装复合模的调试

一、任务描述

对总装后的插脚复合模具的外观、各固定连接和活动连接以及配合间隙等进行调整至满足各项技术要求，并经手工试冲合格。

⚠**注意：**实际生产中，检验模具是否合格，还需将模具安装到冲压设备上，经试冲—调整—再试冲，直至获得合格冲裁制品后，才能作为合格的模具，并验收入库或交付使用。

二、任务分析

插脚复合模具的调试是整副模具进入实际生产的最后一道工序。调整时要做到胆大心细，使用铜棒敲击调整零部件位置时要用力适中，出现问题及时加以分析抓住症结找到解决的办法，切忌心浮气躁，暴力蛮干往往会造成模具刃口的损坏甚至更严重的后果。

三、任务实施

1. 相关知识

1）模具的检验和调试

对模具的外观质量、各部件的固定连接和活动连接情况及凸、凹模配合间隙进行检查，检查模具各部分的功能是否满足使用要求。同时通过试冲对所装模具进行调试。在试冲时，若发现弊病应及时调整修正，直到冲出合格的制品为止。

2）试模与调整过程

（1）准备好试模用具及试模材料。

（2）将模具在设备上安装调试好。

（3）冲压模具可先用软材料进行冲试。

（4）用材料进行试模。

（5）检验冲压的零件，分析试模中出现的问题，调整模具或工艺参数，再次试模。

（6）试冲出合格产品。

2. 操作步骤

（1）将模柄夹持在台虎钳上固定，通过透光法检查下模座落废料孔通畅无卡阻，用塞尺调整凸凹模与凹模间隙，调整好后用内六角螺钉紧固。

（2）上下模用螺钉紧固后，开模检查活动部件（打块、打杆）应灵活无阻滞现象。

（3）选好合适的垫块调整好凸凹模进入凹模的距离后用扑克牌进行手工试冲，如图 3-27 所示。

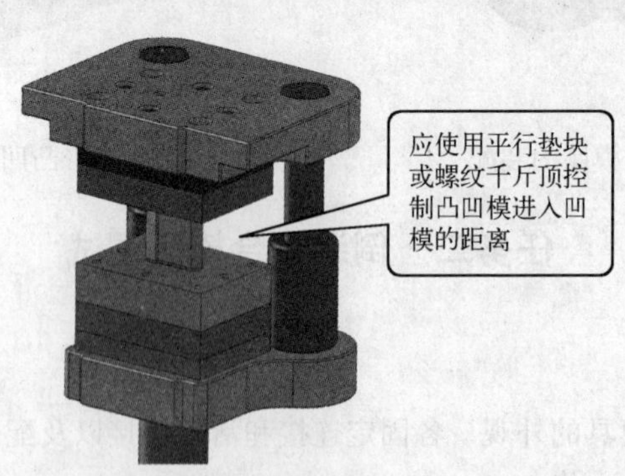

图 3-27　调整间隙手工试冲

（4）配钻铰上下模座定位销钉孔，定位销钉配合要松紧适度，如图 3-28 所示。

（5）安装弹簧与挡料销，用卸料螺钉连接聚氨酯橡胶与卸料板，保证卸料板与凹模平行有足够的卸料力，保证挡料销有合适的弹压力，如图 3-29 所示。

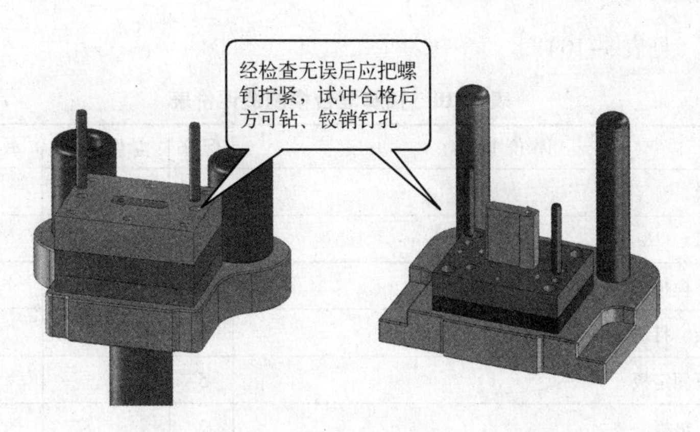

图 3-28　配钻、铰定位销钉孔装入圆柱销

图 3-29　安装弹簧与挡料销、聚氨酯橡胶与卸料板

（6）将上、下模座合模，完成插脚零件倒装复合模的装配，如图 3-30 所示。

图 3-30　合模图

3. 操作评价（见表3–10）

表3–10 插脚复合模制造评价表

项目	序号	评价内容	配分	学生自评	教师评分	得分
零件加工	1	凸凹模	10			
	2	凹模	10			
	3	上、下模板	5			
	4	卸料板、打块	5			
	5	上、下固定板	5			
	6	上、下垫板	2			
模具装配	1	零件的清洁与复检	3			
	2	模架装配是否规范	4			
	3	凸凹模组件的装配	5			
	4	凹模组件的装配	5			
	5	各活动部件及配合是否正常	4			
	6	冲裁间隙的调整方法是否正确	4			
	7	试冲后的质量判定间隙是否合格	20			
	8	检查模具闭合高度是否合格	2			
操作过程	1	装配过程中不能损坏零件	5			
	2	装配过程中不得违反安全操作规程	5			
	3	装配过程中的工量具摆放及文明生产规范	6			
	4	如有违规操作或不合理处扣5～10分				
总分			100			

思考与提高

通过查资料，了解正、倒装复合模各自的结构特点、工作原理及适用场合。

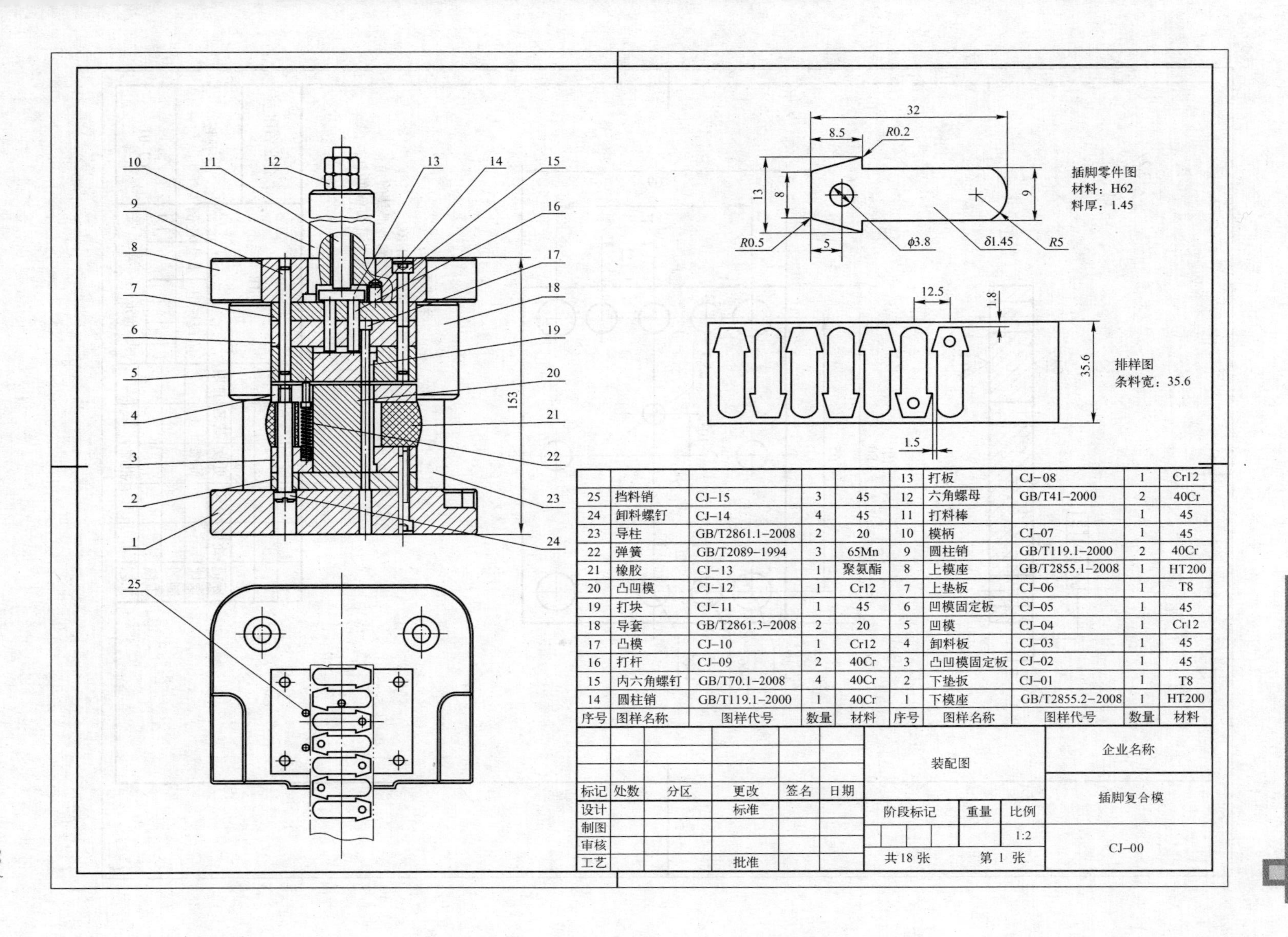
1 2 3 4 5 6 7 8 9 10 11 12 13 14 15 16 17 18 19 20 21 22 23 24 25
153
32
8.5
R0.2
13
8
6
R0.5
5
φ3.8
δ1.45
R5
插脚零件图
材料：H62
料厚：1.45
12.5
1.8
35.6
1.5
排样图
条料宽：35.6
序号	图样名称	图样代号	数量	材料	序号	图样名称	图样代号	数量	材料
					13	打板	CJ–08	1	Cr12
25	挡料销	CJ–15	3	45	12	六角螺母	GB/T41–2000	2	40Cr
24	卸料螺钉	CJ–14	4	45	11	打料棒		1	45
23	导柱	GB/T2861.1–2008	2	20	10	模柄	CJ–07	1	45
22	弹簧	GB/T2089–1994	3	65Mn	9	圆柱销	GB/T119.1–2000	2	40Cr
21	橡胶	CJ–13	1	聚氨酯	8	上模座	GB/T2855.1–2008	1	HT200
20	凸凹模	CJ–12	1	Cr12	7	上垫板	CJ–06	1	T8
19	打块	CJ–11	1	45	6	凹模固定板	CJ–05	1	45
18	导套	GB/T2861.3–2008	2	20	5	凹模	CJ–04	1	Cr12
17	凸模	CJ–10	1	Cr12	4	卸料板	CJ–03	1	45
16	打杆	CJ–09	2	40Cr	3	凸凹模固定板	CJ–02	1	45
15	内六角螺钉	GB/T70.1–2008	4	40Cr	2	下垫板	CJ–01	1	T8
14	圆柱销	GB/T119.1–2000	1	40Cr	1	下模座	GB/T2855.2–2008	1	HT200
装配图
企业名称
插脚复合模
标记 处数 分区 更改 签名 日期
设计 标准
制图
审核
工艺 批准
阶段标记 重量 比例
1:2
共 18 张 第 1 张
CJ–00

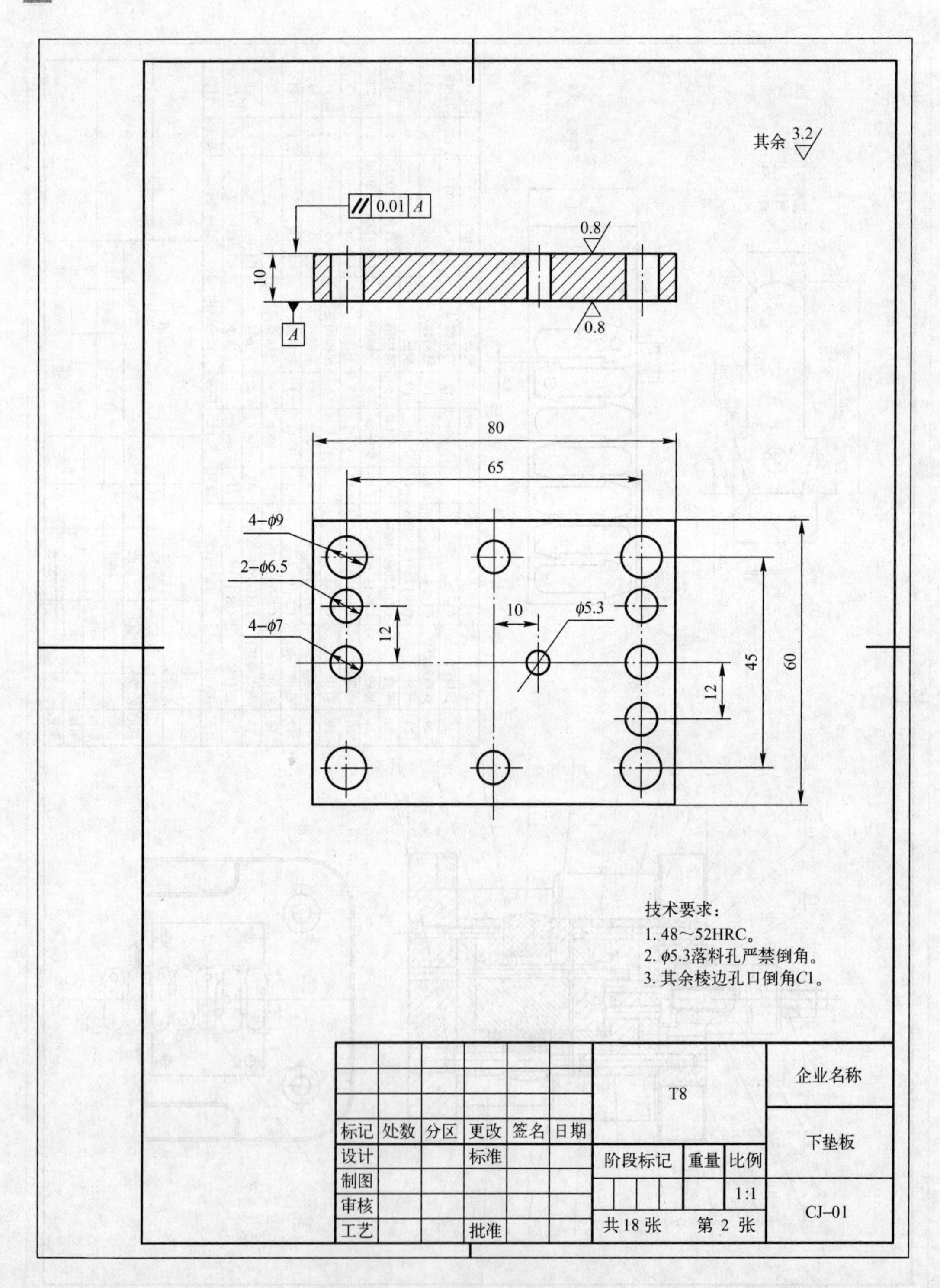
其余 3.2
0.01 A
10
A
0.8
0.8
80
65
4–ϕ9
2–ϕ6.5
4–ϕ7
10
ϕ5.3
12
45
60
12
技术要求：
1. 48～52HRC。
2. ϕ5.3落料孔严禁倒角。
3. 其余棱边孔口倒角C1。
T8
企业名称
标记 处数 分区 更改 签名 日期
下垫板
设计
标准
阶段标记 重量 比例
制图
1:1
审核
CJ–01
工艺
批准
共 18 张
第 2 张

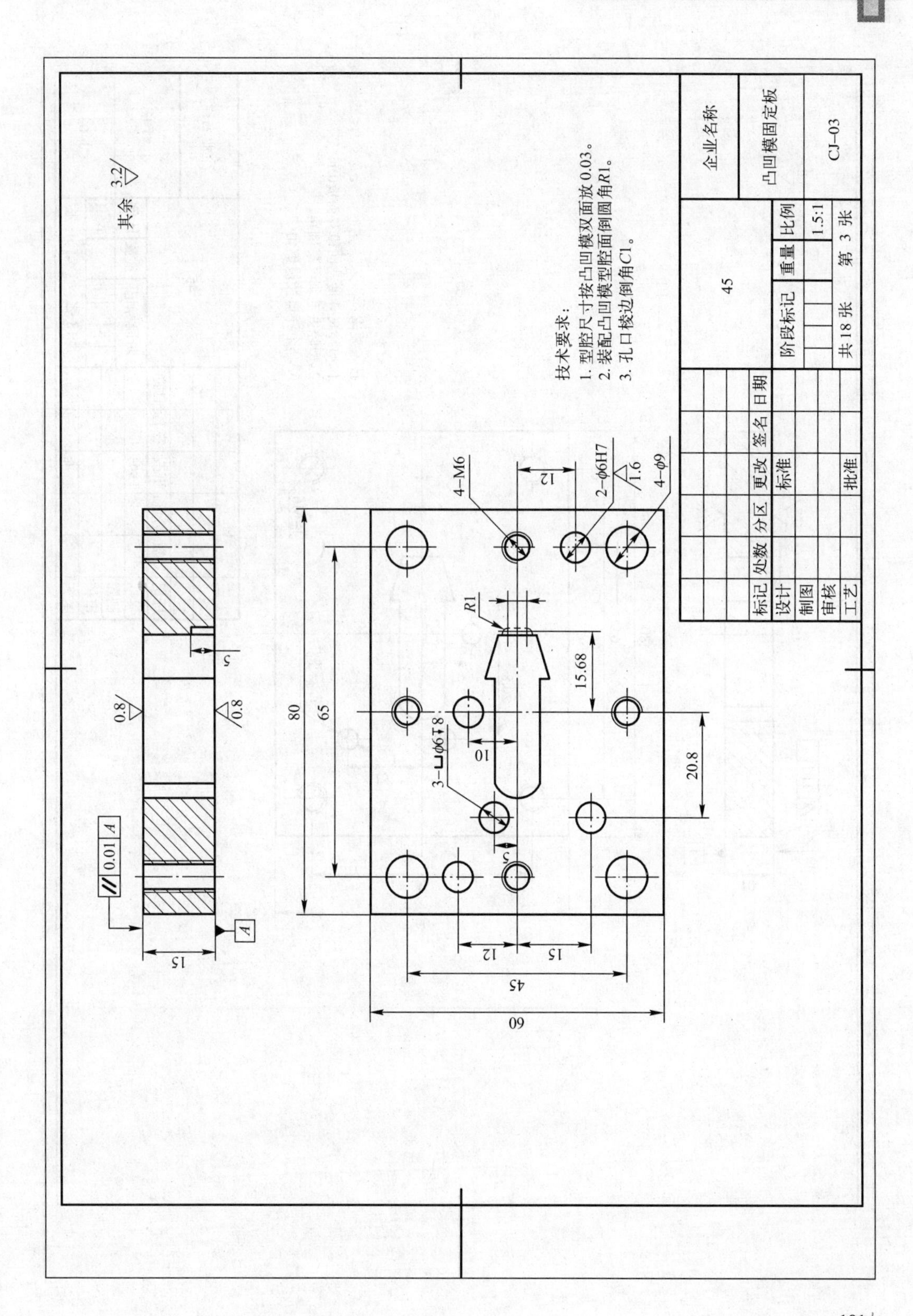

其余 3.2
技术要求：
1. 型腔尺寸按凸凹模双面放0.03。
2. 装配凸凹模型腔面倒圆角R1。
3. 孔口棱边倒角C1。
4–M6
2–φ6H7
1.6
4–φ9
12
R1
15.68
80
65
10
3–⌴φ6↧8
20.8
5
12
15
45
60
0.01 A
A
15
0.8
0.8
5
企业名称
凸凹模固定板
CJ–03
45
阶段标记
重量
比例
1.5:1
共 18 张
第 3 张
标记
处数
分区
更改
签名
日期
设计
标准
制图
审核
工艺
批准

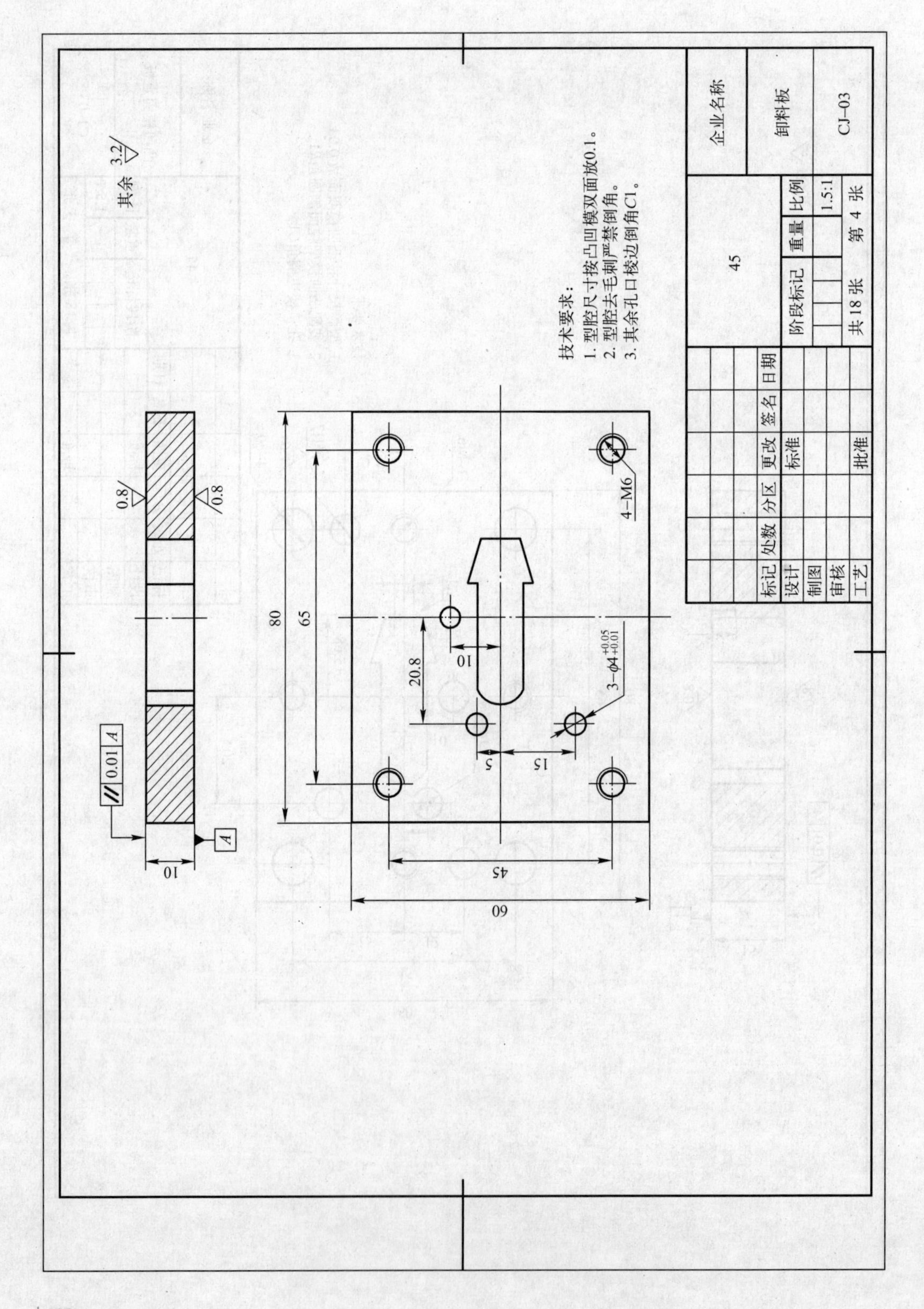
其余 3.2
0.8
0.8
0.01 A
A
10
80
65
20.8
10
5
15
45
60
4-M6
3-φ4+0.05 +0.01
技术要求：
1. 型腔尺寸按凸凹模双面放0.1。
2. 型腔去毛刺严禁倒角。
3. 其余孔口棱边倒角C1。
企业名称
卸料板
CJ-03
45
标记 处数 分区 更改 签名 日期
设计 标准
制图
审核
工艺 批准
阶段标记 重量 比例
1.5:1
共18张 第4张

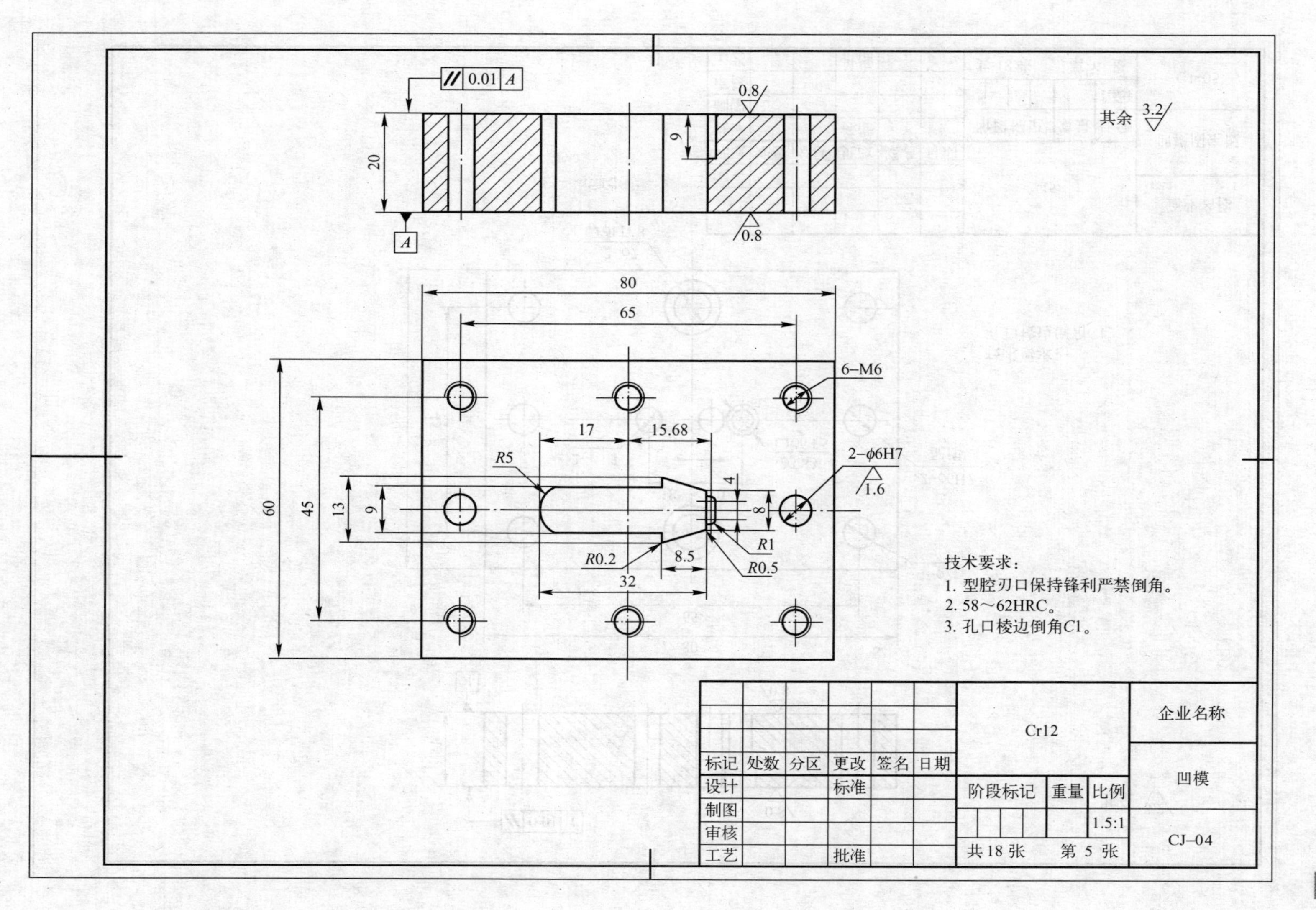

0.01 A
0.8
其余 3.2
20
9
A
0.8
80
65
6–M6
17
15.68
R5
2–φ6H7
1.6
60
45
13
9
4
8
R1
R0.2
8.5
R0.5
32
技术要求：
1. 型腔刃口保持锋利严禁倒角。
2. 58～62HRC。
3. 孔口棱边倒角C1。
Cr12
企业名称
标记
处数
分区
更改
签名
日期
设计
标准
制图
审核
工艺
批准
凹模
阶段标记
重量
比例
1.5:1
共 18 张
第 5 张
CJ–04

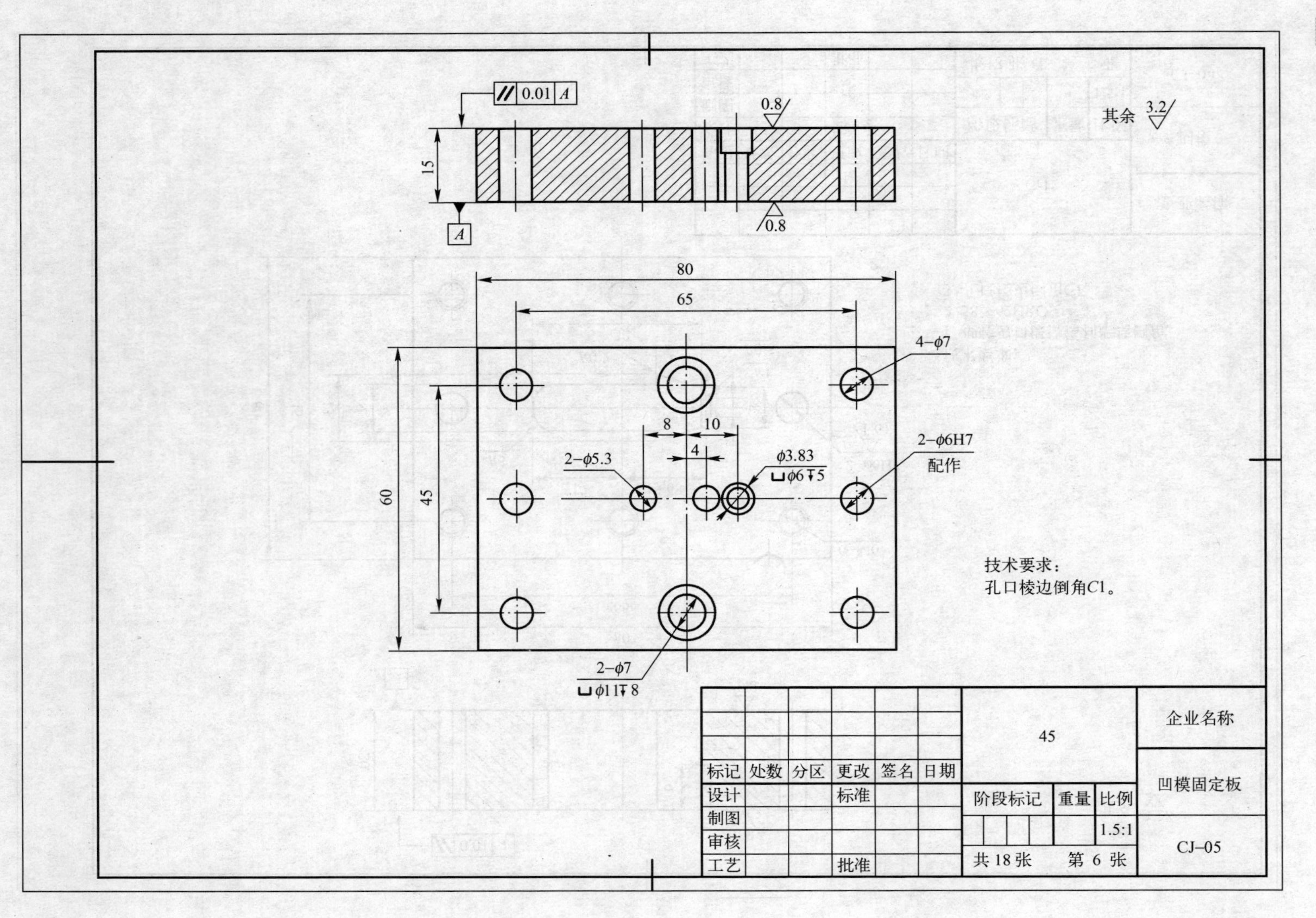
0.01 A
0.8
其余 3.2
15
A
0.8
80
65
4−φ7
8
10
4
2−φ5.3
φ3.83
⌴φ6↧5
2−φ6H7
配作
60
45
技术要求：
孔口棱边倒角C1。
2−φ7
⌴φ11↧8
45
企业名称
标记 处数 分区 更改 签名 日期
凹模固定板
设计 标准
阶段标记 重量 比例
制图
1.5:1
审核
CJ−05
工艺 批准
共 18 张 第 6 张

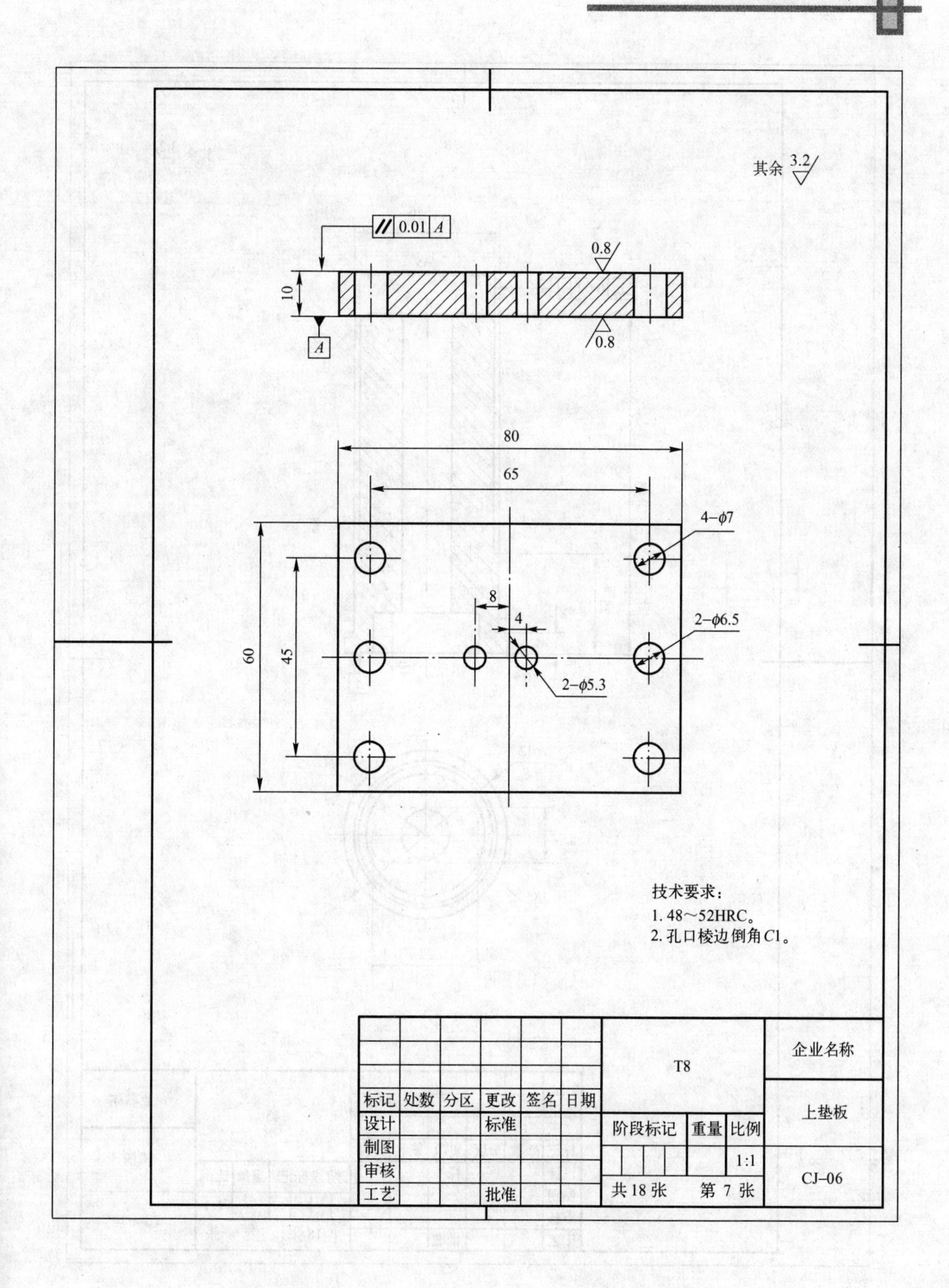
其余 3.2
0.01 A
0.8
10
A
0.8
80
65
4-φ7
8
4
2-φ6.5
60
45
2-φ5.3
技术要求：
1. 48～52HRC。
2. 孔口棱边倒角C1。
T8
企业名称
标记 处数 分区 更改 签名 日期
设计 标准
制图
审核
工艺 批准
阶段标记 重量 比例
1:1
共18张 第7张
上垫板
CJ-06

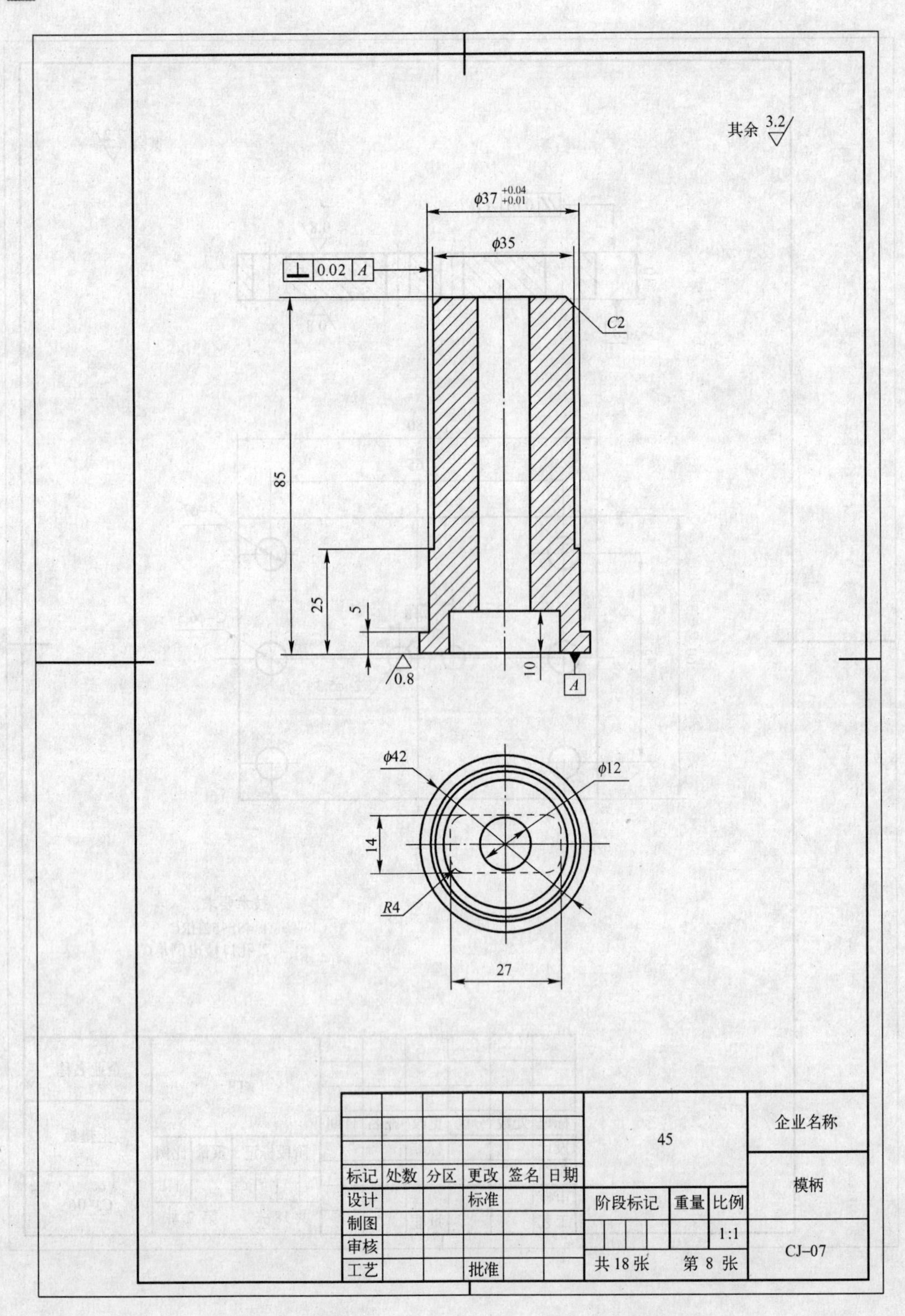

其余 3.2
φ37 +0.04 +0.01
φ35
⊥ 0.02 A
C2
85
25
5
10
0.8
A
φ42
φ12
14
R4
27
45
企业名称
标记 处数 分区 更改 签名 日期
设计 标准
制图
审核
工艺 批准
阶段标记 重量 比例
1:1
共 18 张 第 8 张
模柄
CJ–07

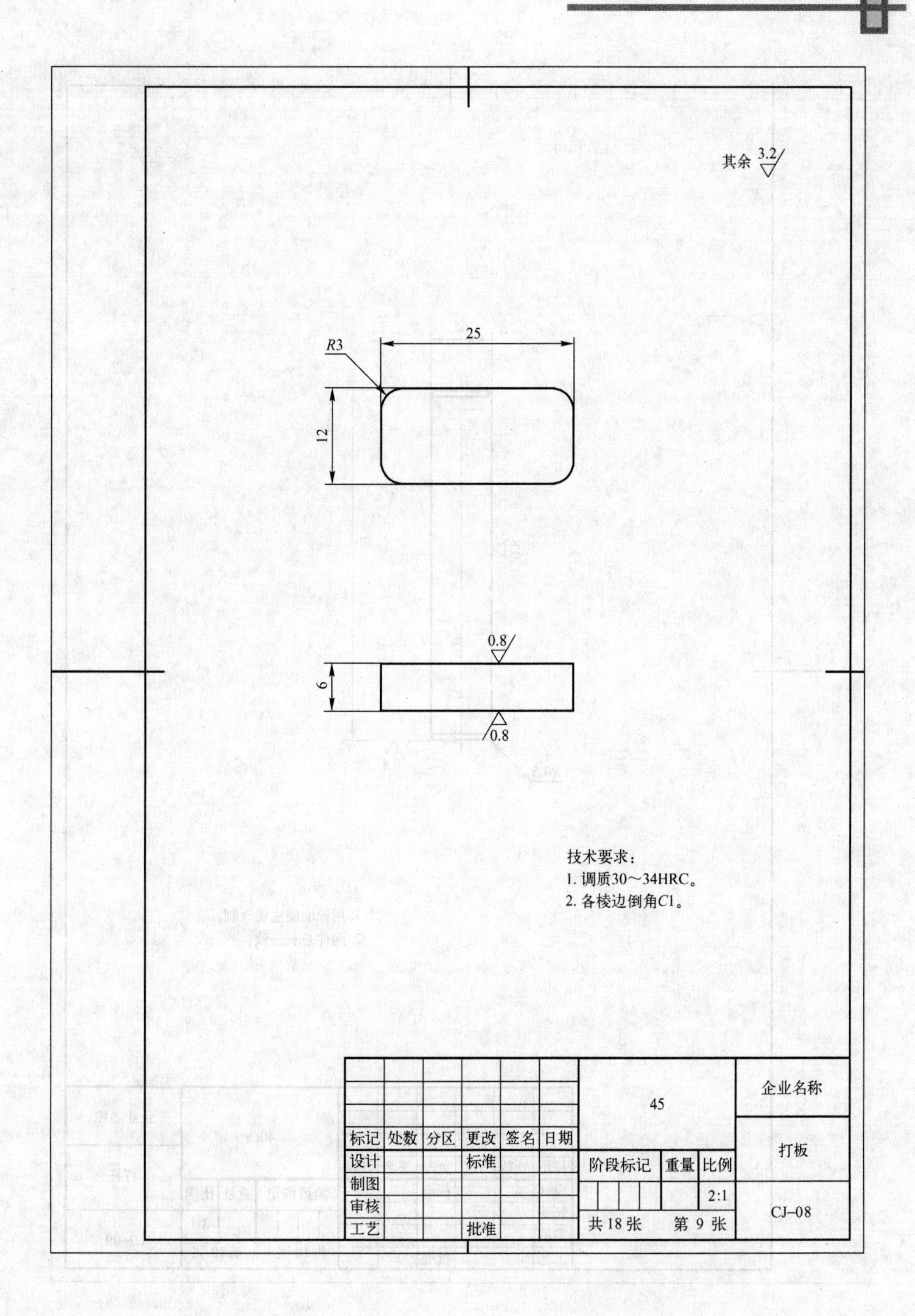
其余 3.2
25
R3
12
0.8
6
0.8
技术要求：
1. 调质30～34HRC。
2. 各棱边倒角C1。
45
企业名称
标记 处数 分区 更改 签名 日期
设计 标准
制图
审核
工艺 批准
阶段标记 重量 比例
2:1
共18张 第9张
打板
CJ–08

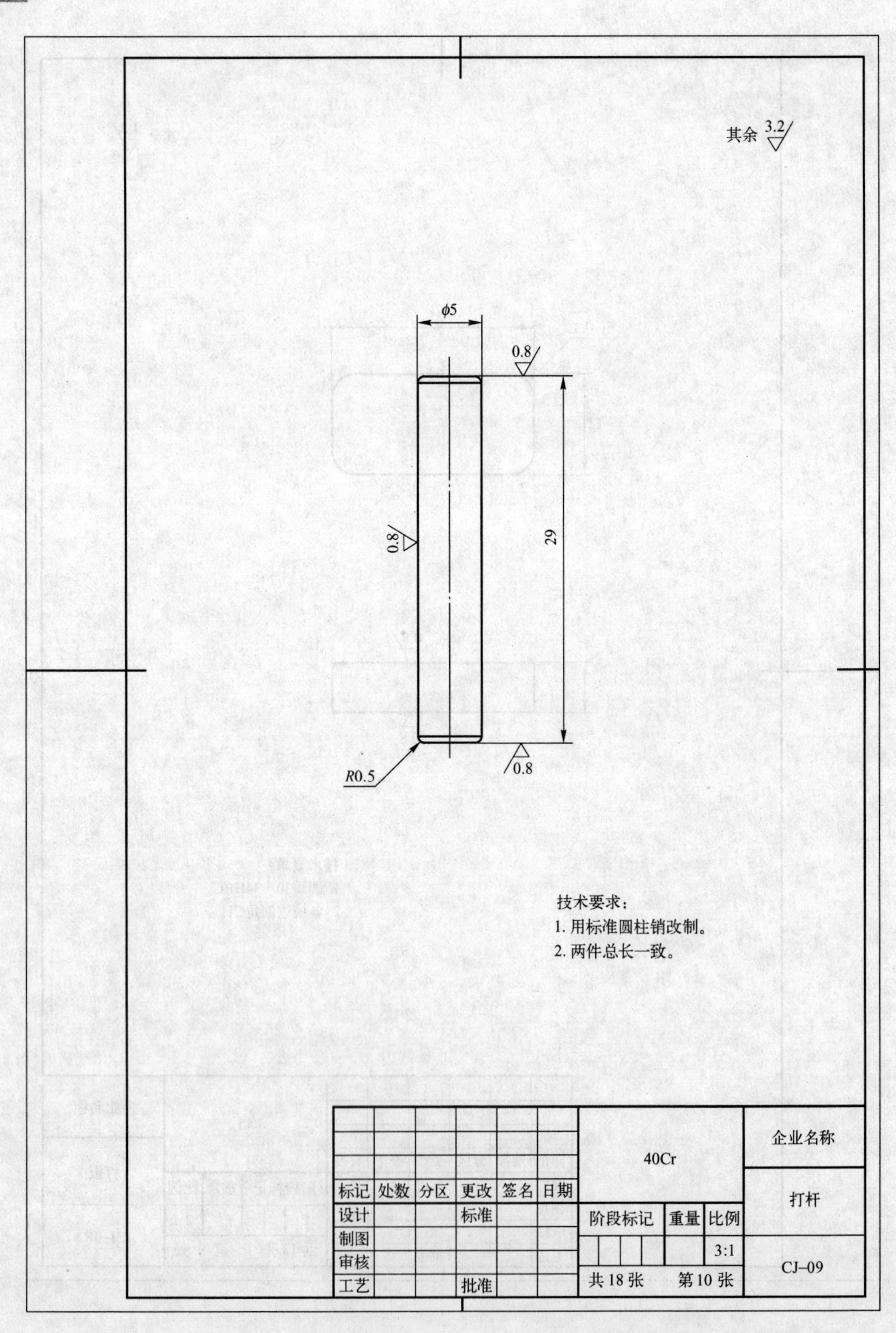

其余 3.2
φ5
0.8
0.8
29
0.8
R0.5
技术要求：
1. 用标准圆柱销改制。
2. 两件总长一致。
40Cr
企业名称
打杆
标记 处数 分区 更改 签名 日期
设计 标准
制图
审核
工艺 批准
阶段标记 重量 比例
3:1
共 18 张 第 10 张
CJ–09

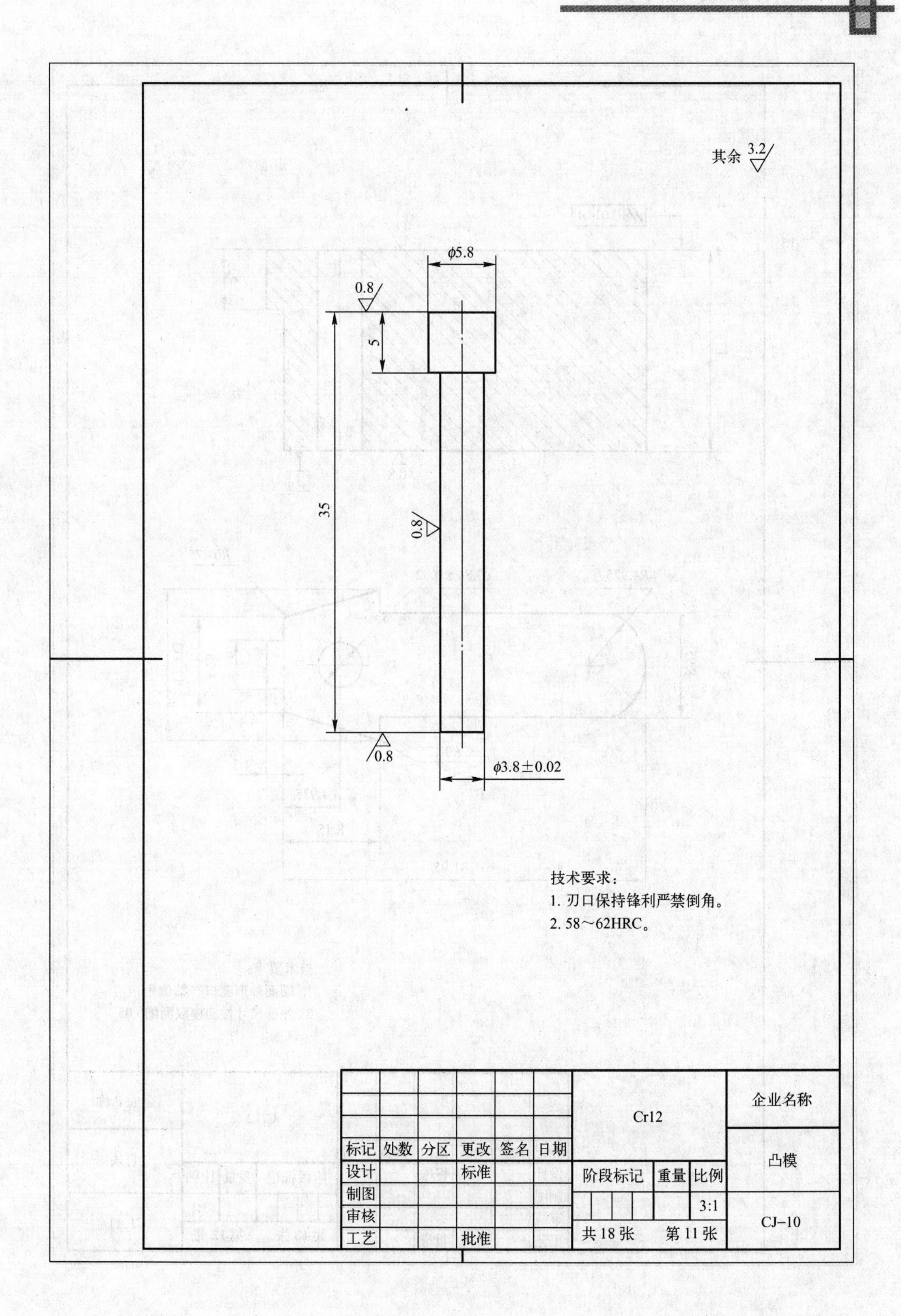
其余 3.2
ϕ5.8
0.8
5
35
0.8
0.8
ϕ3.8±0.02
技术要求：
1. 刃口保持锋利严禁倒角。
2. 58～62HRC。
Cr12
企业名称
标记 处数 分区 更改 签名 日期
设计 标准
制图
审核
工艺 批准
阶段标记 重量 比例
3:1
共 18 张　第 11 张
凸模
CJ–10

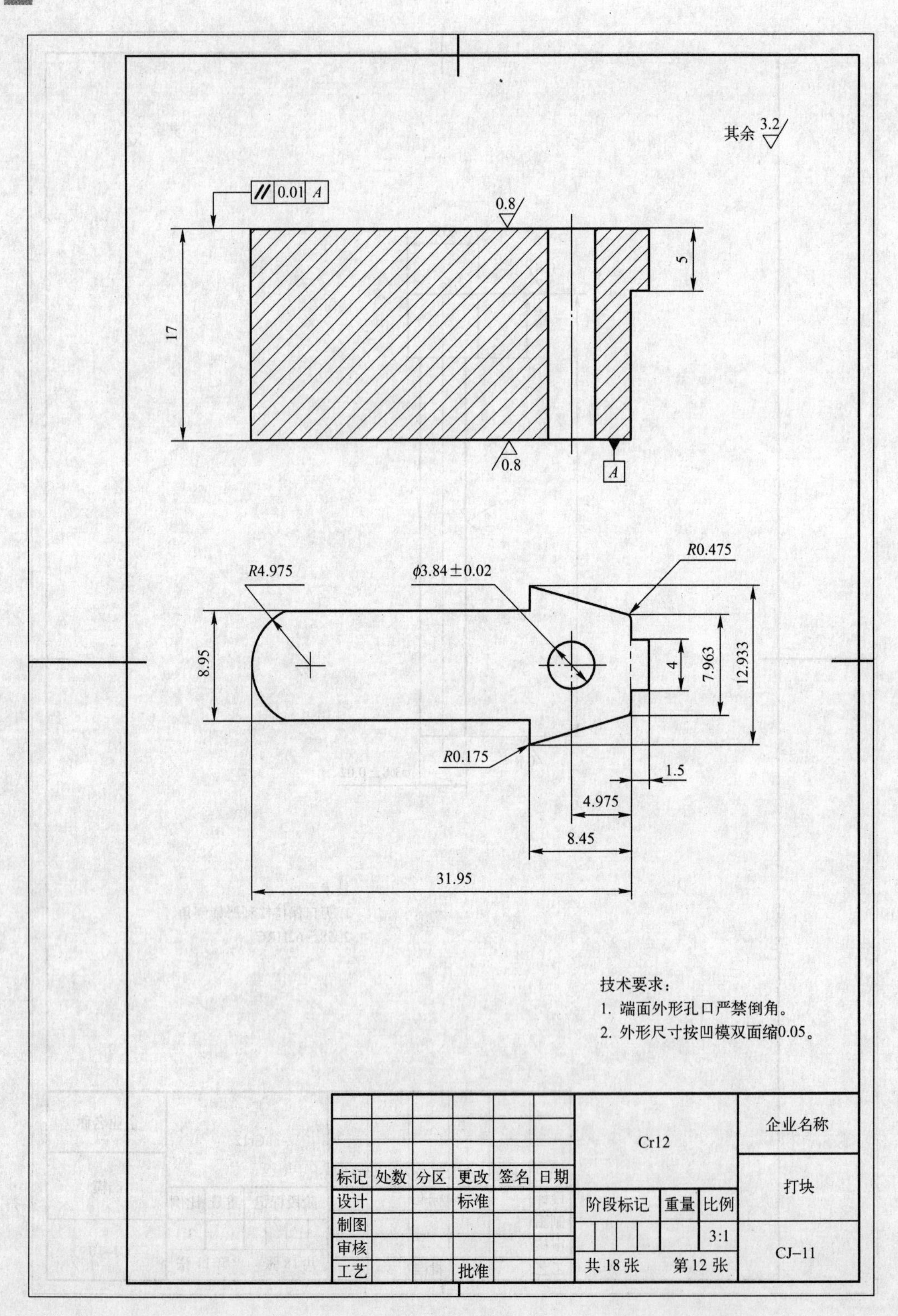
其余 3.2
// 0.01 A
0.8
5
17
0.8
A
R0.475
R4.975
ϕ3.84±0.02
8.95
4
7.963
12.933
R0.175
1.5
4.975
8.45
31.95
技术要求：
1. 端面外形孔口严禁倒角。
2. 外形尺寸按凹模双面缩0.05。
Cr12
企业名称
标记 处数 分区 更改 签名 日期
设计 标准
制图
审核
工艺 批准
阶段标记 重量 比例
3:1
共 18 张 第 12 张
打块
CJ–11

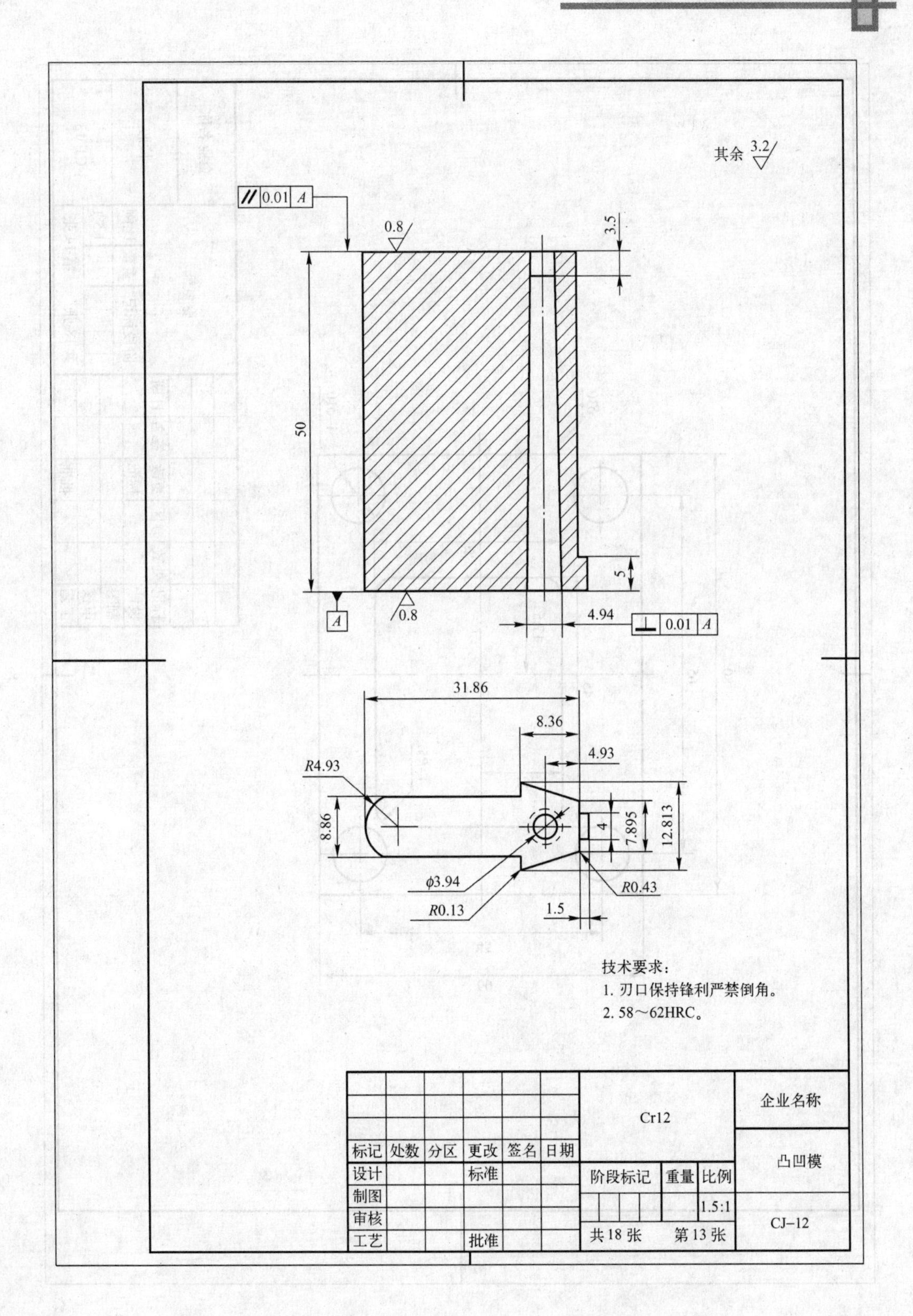
其余 3.2
0.01 A
0.8
3.5
50
5
A
0.8
4.94
0.01 A
31.86
8.36
4.93
R4.93
8.86
4
7.895
12.813
ϕ3.94
R0.13
R0.43
1.5
技术要求：
1. 刃口保持锋利严禁倒角。
2. 58～62HRC。
Cr12
企业名称
标记 处数 分区 更改 签名 日期
设计 标准
制图
审核
工艺 批准
凸凹模
阶段标记 重量 比例
1.5:1
共18张 第13张
CJ–12

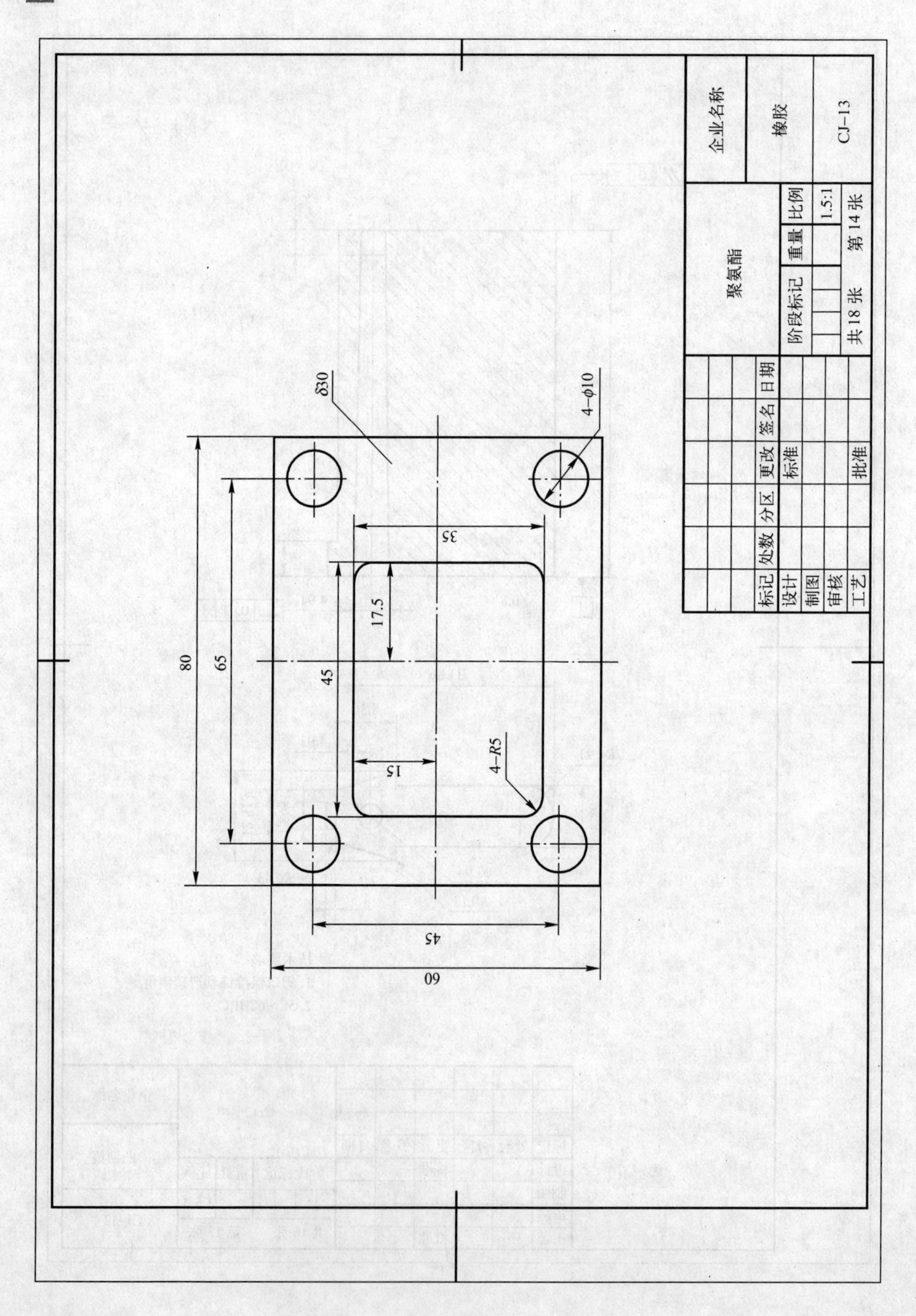

企业名称
橡胶
CJ-13
聚氨酯
阶段标记
重量
比例
1.5:1
共 18 张
第 14 张
标记
处数
分区
更改
签名
日期
设计
标准
制图
审核
工艺
批准
δ30
4-ϕ10
35
17.5
80
65
45
15
4-R5
45
60

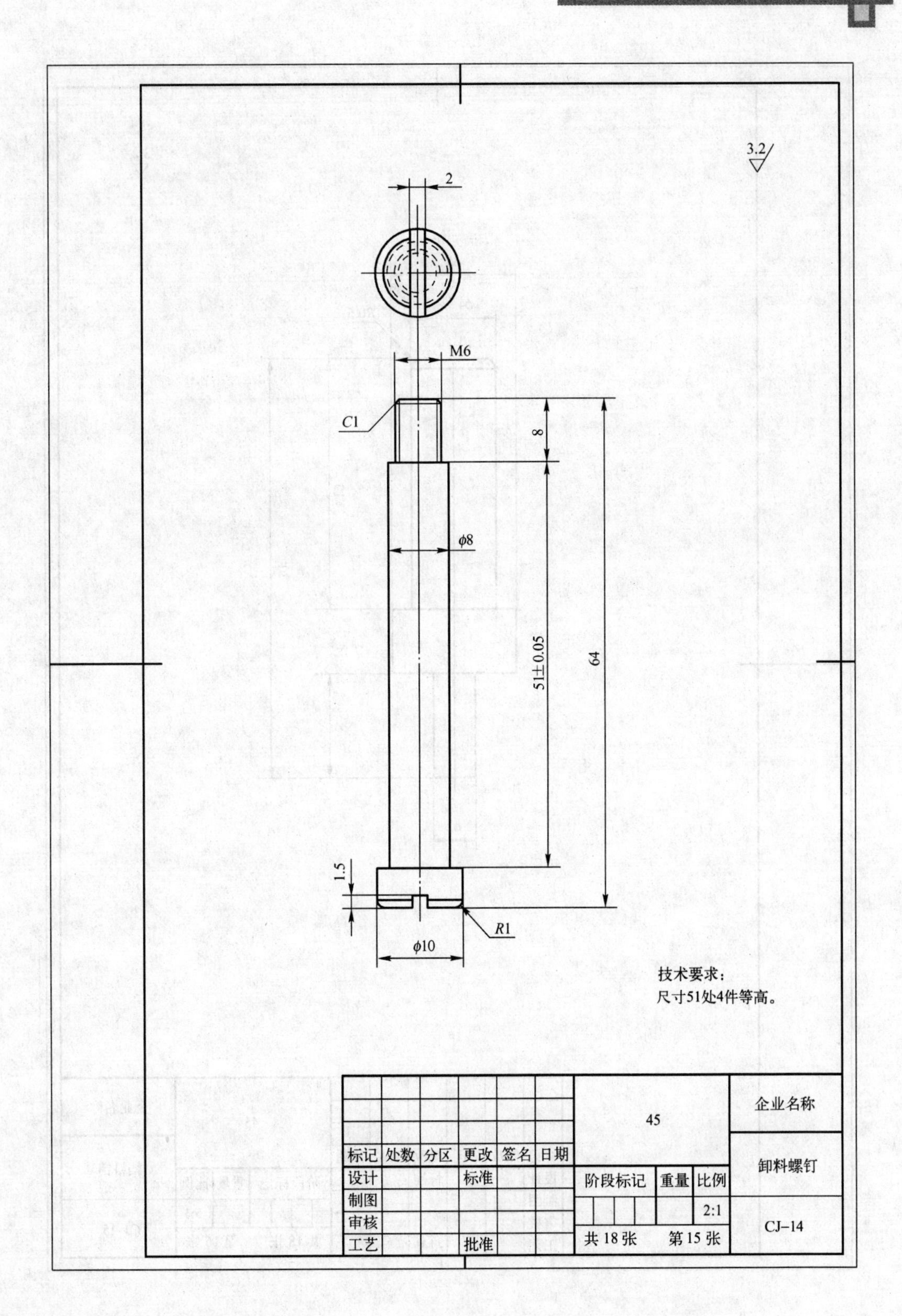
3.2
2
M6
C1
8
φ8
51±0.05
64
1.5
R1
φ10
技术要求：
尺寸51处4件等高。
45
企业名称
卸料螺钉
标记 处数 分区 更改 签名 日期
设计 标准
制图
审核
工艺 批准
阶段标记 重量 比例
2:1
共 18 张 第 15 张
CJ–14

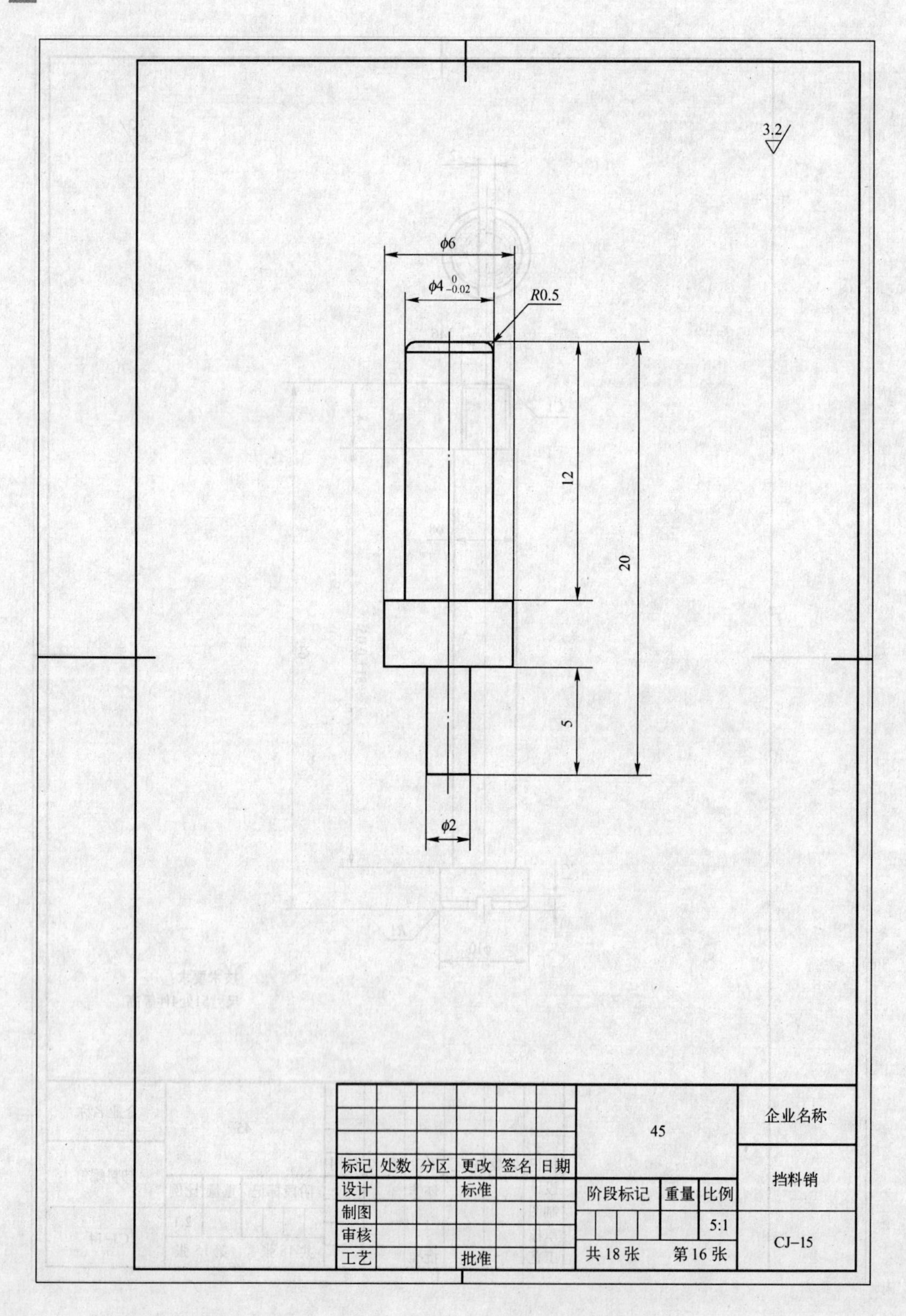
3.2
ϕ6
ϕ4 0 −0.02
R0.5
12
20
5
ϕ2
45
企业名称
标记
处数
分区
更改
签名
日期
设计
标准
制图
审核
工艺
批准
阶段标记
重量
比例
5:1
挡料销
CJ–15
共 18 张
第 16 张

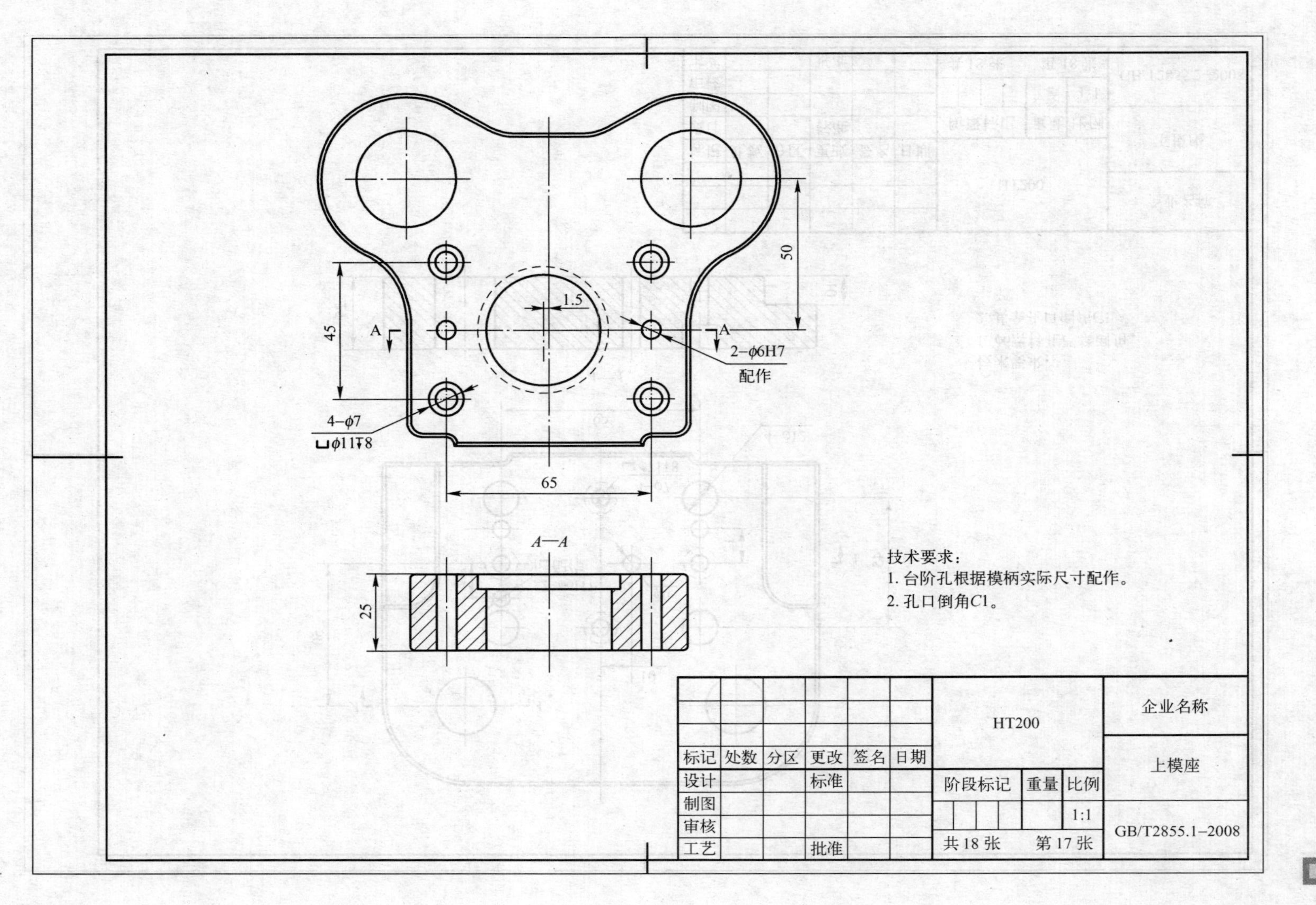

50
45
1.5
A
A
2−ϕ6H7
配作
4−ϕ7
ϕ11↧8
65
A—A
25
技术要求：
1. 台阶孔根据模柄实际尺寸配作。
2. 孔口倒角C1。
HT200
企业名称
上模座
标记
处数
分区
更改
签名
日期
设计
标准
阶段标记
重量
比例
制图
1:1
审核
工艺
批准
共18张
第17张
GB/T2855.1−2008

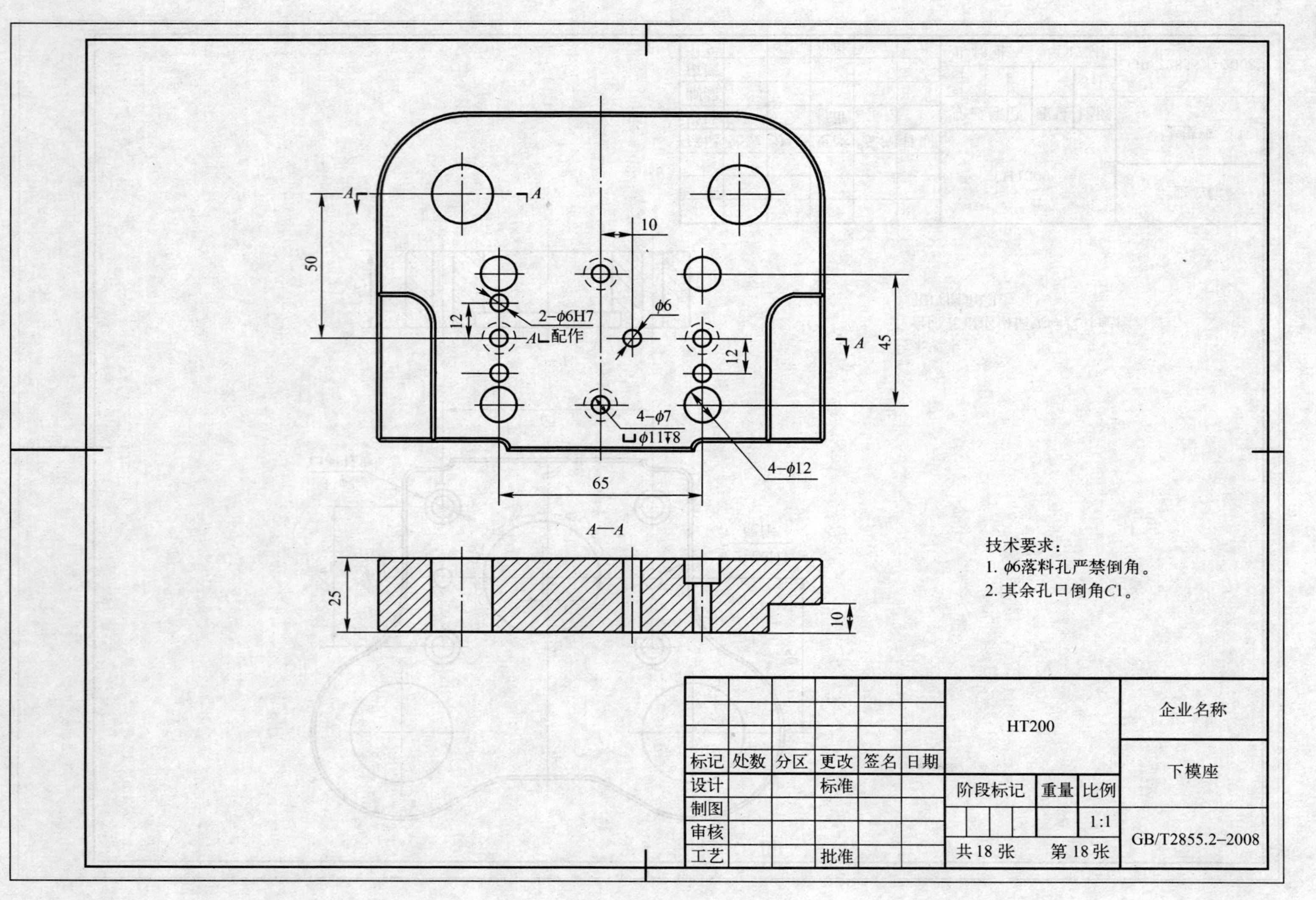

A
A
10
50
12
2−φ6H7
A⌊配作
φ6
A
45
12
4−φ7
⌴φ11↧8
4−φ12
65
A—A
25
10
技术要求：
1. φ6落料孔严禁倒角。
2. 其余孔口倒角C1。
HT200
企业名称
下模座
标记
处数
分区
更改
签名
日期
设计
标准
制图
审核
工艺
批准
阶段标记
重量
比例
1:1
共 18 张
第 18 张
GB/T2855.2−2008

正装复合模的制作

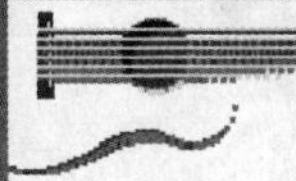

项目一　复合模的正倒装和出料结构形式

能力目标：

(1) 掌握复合模正装与倒装的区别和适用场合。

(2) 掌握正装复合模卸料、顶料和打料的结构形式。

任务一　电线接头复合模的正倒装结构

一、任务描述

现有某企业定制材料为H62的电线接头复合模具，产品零件如图4-1所示，根据图4-2所示的电线接头零件展开图选定复合模的装配形式是正装或倒装。

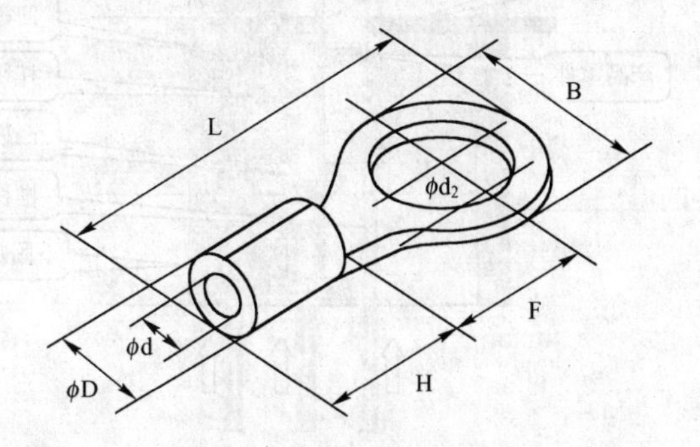

图4-1　电线接头零件

二、任务分析

根据图4-2电线接头零件展开图可以确定用一副复合模具就能冲制出合格的产品。根据模块三倒装复合模中已经确定的冲压工序和排样方案，再来选定复合模的装配形式是正装还是倒装。

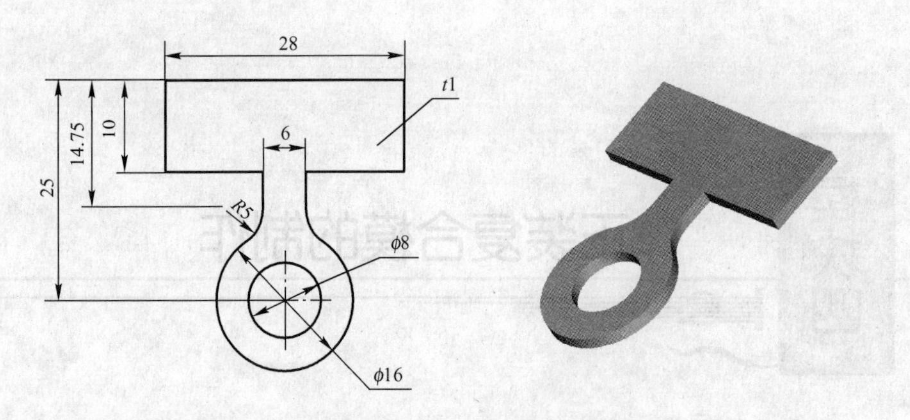

图 4-2　电线接头零件展开图

三、任务实施

1. 相关知识

1）正装复合模

凸凹模装在上模座的称为正装式复合模，结构原理如图 4-3 所示。

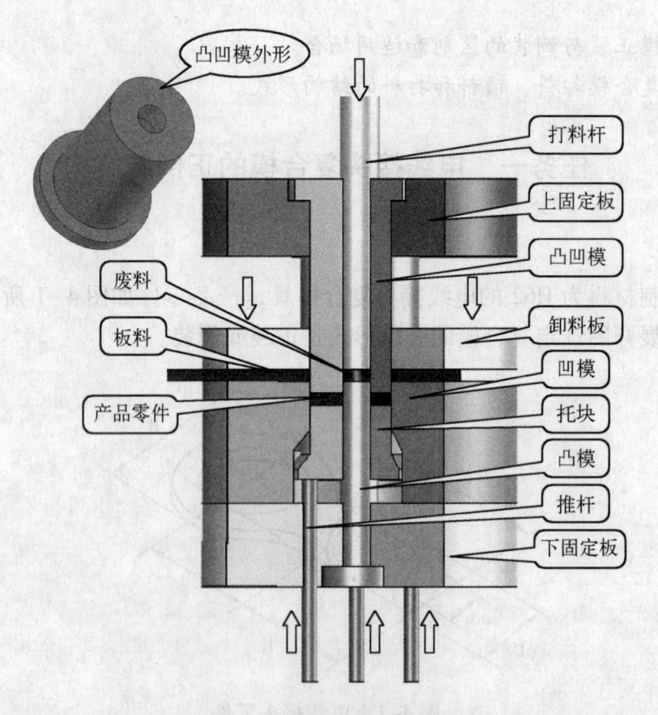

图 4-3　正装复合模结构原理

特点：正装复合模适用于冲制材质较软或板料较薄、平直度要求较高的冲裁件，还可以冲制孔边距较小的冲裁件。

工作原理：凸凹模起落料凸模和冲孔凹模的作用，与落料凹模配合完成落料工序，与冲孔凸

模配合完成冲孔工序。在冲模的同一工位上，凸凹模一次完成了落料、冲孔二道工序。冲裁结束后，冲件卡在落料凹模内腔由托块顶出，板料由卸料板卸出，冲孔废料由打料棒打出。

2）倒装复合模

凸凹模装在下模座的称为倒装式复合模，结构原理如图 4-4 所示。

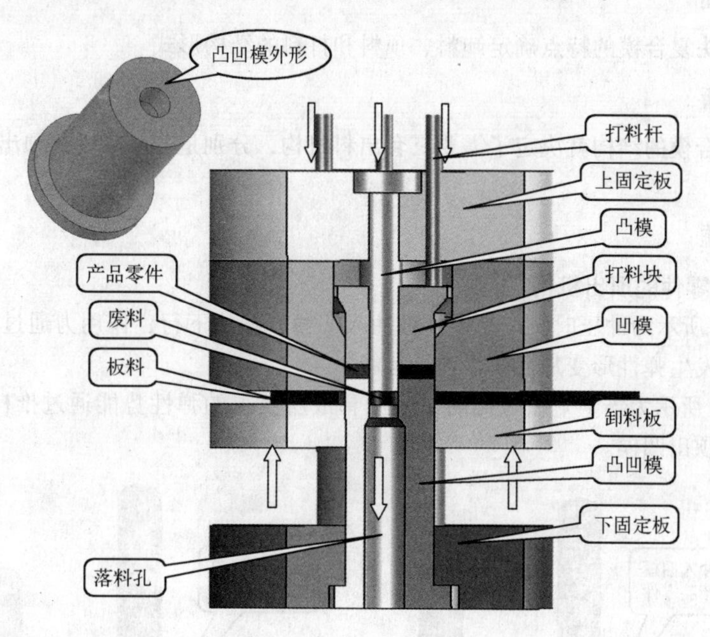

图 4-4　倒装复合模结构原理

特点：不宜冲制孔边距较小的冲裁件，但倒装复合模结构简单，又可以直接利用压力机的打料装置进行打料，卸料可靠，便于操作。

工作原理：凸凹模的作用与正装复合模相同。但倒装复合模通常采用刚性打料装置，在冲裁结束后，冲件卡在落料凹模内腔由打料块打出，板料由卸料板卸下，冲孔废料直接由冲孔凸模从凸凹模内孔推下，无顶件装置，结构简单，操作方便。但如果凸凹模的凹腔刃口采用柱形直壁落料形式，凸凹模内会积存废料，涨力较大，当凸凹模壁厚较小时，可能导致凸凹模破裂。

2. 选定电线接头复合模的正倒装

正装复合模工作时，卸料板同时兼作压料板，制件是在板料压紧的状态下分离，使冲出的制件尺寸精度和平面度较高。但每冲完一个行程，在弹顶器和弹压卸料装置的双重作用下，制件容易卡入板料。冲孔废料打出后和产品零件推出后都在下模表面，不及时清理会影响下一次的冲裁，影响了生产率。而倒装复合模卸料可靠方便但不能用在产品零件孔与边缘距离过近的场合，否则容易造成凸凹模的涨裂。

综上所述，根据电线接头零件孔离外缘边距较小的特点宜采用正装复合模的结构形式。

任务二　电线接头复合模卸料、顶料和打料的结构形式

一、任务描述

根据电线接头复合模的特点确定卸料、顶料和打料的结构形式。

二、任务分析

采用正装复合模的结构就决定了需要三套出料机构，分别是产品零件的顶出、废料的打出和板料的卸出。

三、任务实施

1. 确定产品零件的顶出机构

图4–5（a）所示为冲压时，产品零件被冲入凹模，托块下行，作用力通过推杆传递到橡胶夹板上，使橡胶发生弹性形变从而获得弹性势能。

图4–5（b）所示为当上下模分离时，橡胶释放所获得的弹性势能通过推杆传递到托块上，从而把产品零件顶出凹模。

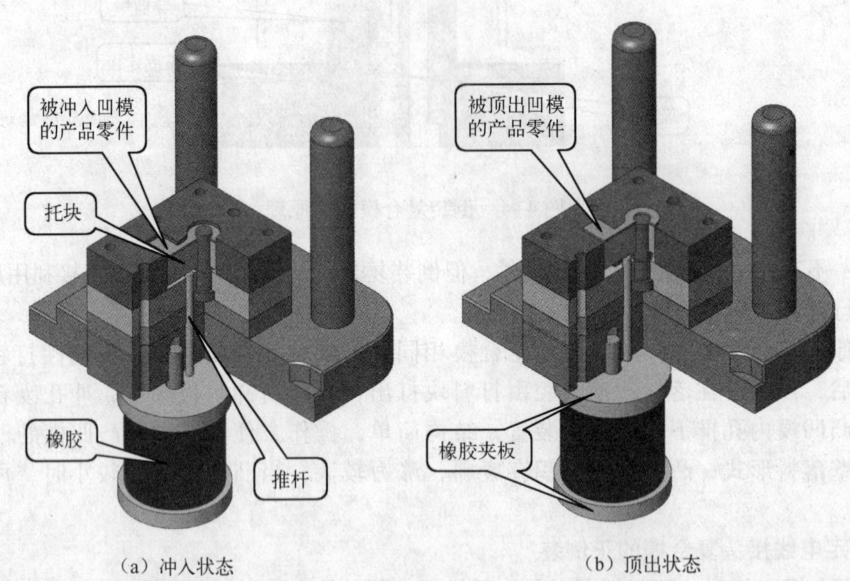

图4–5　产品零件的顶出机构

2. 确定废料的打出和板料的卸出机构

图4–6（a）所示为冲压时，作用力通过卸料板传递到弹簧上，弹簧发生弹性形变使卸料板上行并获得弹性势能。此时，凸凹模冲过板材进入凹模，冲孔废料存于凸凹模的孔内，板料则箍在凸凹模上。

图4–6（b）所示为上下模分离时，弹簧释放所获得的弹性势能传递到卸料板上，从而把箍在凸凹模上的板料卸出。当打料棒撞击到冲床上的横梁时，作用力传递到打料杆上从而把凸凹模

孔内的废料打出。

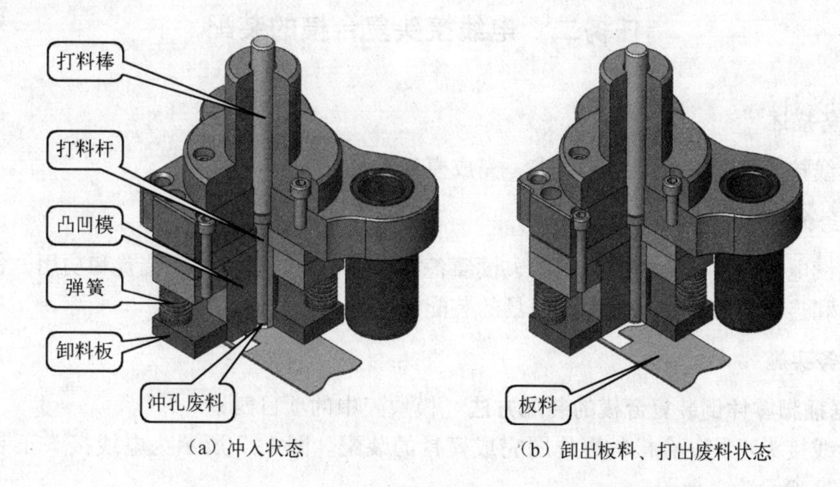

（a）冲入状态　（b）卸出板料、打出废料状态

图 4-6　废料的打出和板料的卸出机构

思考与提高

通过查资料，了解复合模刚性卸料与弹性卸料的各种机构，试用 CAD 软件绘出使用弹性卸料的形式卸出冲孔废料的机构示意图。

项目二　正装复合模具零部件的加工及装配

能力目标：

（1）熟练使用各机床完成正装复合模具零部件的加工。
（2）看懂装配图并掌握正装复合模的装配方法。

任务一　电线接头复合模零部件的加工

一、任务描述

根据电线接头复合模各零件图的要求，完成各零部件的加工。

二、任务分析

电线接头复合模零件比较多，而且涉及的配合关系也较多，所以要综合分析每张零件图，明确装配时各零件的位置与其他零部件的关系，做到对每个零件都充分了解后再动手操作，否则不仅会造成零件的报废而且对装配也会带来困难。

三、任务实施

参照模块二和模块三中的模具零件加工方法完成电线接头复合模零部件的加工。

任务二　电线接头复合模的装配

一、任务描述

根据电线接头复合模装配图的要求，完成模具的装配。

二、任务分析

通过识读电线接头复合模的装配图，读懂各零部件在模具中的装配位置和功用，各零部件间的装配关系和连接方式等要求，完成模具的装配。

三、任务实施

1. 根据插脚零件倒装复合模的装配方法（模块三中的项目四）

参照电线接头正装复合模的爆炸图完成模具的装配。图 4-7 所示为电线接头正装复合模爆炸图，图 4-8 所示为合模图。

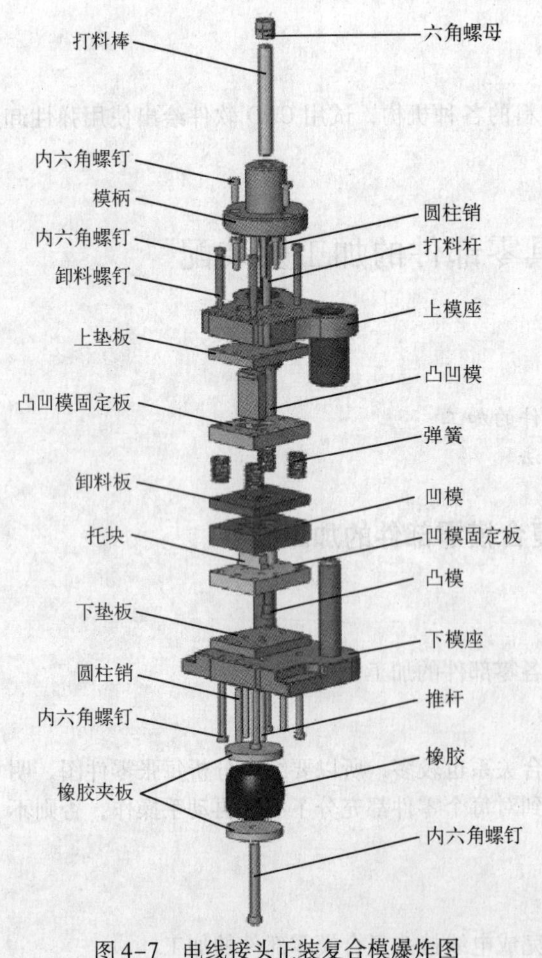

图 4-7　电线接头正装复合模爆炸图

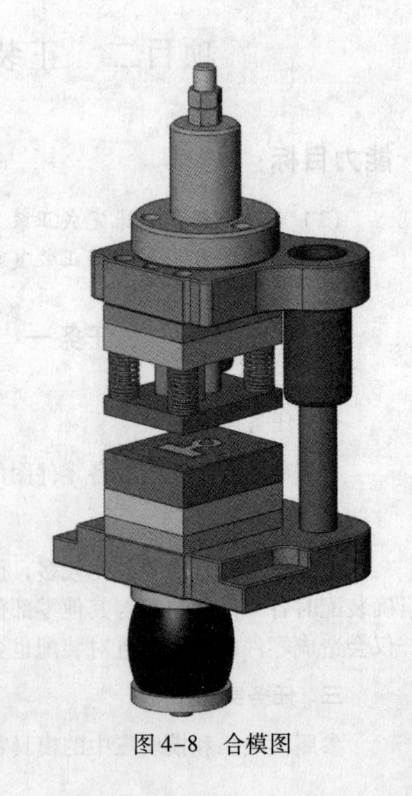

图 4-8　合模图

2. 操作评价（见表4–1）

表4–1 电线接头复合模评价表

项目	序号	评价内容	配分	学生自评	教师评分	得 分
零件加工	1	凸凹模	10			
	2	凹模	10			
	3	上、下模板	5			
	4	卸料板、打块、托块	5			
	5	上、下固定板	5			
	6	上、下垫板	2			
模具装配	1	零件的清洁与复检	3			
	2	模架装配是否规范	4			
	3	凸凹模组件的装配	5			
	4	凹模组件的装配	5			
	5	各活动部件及配合是否正常	4			
	6	冲裁间隙的调整方法是否正确	4			
	7	试冲后的质量判定间隙是否合格	20			
	8	检查模具闭合高度是否合格	2			
操作过程	1	装配过程中不能损坏零件	5			
	2	装配过程中不得违反安全操作规程	5			
	3	装配过程中的工量具摆放及文明生产规范	6			
	4	如有违规操作或不合理处扣5～10分				
总 分			100			

思考与提高

在电线接头正装复合模中，没有明确导料与挡料的形式，试结合模块三项目一“思考与提高”中完成的排样方案确定导料与挡料的形式，并在本副模具中实施。

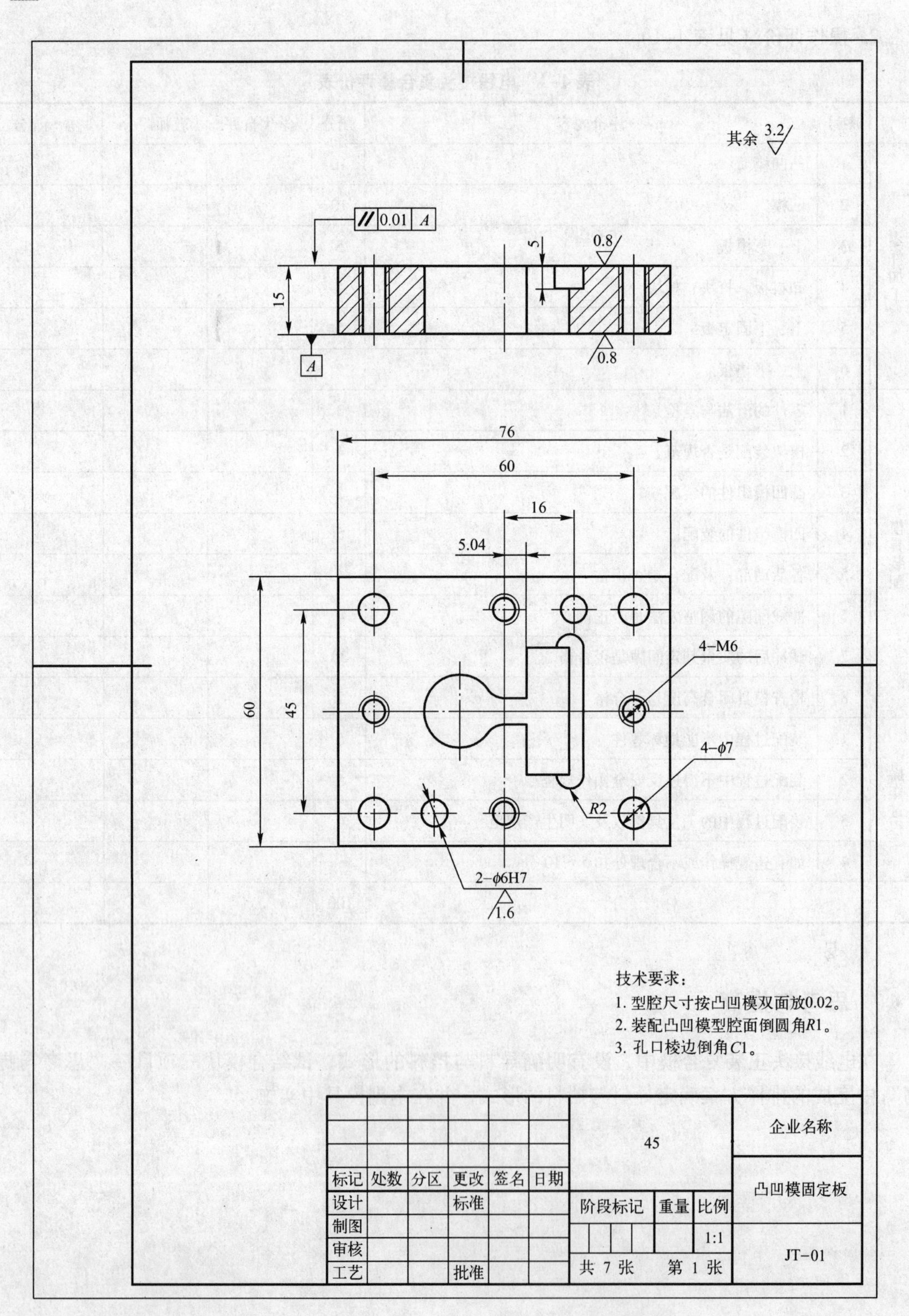
其余 3.2
0.01 A
15
A
5
0.8
0.8
76
60
16
5.04
60
45
4-M6
4-ϕ7
R2
2-ϕ6H7
1.6
技术要求：
1. 型腔尺寸按凸凹模双面放0.02。
2. 装配凸凹模型腔面倒圆角R1。
3. 孔口棱边倒角C1。
45
企业名称
凸凹模固定板
标记
处数
分区
更改
签名
日期
设计
标准
制图
审核
工艺
批准
阶段标记
重量
比例
1:1
共 7 张
第 1 张
JT-01

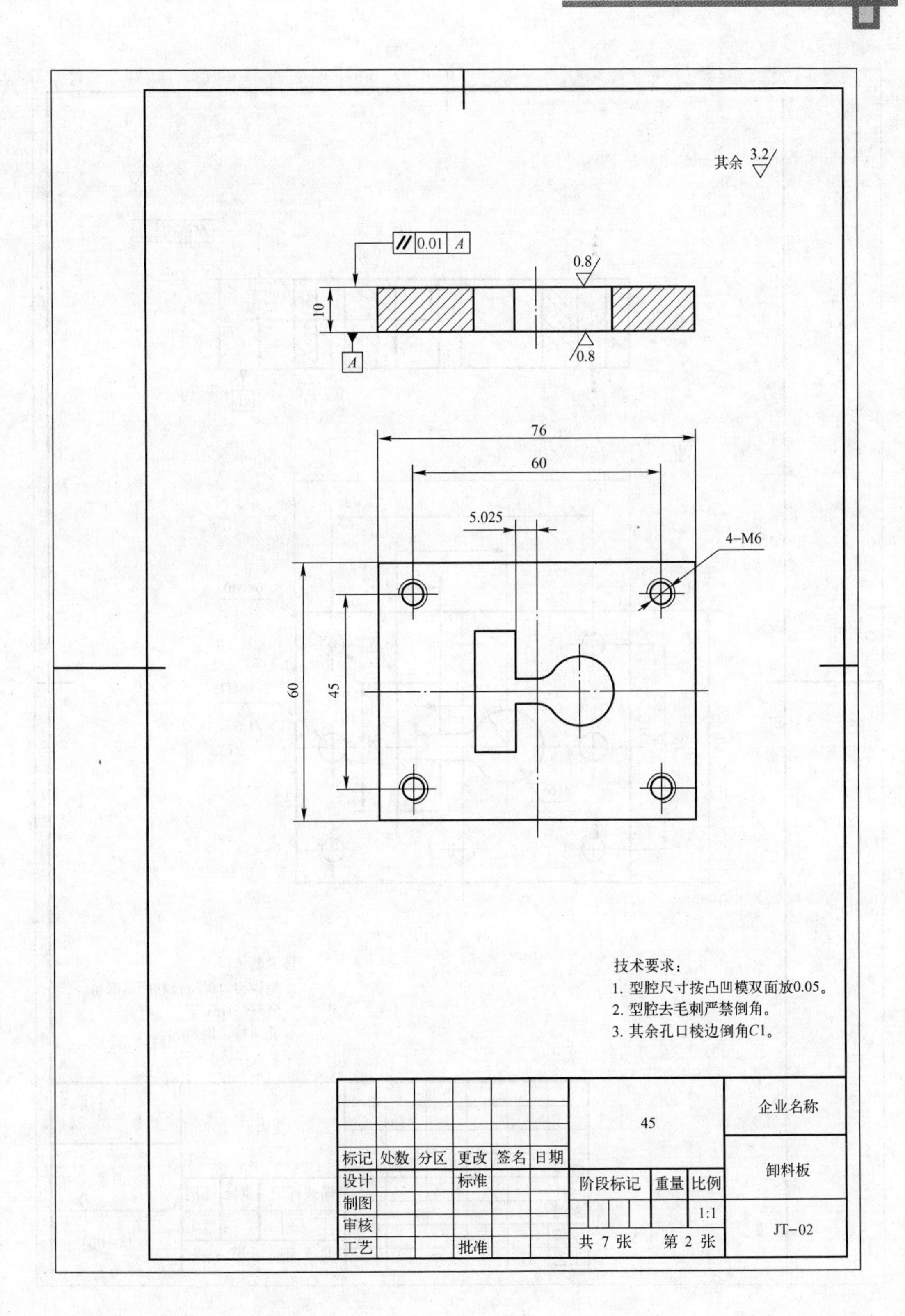

其余 3.2
0.01 A
0.8
10
A
0.8
76
60
5.025
4–M6
60
45
技术要求：
1. 型腔尺寸按凸凹模双面放0.05。
2. 型腔去毛刺严禁倒角。
3. 其余孔口棱边倒角C1。
45
企业名称
标记 处数 分区 更改 签名 日期
设计 标准
制图
审核
工艺 批准
阶段标记 重量 比例
1:1
共 7 张 第 2 张
卸料板
JT-02

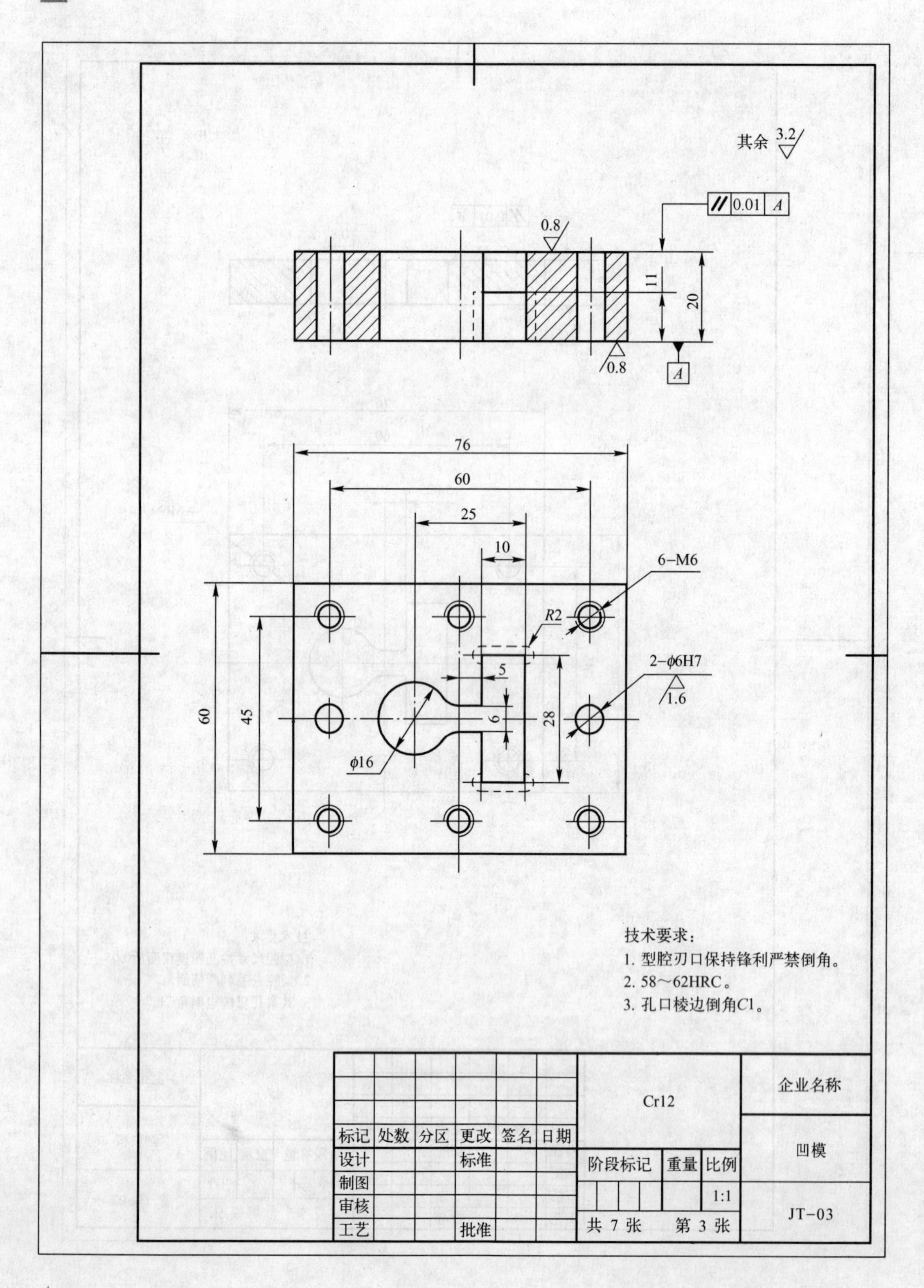
其余 3.2
0.01 A
0.8
11
20
0.8
A
76
60
25
10
6-M6
R2
2-ϕ6H7
1.6
5
60
45
6
28
ϕ16
技术要求：
1. 型腔刃口保持锋利严禁倒角。
2. 58～62HRC。
3. 孔口棱边倒角C1。
Cr12
企业名称
标记 处数 分区 更改 签名 日期
设计 标准
阶段标记 重量 比例
凹模
制图
1:1
审核
JT-03
工艺 批准
共 7 张 第 3 张

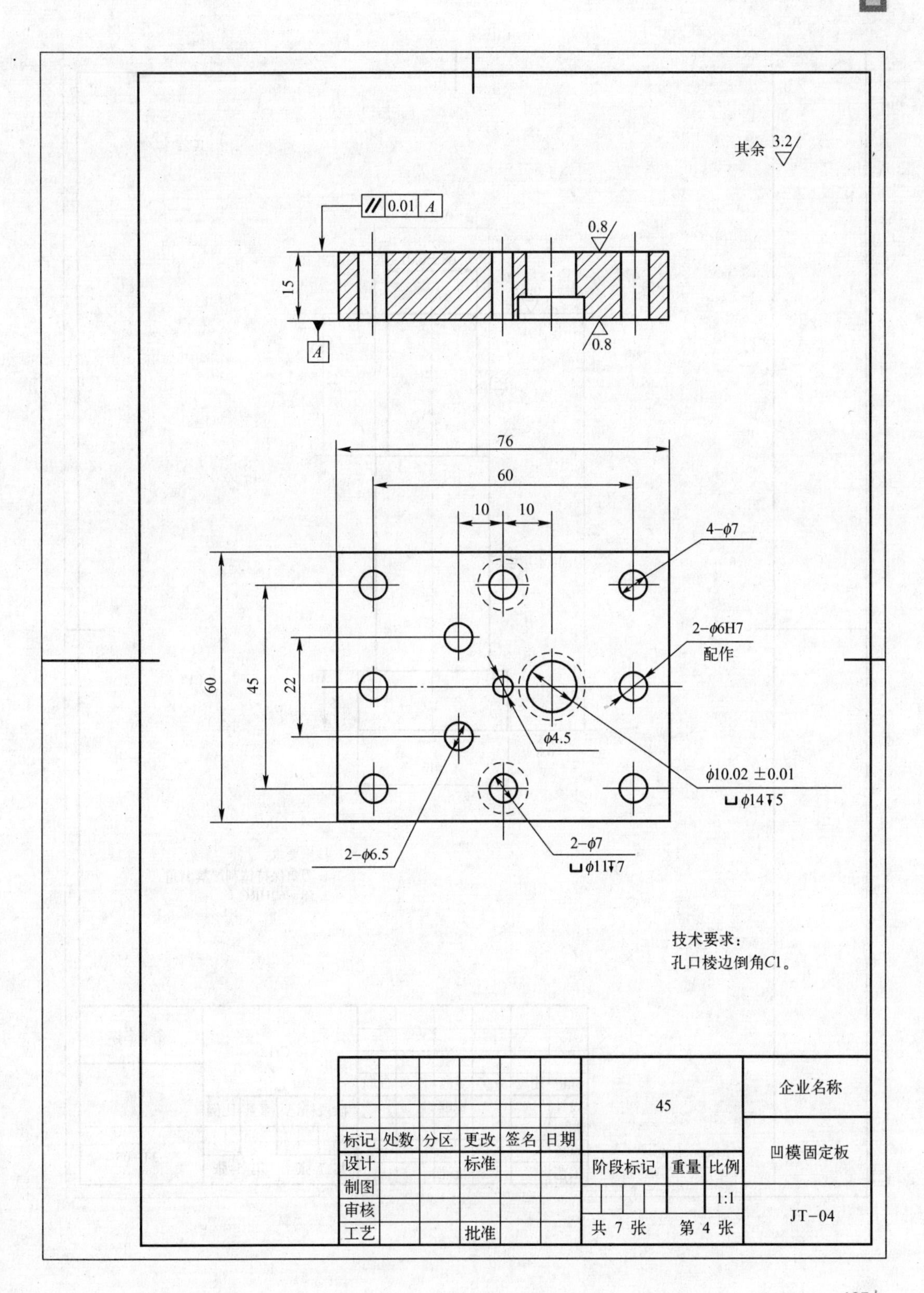

其余 3.2
0.01 A
0.8
15
A
0.8
76
60
10
10
4-ϕ7
2-ϕ6H7
配作
60
45
22
ϕ4.5
ϕ10.02 ±0.01
⌴ϕ14↧5
2-ϕ7
⌴ϕ11↧7
2-ϕ6.5
技术要求：
孔口棱边倒角C1。
45
企业名称
标记 处数 分区 更改 签名 日期
设计 标准
制图
审核
工艺 批准
阶段标记 重量 比例
1:1
共 7 张 第 4 张
凹模固定板
JT-04

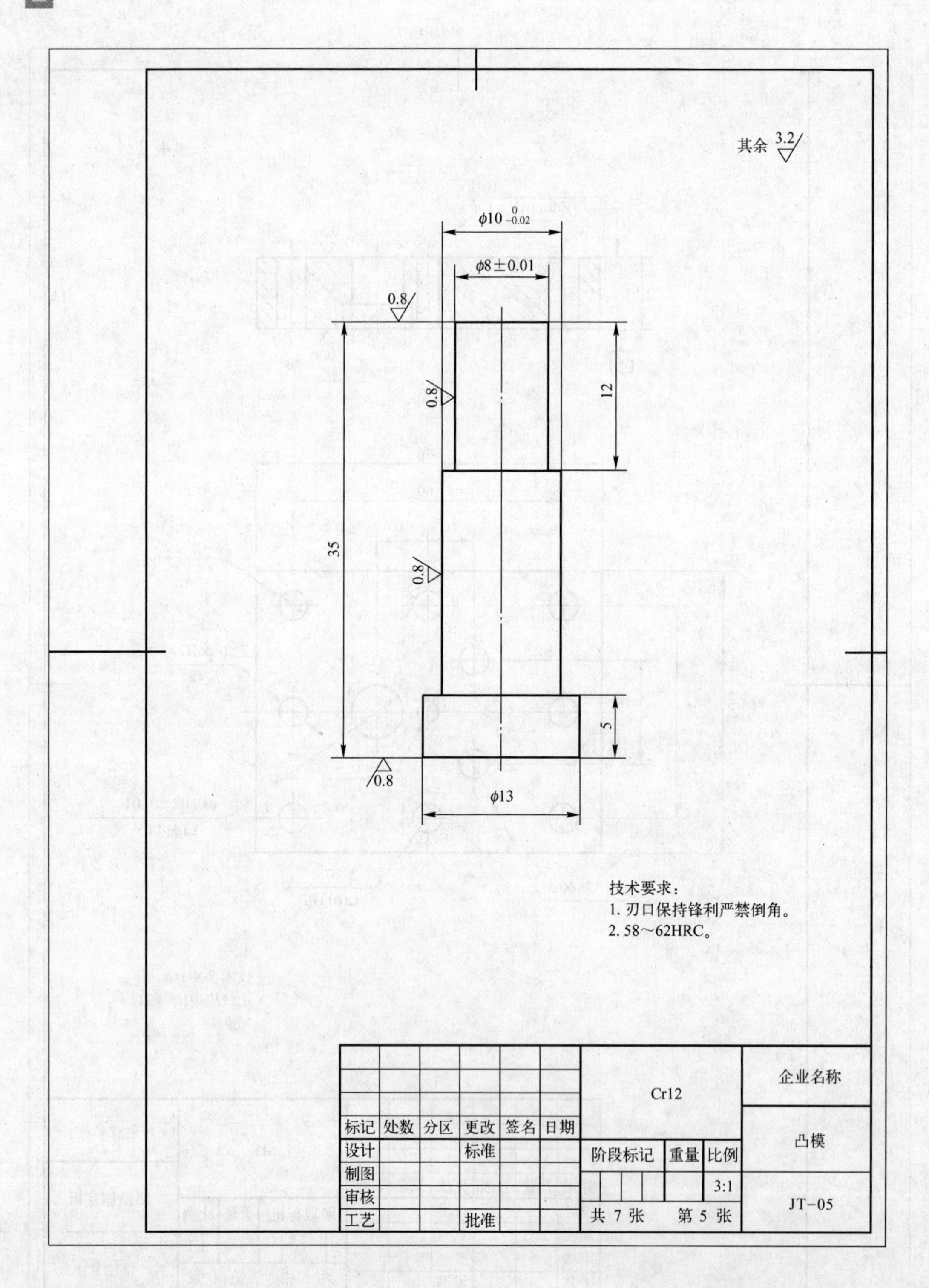
其余 3.2
φ10 $^{0}_{-0.02}$
φ8±0.01
0.8
0.8
12
35
0.8
5
0.8
φ13
技术要求：
1. 刃口保持锋利严禁倒角。
2. 58～62HRC。
Cr12
企业名称
标记 处数 分区 更改 签名 日期
设计 标准
制图
审核
工艺 批准
阶段标记 重量 比例
3:1
共 7 张 第 5 张
凸模
JT−05

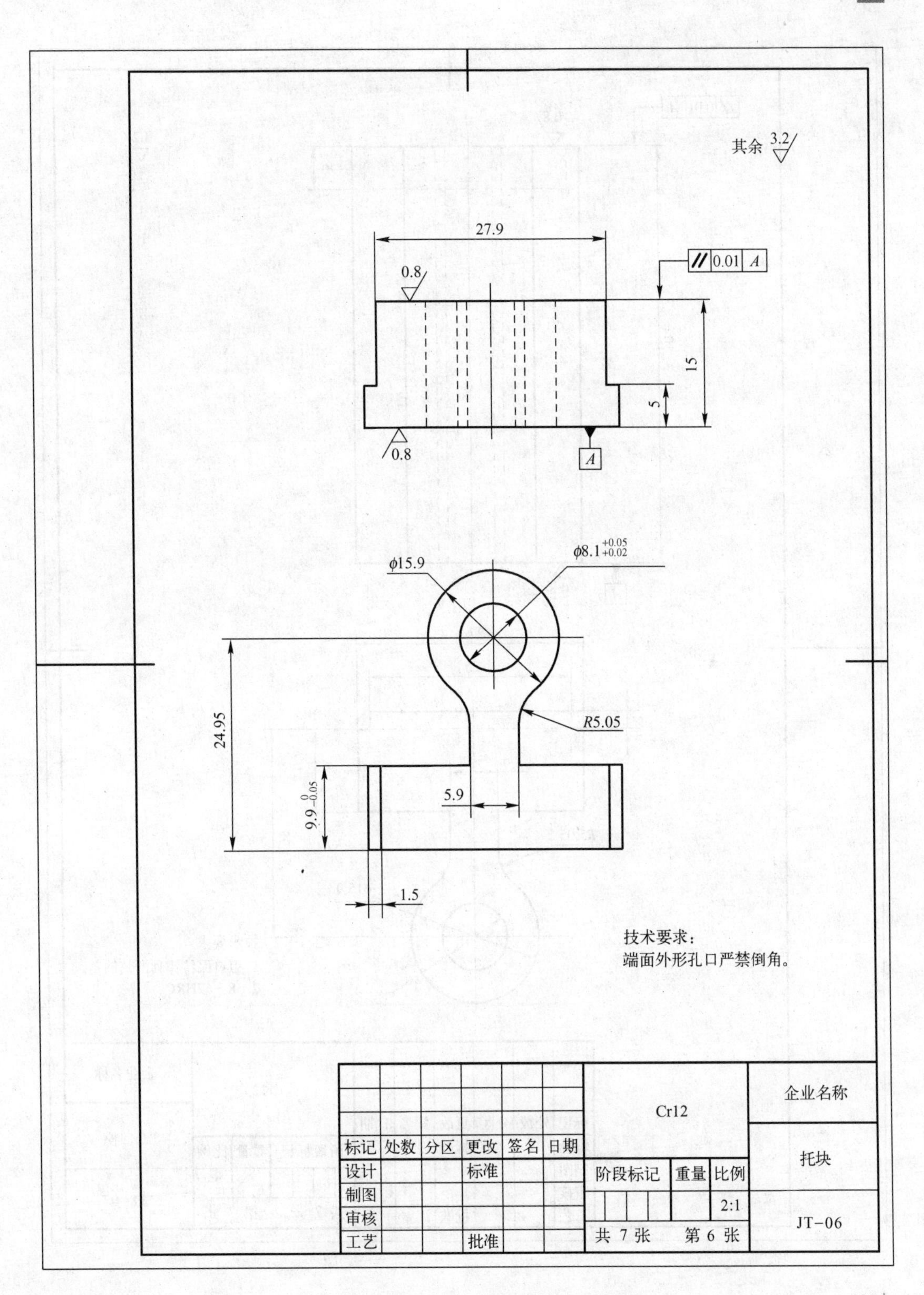
其余 3.2
27.9
0.8
0.01 A
15
5
0.8
A
ϕ15.9
ϕ8.1 +0.05 +0.02
R5.05
24.95
9.9 0 −0.05
5.9
1.5
技术要求：
端面外形孔口严禁倒角。
Cr12
企业名称
标记 处数 分区 更改 签名 日期
设计 标准
制图
审核
工艺 批准
阶段标记 重量 比例
2:1
托块
JT−06
共 7 张 第 6 张

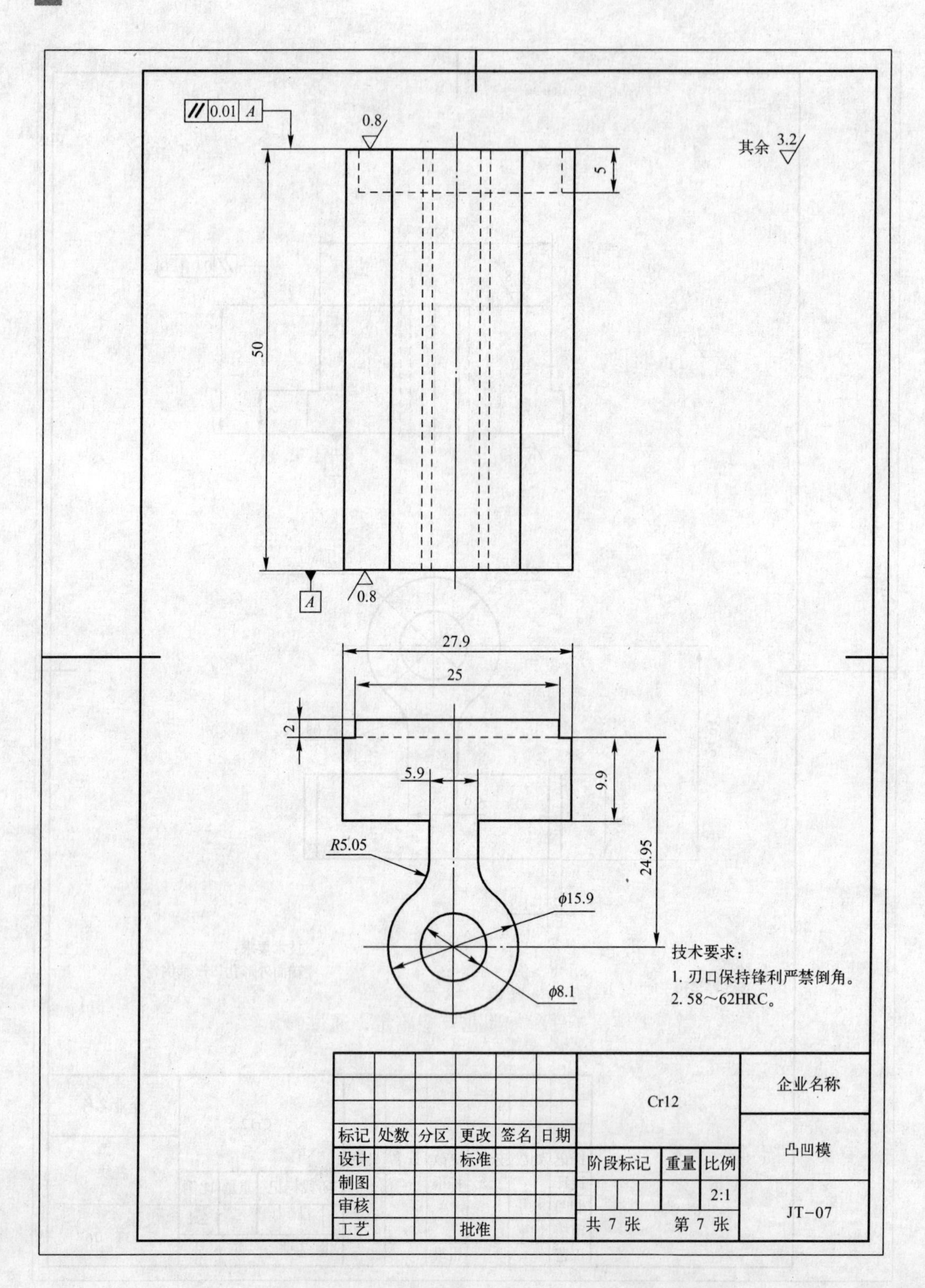

0.01 A
0.8
其余 3.2
5
50
A
0.8
27.9
25
2
5.9
9.9
R5.05
24.95
ϕ15.9
ϕ8.1
技术要求：
1. 刃口保持锋利严禁倒角。
2. 58～62HRC。
Cr12
企业名称
标记 处数 分区 更改 签名 日期
设计 标准
制图
审核
工艺 批准
阶段标记 重量 比例
2:1
凸凹模
共 7 张 第 7 张
JT－07

模具制造工考级指导

I 职业资格证书和职业技能鉴定简介

1. 职业资格证书制度

国家职业资格证书制度是劳动就业制度的一项重要内容，也是一种特殊形式的国家考试制度。它是指按照国家制定的职业技能标准或任职资格条件，通过政府认定的考核鉴定机构，对劳动者的技能水平或职业资格进行客观公正、科学规范的评价和鉴定，对合格者授予相应的国家职业资格证书。按照《中华人民共和国职业教育法》《中华人民共和国劳动法》关于实行学历证书和职业资格证书并重制度的规定，中华人民共和国劳动和社会保障部从1993年开始推行职业技能鉴定社会化管理，在全社会推行国家职业资格证书制度。国家职业技能鉴定是目前社会上规模最大的职业资格考试。

职业资格证书是劳动者具有从事某一职业所必备的学识和技能的证明，是劳动者求职、任职、开业的资格凭证，是用人单位招聘、录用劳动者的主要依据，是我国公民境外就业、劳务输出法律公证的有效证件。国家实行就业准入制度以后，在一些技术要求高、通用性强、关系人民身体健康财产安全的职业（工种）中，职业资格证书还是一种就业准入证明。

我国职业资格证书分为五个等级：初级（国家职业资格五级）（封面绿色）、中级（国家职业资格四级）（封面蓝色）、高级（国家职业资格三级）（封面红色）、技师（国家职业资格二级）（封面棕色）和高级技师（国家职业资格一级）（封面暗红色），如图5-1所示。

报考者可以按照各级别的申报条件参加职业技能鉴定，通过参加知识考试和操作技能考核，取得国家职业资格证书。

2. 职业技能鉴定

职业技能鉴定是一项基于职业技能水平的考核活动，属于标准参照型考试。它是由考试考核机构对劳动者从事某种职业所应掌握的技术理论知识和实际操作能力做出客观的测量和评价。职业技能鉴定是国家职业资格证书制度的重要组成部分。

3. 申报职业技能鉴定的要求

参加不同级别鉴定的人员，其申报条件不尽相同，考生要根据鉴定公告的要求，确定申报的

图 5-1　职业资格证书

级别。一般来讲，不同等级的申报条件如下：

（1）参加初级鉴定的人员必须是学徒期满的在职职工或职业学校的毕业生。

（2）参加中级鉴定的人员必须是取得初级技能证书并连续工作五年以上，或是经劳动行政部门审定的以中级技能为培养目标的技工学校以及其他学校毕业生。

（3）参加高级鉴定人员必须是取得中级技能证书五年以上、连续从事本职业（工种）生产作业可少于十年、或是经过正规的高级技工培训并取得了结业证书的人员。

（4）参加技师鉴定的人员必须是取得高级技能证书，具有丰富的生产实践经验和操作技能特长、能解决本工种关键操作技术和生产工艺难题，具有传授技艺能力和培养中级技能人员能力的人员。

（5）参加高级技师鉴定的人员必须是任技师三年以上，具有高超精湛技艺和综合操作技能，能解决本工种专业高难度生产工艺问题，在技术改造、技术革新以及排除事故隐患等方面有显著

成绩，而且具有培养高级工和组织带领技师进行技术革新和技术攻关能力的人员。

Ⅱ　模具制造工理论知识鉴定要素细目表（四级）

由于模具制造工是国家近年来颁布的一项新职业，模具制造工国家职业标准目前尚且是试行稿，各省开展的这项鉴定工作属于试验性鉴定。在鉴定过程中，各省根据本省实际和现有鉴定题库资源，在理论知识鉴定要素方面可能有不同之处。

表 5-1 所示为某省中级模具制造工理论知识鉴定要素细目表，仅供参考。

表 5-1　中级模具制造工理论知识鉴定要素细目表（重要程度以 X、Y、Z 依次降低）

行为领域	代码	鉴定范围	鉴定比重	代码	鉴定点	重要程度
基础知识 30%	A	机械制图	7	01	投影基础知识	X
				02	图纸幅面的规定	Z
				03	图线画法的规定	Y
				04	尺寸标注的规定	X
				05	绘图工具和仪器的使用方法	Y
				06	平面图形的绘图步骤	Y
				07	平面图形的绘图分析方法	X
				08	相贯线知识	X
				09	轴测图知识	X
				10	组合体的绘图知识	X
				11	机械图样表达方法	Y
				12	第三角绘图知识	Y
				13	标准件和常用件绘图知识	X
				14	零件图的组成	Z
				15	零件图的视图表达知识	Y
				16	典型零件的视图表达知识	X
				17	零件图的尺寸标注知识	X
				18	零件图的技术要求知识	Z
				19	基本术语（尺寸、公差、配合）	Z
				20	零件测绘知识	X
				21	装配图的组成	Y
				22	装配图的视图表达知识	X
				23	特殊画法和简化画法知识	Z
				24	装配图中零、部件序号编排方法	Y
				25	装配图的尺寸标注和技术要求	X

续表

行为领域	代码	鉴定范围	鉴定比重	代码	鉴定点	重要程度
基础知识 30%	B	公差配合与测量	8	01	互换性概念	Y
				02	标准的分类知识	Z
				03	测量的基本要素	X
				04	计量单位的相关知识	X
				05	测量器具的种类	Y
				06	量块选用的知识	X
				07	测量误差的基本知识	Y
				08	形状公差项目	X
				09	位置公差项目	X
				10	公差原则	Y
				11	形位公差的标注	X
				12	形位误差的检测方法	X
				13	形位公差项目的选择	Y
				14	形位公差值的确定	Y
				15	基孔制概念	Z
				16	基轴制概念	Z
				17	基准制的选择	X
				18	公差等级的选择	X
				19	配合的选择	X
				20	表面粗糙度的标注	X
				21	表面粗糙度的测量	X
				22	尺寸链的基本概念	Y
				23	直线尺寸链的分析	X
	C	机械设计	5	01	机械组成的概念	Z
				02	机械设计的基本原则	X
				03	构件的概念及分类	Y
				04	机构的概念	Z
				05	运动副的概念	X
				06	约束概念	X
				07	高副概念	Z
				08	低副概念	Z
				09	平面机构自由度知识	X
				10	机构运动条件	X
				11	虚约束概念	Y
				12	铰链四杆机构的类型	Y
				13	滑块四杆机构的类型	Y
				14	平面四杆机构的基本特性	X
				15	凸轮机构的类型	Y
				16	轮系的分类	Z
				17	带传动工作原理	X
				18	带传动的类型	Y
				19	链传动的运动特性	X

续表

行为领域	代码	鉴定范围	鉴定比重	代码	鉴定点	重要程度
基础知识 30%	C	机械设计	5	20	齿轮传动的类型	Z
				21	渐开线直齿齿轮正确的啮	X
				22	齿轮传动的主要失效形式	Y
				23	滚动轴承的构造	Y
				24	滚动轴承的类型	Z
				25	轴的分类	X
				26	轴的设计要求	X
				27	键连接的种类	Z
				28	销连接的类型	Z
				29	螺纹联接的类型	Z
				30	机械零件的失效形式	Y
				31	机械设计计算准则	X
				32	载荷的定义	Y
				33	应力的定义	X
				34	摩擦的分类	Y
				35	磨损的分类	Y
				36	润滑的分类	Y
				37	润滑剂的类型	Y
				38	粘度知识	X
				39	密封类型	X
	D	计算机应用	1	01	计算机的一般特点	Z
				02	计算机常用基本术语	Z
				03	计算机数制知识	X
				04	计算机系统的组成	Y
				05	计算机软件的分类	Y
	E	CAD 绘图知识	3	01	CAD 的基本概念	Z
				02	AutoCAD 绘图设置辅助命令	X
				03	AutoCAD 基本绘图命令	X
				04	AutoCAD 图形编辑命令	X
				05	AutoCAD 图层、线型命令	Y
				06	AutoCAD 图形尺寸标注命令	X
				07	AutoCAD 图形交换设置	Y
	F	金属切削工艺	6	01	切削加工的基本方法	X
				02	车刀切削运动知识	X
				03	钻刀切削运动知识	X
				04	铣刀切削运动知识	X
				05	磨床切削运动知识	X
				06	切削要素知识	X
				07	切削用量知识	X
				08	常用刀具材料	Y
				09	车刀知识	X
				10	铣刀种类	Y

续表

行为领域	代码	鉴定范围	鉴定比重	代码	鉴定点	重要程度
基础知识 30%	F	金属切削工艺	6	11	切屑类型	Z
				12	加工硬化知识	X
				13	工件定位原理	X
				14	定位基准的选择原则	X
				15	车削加工工件的安装方法	X
				16	常见孔加工种类	Z
				17	常见平面加工种类	Z
				18	常见螺纹加工种类	Z
				19	夹具功能	Y
				20	夹具分类	Z
				21	基本夹紧机构种类	Y
				22	定心夹紧机构种类	Y
				23	夹具动力装置种类	Y
				24	定位误差分析方法	X
				25	夹具精度分析方法	Y
专业知识 65%	A	模具制造工艺	18	01	工序概念	X
				02	工步概念	Y
				03	生产纲领概念	Z
				04	工艺规程制订的原则	Y
				05	工件的安装方式	X
				06	模具加工阶段的划分	Y
				07	模具切削加工顺序的安排	X
				08	模具热处理顺序的安排	X
				09	加工余量的确定方法	X
				10	工序尺寸及其公差的确定	X
				11	影响模具制造精度的因素	Z
				12	影响零件制造精度的因素	Z
				13	影响模具零件表面质量的区	Y
				14	模具机械加工种类	Z
				15	模具精密加工知识	Z
				16	模具的成形磨削方法	Y
				17	上、下模座加工工艺过程	X
				18	导柱、导套的加工工艺过程	X
				19	冲裁模凸模的制造工艺过程	X
				20	冲裁模凹模的制造工艺过程	X
				21	塑料模型腔的制造工艺过程	X
				22	模具电化学加工知识	Y
				23	模具超声波加工知识	Y
				24	模具激光加工知识	Y
				25	模具快速成形加工知识	Z

续表

行为领域	代码	鉴定范围	鉴定比重	代码	鉴定点	重要程度
专业知识 65%	B	模具材料及处理	15	01	模具失效形式	Z
				02	影响模具使用寿命的因素	X
				03	模具材料的分类	X
				04	模具材料的力学性能	Y
				05	模具材料的选用原则	X
				06	模具材料的常规热处理知识	X
				07	模具表面化学热处理技术知识	X
				08	模具表面涂镀技术知识	X
				09	模具表面气相沉积技术知识	Y
				10	热喷涂原理	Y
				11	激光表面处理知识	Y
				12	电子束表面处理技术	Y
	C	电加工	2	01	电火花线切割加工原理	X
				02	电火花加工原理	X
				03	电火花加工的特点	X
				04	电火花加工的应用范围	Y
				05	电极的设计与制造知识	X
	D	数控加工	8	01	数控加工的基本概念	Z
				02	数控机床的工作原理	X
				03	数控加工的特点	Z
				04	数控机床的坐标系定义	X
				05	机床参考点定义	X
				06	工件原点定义	X
				07	常用数控程序 G 指令代码	X
				08	常用数控程序 M 指令代码	X
				09	常用数控程序其他功能指令	Y
				10	数控加工的程序结构	Y
				11	数控加工的程序段格式	Y
				12	数控铣削加工知识	X
				13	加工中心的分类	Z
				14	数控车削加工知识	Z
	E	模具加工	17	01	量具的种类	Z
				02	游标类量具知识	X
				03	测微螺旋副类量具知识	X
				04	机械量仪种类	Z
				05	百分表知识	X
				06	光学量仪种类	Y
				07	电动量仪种类	Y
				08	气动量仪种类	Y
				09	量具的使用方法	X
				10	量具的保养与维护	X
				11	间隙与壁厚的调整方法	X

续表

行为领域	代码	鉴定范围	鉴定比重	代码	鉴定点	重要程度
专业知识 65%	E	模具加工	17	12	工作件的制造工艺	X
				13	装配尺寸链的概念	Y
				14	模具装配工艺方法	X
				15	模具装配精度要求及分析	X
				16	模具装配工艺规程	Y
				17	钳工常用工具	Z
				18	钳工常用设备	Z
				19	常用划线工具	Y
				20	常用划线方法	Y
				21	研磨形式	Z
				22	常用研具材料	Z
				23	研磨方法	Z
				24	抛光形式	Z
				25	常用抛光工具	Z
				26	装配与调整知识	X
				27	设备维护知识	X
	F	模具试模	5	01	常用冷冲压成形设备	Z
				02	常用塑料模成形设备	Z
				03	冷冲压成形设备的保养知识	X
				04	塑料模成形设备的保养知识	X
				05	设备的选择方法	X
				06	模具安装知识	Y
				07	模具调试内容	X
				08	模具调试时的注意事项	Y
				09	模具调试后的技术要求	X
				10	分析及修整知识	X
相关知识 5%	A	安全文明生产	5	01	起吊设备大型行车的安全知识	X
				02	常用设备的安全操作知识	X
				03	安全用电知识	X
				04	现场文明生产要求	X
				05	环境保护知识	X
				06	企业的质量方针	Y
				07	岗位的质量要求	X
				08	岗位的质量保证措施与责任	Y
				09	质量管理知识	X

Ⅲ 模具制造工理论知识试题选（四级）

（一）填空题

1. 水和油是常用的淬火介质，适合合金钢的介质是______。
2. 工程上常用的轴测图有正等轴测图、正二等轴测图和______等。
3. 夹紧机构由夹紧动力、中间传动机构和______三部分组成。
4. 一对渐开线齿轮续传动条件为______。
5. 死点位置即压力角为______度时的位置。
6. 带传动中，打滑一般发生在______带轮上。
7. 车刀的前角是______和基面之间的夹角。
8. 配合的种类，国家标准中规定有间隙配合、______配合、过盈配合。
9. 制图中，分度圆和分度线用______线绘制。
10. 装配图中，在同一剖视图上，相邻两个零件剖面线的方向应______。
11. 在微型计算机系统中，指挥并协调计算机各部件工作的设备是______。
12. 轴承内孔与轴配合应采用______制。
13. 布尔运算是一种关系描述系统，可以用于说明将一个或多个基本实体合并为统一实体时各组成部分的构成关系，它有并集、差集和______三种操作方式。
14. 表面粗糙度常用的评定参数有______、Ry 和 Rz。
15. 在装配时允许用补充机械加工或钳工修刮办法来获得所需的精度，称为______法。
16. 国标规定基轴制采用______代号表示。
17. ______和验收技术条件是模具装配和制定模具装配工艺规程的主要依据。
18. 模具装配的工艺方法有互换法、______，随着模具技术和制造设备的现代化发展，互换法的应用会愈来愈多。
19. 钳工划线按加工作用的不同一般可分为加工线、证明线和找正线三种，一般情况下，证明线离加工线为______mm。
20. 在冷冲模装配时，对于形状复杂、凸模数量又多的小间隙冲裁模具，常用的间隙调整和控制方法一般采用______。
21. 在塑料模具的装配工艺中，通常采用______和测量法来控制和调整间隙，以保证模具型腔壁厚符合设计要求。
22. 模具制造中，螺孔、螺钉孔一般采用配钻加工法加工，常用的配钻加工方法主要有______、样冲印孔法和复印印孔法等。
23. 冲裁模调试的要点是：凸凹模刃口及其间隙的调整、定位装置的调整、卸料系统的调整、______。
24. 模架的导向精度是模具工作精度保证的关键，在国家标准中 I 级滑动导向模架导柱导套的配合精度要求为______。
25. 根据研磨工作原理，研具材料的组织要均匀细小，有较高的稳定性和耐磨性，工作面的硬度比工件的硬度要______，并具有很好的吸附和嵌存磨料的性能。

26. 冲裁模调试的要点是______、定位装置的调整、卸料系统的调整、导向系统的调整。

27. 抛光是零件的最后一道精加工工序，抛光的基面应有较高的粗糙度要求，一般应达到 Ra ______ 以上。

28. 电火花加工的原理是基于______之间脉冲性火花放电的电腐蚀现象来蚀除多余的金属，从而达到尺寸加工成形质量的预定要求。

29. 常用的电极结构有______、组合电极、镶拼式电极。

30. 当正极的蚀除速度大于负极时，工件应接______。

31. 精规准用来进行精加工，多采用较______电流峰值。

32. 根据常见塑料模具钢的抛光性能对比，抛光性能最好的是合金渗碳钢和不锈钢，最差的是______。

33. 对于塑料模具材料的基本使用性能要求是：足够的强度和钢度，良好的耐磨性和耐腐蚀性，足够的韧性，较好的______性能和尺寸稳定性，良好的导热性等。

34. 塑料模型腔面的光洁程度要求较高，在热处理加热时要注意保护型腔，严格防止表面发生各种缺陷，否则，将给下一步______工序造成困难。

35. 对于一般形状简单、载荷轻的冷冲裁模，可尽量采用成本低的______钢制造，只要热处理工艺适当，完全可以达到使用要求。

36. 为使塑料模成形件或其他摩擦件有高硬度、高耐磨性和高韧性，在工作中不致于脆断，所以要选用渗碳钢制造，并进行渗碳、淬火和______作为最终热处理。

37. 对低淬透性冷作模具钢中，使用最多的就是______和 GCrl5 轴承钢。

38. ______是冷作模具钢的最终热处理中最重要的操作，它对模具的使用性能影响极大。

39. 工序是指一个（或一组）工人在______上对一个（或同时对几个）工件所连续完成的那部分工艺过程。

40. 机械切削加工顺序的安排，应考虑以下几个原则：先粗后精；先主后次；______；先面后孔。

（二）单项选择题

41. 在 AutoCAD 中，将对象在 X、Y、Z 三个方向各移动 15 个单位，第 2 点应输入（　　）。

A. 15,15,15　　B. @15 <45,45　　C. @15 <45 <45　　D. @15,15,15

42. 普通螺纹的基本偏差是（　　）。

A. ES　　B. EI　　C. es　　D. ei

43. 测量端面圆跳动时，指示表测头就应（　　）。

A. 垂直于轴线　　B. 平行于轴线　　C. 倾斜于轴线　　D. 与轴线重合

44. 下列配合代号标注不正确的是（　　）。

A. ϕ60R8/h7　　B. ϕ60H8/K7　　C. ϕ060h7/D9　　D. ϕ60H8/f7

45. 形位公差带的形状决定于（　　）。

A. 公差项目　　B. 被测要素的理想形状、公差项目和标注形状

C. 形位公差的标注　　D. 被测要素的形状

46. 标准推荐平键联接的各表面粗糙度中，其键侧表面粗糙度值 *Ra* 为（　　）。

A. 最大 B. 最大与最小之间 C. 最小 D. 没要求

47. 国家标准规定，花键的定心方式采用（ ）定心。

A. 大径 B. 小径 C. 键宽 D. 键高

48. 滚动轴承外圈与基本偏差为H的外壳孔形成（ ）配合。

A. 间隙 B. 过盈 C. 过渡 D. 间隙或过渡

49. 某轴线对基准中心平面的对称度公差为0.2 mm，则允许该轴线对基准中心平面的偏离量为（ ）mm。

A. 0.1 B. 0.4 C. 0.2 D. 0.12

50. 切削刃与进给运动方向间的夹角是（ ）。

A. 前角 B. 后角 C. 主偏角 D. 刃倾角

51. 计算机能够直接识别和执行的语言是（ ）。

A. 汇编语言 B. 自然语言 C. 机器语言 D. 高级语言

52. 用游标卡尺测量孔的中心距，此测量方法称为（ ）。

A. 直接测量 B. 间接测量 C. 绝对测量 D. 比较测量

53. 测量表面粗糙度参数值时，若图样上无特别注明，而零件上有明显的加工纹理，通常的测量方向与纹理方向关系是（ ）。

A. 平行 B. 45度角 C. 垂直 D. 没要求

54.（ ）测量表面粗糙度的最大优点是能够直接读出表面粗糙度Ra的数值，还能测量平面、轴、孔和圆弧面等各种形状的表面粗糙度。

A. 比较法 B. 光切法 C. 干涉法 D. 针触法

55. 关于量块，正确的论述有（ ）。

A. 量块按几“级”使用，比按“等”使用精度高

B. 量块具有研合性

C. 量块只能作用标准器具进行长度量值传递

D. 量块的形状大多为圆柱体

56. 低变形冷作模具钢是在碳素工具钢基础上加入少量合金元素发展起来的。通常加入的合金元素不包括下列（ ）。

A. Cr B. T C. Mn D. Si

57. 数控机床上有一个机械原点，该点到机床坐标零点在进给坐标轴方向上的距离可以在机床出厂时设定，该点称为（ ）。

A. 工件零点 B. 机床零点 C. 机床参考点 D. 工件参考点

58，切削的三要素有进给量、切削深度和（ ）。

A. 切削厚度 B. 切削速度 C. 进给速度 D. 切削量

59. 按照基准先行的原则安排工艺顺序时，下列工件加工选择正确的是（ ）。

A. 轴类零件先车端面再钻顶尖孔 B. 带轮先车外圆

C. 冷冲模凹模先加工型孔 D. 塑料模先加工型腔

60. 灰铸铁牌号HT200中的200表示的是（ ）

A. 屈服点值 B. 抗拉强度值 C. 疲劳强度值 D. 硬度值

61．两轴的轴心线相交成40度角，应当用（　　）联轴器。

A．齿式　　B．十字滑块　　C．万向　　D．尼龙柱销

62．φ20f6、φ20f7、φ20f8 三个公差带（　　）。

A．上偏差相同且下偏差相同　　B．上偏差相同但下偏差不相同

C．上偏差不相同且下偏差相同　　D．上、下偏差各不相同

63．在加工完毕后对被测零件几何量进行测量，此方法称为（　　）。

A．接触测量　　B．静态测量　　C．综合测量　　D．被动测量

64．高耐热热作模具钢淬火加热温度为990～1020℃。截面小于等于100 mm^2时可采用空冷，截面大于100 mm^2时为（　　），回火温度为370～400℃，回火一次即可。

A．空冷　　B．水冷　　C．炉冷　　D．油冷

65．碳素工具钢若在退火前存在严重的网状渗碳体，则应进行（　　）处理，消除网状渗碳体。

A．正火　　B．淬火　　C．退火　　D．回火

66．量具刃具用钢碳的质量分数为0.8%～1.5%，主要为保证淬硬性及形成合金碳化物的需要，加入合金元素W、Mo、Cr、V，可提高钢的（　　），并形成碳化物，细化晶粒和提高钢的耐磨性。

A．韧性　　B．切削加工性　　C．强度　　D．淬透性

67．根据板料的厚度，冷冲裁模具分为薄板冲裁模和厚板冲裁模。批量较小的厚板冲裁模可选用（　　）。

A．Crl2　　B．9Mn2V　　C．T8A　　D．9SiCr

68．冷冲模的导柱、导套可选择（　　）。

A．Q235　　B．45　　C．T10A　　D．65Mn

69．当制造高精度、超镜面、型腔复杂、大截面的模具，并在大批量生产情况下，可采用超低碳马氏体时效钢，如（　　）。

A．18Ni　　B．Hll　　C．PMS　　D．LD

70．对于以玻璃纤维等硬质材料为填料的塑料成型模，通常可选用（　　）。

A．18Ni　　B．Cr6WV　　C．5CrNiMo　　D．4Cr5MoSiV1

71．生产塑料产品批量较小，精度要求不高、尺寸不大的模具可选用（　　）。

A．45渗碳　　B．20Cr　　C．18Ni　　D．Q235

72．冷作模具钢9Mn2V回火稳定性较差，回火温度在（　　）范围有回火脆性及显著的体积膨胀，应设法预防。

A．100～150℃　　B．150～200℃　　C．200～300℃　　D．300—350℃

73．一般减小刀具的（　　）对减小工件表面粗糙度值效果较明显。

A．前角　　B．副偏角　　C．后角　　D．刃倾角

74．CAD的中文含义是（　　）。

A．计算机辅助设计　　B．计算机辅助制造

C．计算机辅助工程　　D．计算机辅助教学

75．要提高电加工的工件表面质量，应考虑（　　）。

A．使脉冲宽度增大　　B．电流峰值减小

C．单个脉冲能量减大　　D．放电间隙增大

76. 下列（　　）不是影响模具使用寿命的最主要因素。

A. 模具的服役条件　　B. 模具的设计与制造过程

C. 模具的安装使用及维护　　D. 模具操作工的操作水平

77. 在数控铣床上铣一个正方形零件（外轮廓），如果使用的铣刀直径比原来小 1 mm，则计算加工后的正方形尺寸差（　　）。

A. 小 1 mm　　B. 小 0.5 mm　　C. 大 1 mm　　D. 大 0.5 mm

78. 数控机床主轴以 800 r/min 转速正转时，其指令应是（　　）。

A. M03S800　　B. M04S800　　C. M05S800　　D. M06S800

79. 在滚动轴承中，以下各零件不需采用含铬的合金钢为材料的是（　　）。

A. 内圈　　B. 外圈　　C. 滚动体　　D. 保持架

80. 基本偏差代号为 J、K、M 的孔和基本偏差代号为 h 的轴可以构成（　　）。

A. 间隙配合　　B. 间隙或过渡配合　　C. 过渡配合　　D. 过盈配合

81. W18Cr4V 是（　　）的牌号。

A. 碳素工具钢　　B. 合金工具钢　　C. 高速钢　　D. 硬质合金

82. 加工零件时产生表面粗糙度的主要原因是（　　）。

A. 刀具装夹误差　　B. 机床的几何精度　　C. 进给不均匀　　D. 刀痕和振动

83. 冲裁模试冲时产生送料不通畅或条料被卡死的主要原因是（　　）。

A. 凸凹模口不锋利　　B. 两导料板之间的尺寸过小或有斜度

C. 凸模与卸料板之间的间隙小　　D. 条料有毛刺

84. 冲模试冲时，冲压件不平的原因是（　　）。

A. 落料凹模有上口小、下口大的下锥度

B. 级进模中，导正销与预冲孔配合过紧，将工件压出凹陷

C. 侧刃定距不准

D. 凸、凹模配合间隙小

85. 冲裁模试冲时，凹模涨裂的主要原因是（　　）。

A. 刃口不锋利　　B. 凹模孔有反向斜度

C. 冲裁间隙太大　　D. 冲裁间隙不均匀

86. 冲裁模试模中，出现剪切断面的光亮带太宽，甚至出现二次光亮带及毛刺，其主要原因是（　　）。

A. 冲裁间隙太小　　B. 冲裁间隙太大　　C. 冲裁间隙不均匀　　D. 刃口不锋利

87. 被研表面粗糙度随着被研材料硬度的增加可得到改善，所以研磨大都安排在（　　）工序以后进行。

A. 淬火　　B. 回火　　C. 调质　　D. 氮化

88. 抛光不应先从成形零件的（　　）开始。

A. 角部　　B. 边缘　　C. 较难抛的部位　　D. 大平面

89. 型腔经常采用的加工方法是（　　）。

A. 车床上进行车削加工　　B. 立式铣床配合回转式夹具进行铣削加工

C. 用数控铣削或加工中心进行铣削加工　　D. 外圆磨床上完成精加工

90. 由于变形和装配修模的需要，塑料模的型腔经常用（　）或氮化替代淬火。

A. 调质　B. 正火　C. 等温回火　D. 球化退火

91. 浇口套锥孔一般采用专用锥度钻头与锥度铰刀进行加工，也可采用电火花进行加工。并且由于锥孔内壁要求光滑，最后必须经（　）处理。

A. 研磨　B. 氮化　C. 电镀　D. 电火花放电

92. 对于垫块（支撑板）的加工，应保证其上、下面的平行度、粗糙度。故粗加工后，需进行（　）加工。

A. 平面磨削　B. 铣　C. 刨　D. 研磨

93. 塑料模斜导柱孔可在（　）进行配合加工。

A. 零件加工时　B. 模具装配后　C. 滑块加工时　D. 与斜导柱配作

94. 在研磨加工中，最理想的研磨轨迹是（　）。

A. 直线往复式　B. 纵横交错式

C. 与研磨前加工痕迹垂直　D. 与研磨前加工痕迹平行

95. 不属于表面工程技术特点的是（　）。

A. 大幅度降低材料成本　B. 简化模具制造加工工艺

C. 简化模具热处理工艺　D. 生产成本较高

96. 合理限制工件六个自由度的定位称为（　）。

A. 完全定位　B. 不完全定位　C. 过定位　D. 欠定位

97. 选择被加工表面的设计基准为定位基准符合（　）原则。

A. 基准重合　B. 基准统一　C. 自为基准　D. 互为基准

98. 不是研磨用砂纸的是（　）。

A. 氧化铝砂纸　B. 碳化硅砂纸　C. 金刚砂砂纸　D. 氧化硅砂纸

99. 在研磨加工中，精研后的表面粗糙度 Ra 可达（　）μm。

A. 0.016　B. 0.032　C. 0.1　D. 0.008

100. 超声抛光不常采用（　）作磨料。

A. 碳化硅　B. 碳化硼　C. 金刚砂　D. 碳化铝

101. 模具成型表面的最终加工大部分都需要进行研磨和抛光，经抛光后的工件表面粗糙度可达 Ra（　）以下。

A. 0.4 μm　B. 0.8 μm　C. 0.16 μm　D. 1.6 μm

102. 被研表面粗糙度随着被研材料硬度的增加可得到改善，所以研磨大都安排在（　）工序以后进行。

A. 淬火　B. 回火　C. 调质　D. 氮化

103. 经淬火后的钢质零件宜采用（　）加工。

A. 磨削　B. 刨削　C. 车削　D. 铣削

104. 平面磨床磨削上、下平面符合（　）原则。

A. 基准重合　B. 基准统一　C. 自为基准　D. 互为基准

105. 选择（　）作为标准冲模模架的上、下模座和大型模具的基础件，具有良好的吸震性和一定的强度，价格也低。

A. 锻件　B. 铸件　C. 焊接件　D. 铆接件

106. 成型零件研磨时常用的研磨液是（　）。

A. 煤油　B. 透平油　C. 轻质矿物油　D. 10号机油

107. 镶件装入压铸模模板，一般采用（　　）配合。

A. H7/f6　B. H6/h5　C. H7/h6　D. H7/n6

108. 影响极性效应的主要因素有（　）。

A. 峰值电流　B. 电极材料　C. 工件材料的硬度　D. 放电间隙

109. 对于以下冷作模具或热作模具的制造工艺路线不正确的一项是（　　）。

A. 成形模具及电加工冷作模具：锻造—球化退火—机械加工成形+淬火与回火—钳修装配

B. 复杂冷作模具：锻造—球化退火—机械粗加工—高温回火或调质—机械加工成形—钳工装配

C. 锤锻模：下料—锻造—退火—机械粗加工—探伤—成形加工—淬、回火—钳修—抛光

D. 热挤压模：下料—锻造—预先热处理—机械加工—淬、回火—精加工

110. 数控机床的核心是（　　）。

A. 伺服系统　B. 数控系统　C. 反馈系统　D. 传动系统

111. 对有色金属零件的外圆表面加工，当精度要求为IT6、Ra0.4 μm时，它的终了加工方法应该采用（　　）。

A. 精车　B. 精磨　C. 粗磨　D. 研磨

112. 测定淬火钢件的硬度，一般选用（　　）来测试。

A. 布氏硬度计　B. 洛氏硬度计　C. 维氏硬度计　D. A和B两种都可以

113. 以下各选项中能保证传动比恒定的是（　　）。

A. 齿轮传动　B. 链传动　C. 带传动　D. 摩擦轮传动

114. 一对标准直齿圆柱能正确啮合的条件是（　　）。

A. $mn_1 = mn_2$，$\alpha_1 = \alpha_2 = 20^0$　B. $\beta_1 = \beta_2$，$m_1 = m_2$

C. $P_1 = P_2$　D. $Pb_1 = Pb_2$

115. 配合的松紧程度取决于（　）。

A. 基本尺寸　B. 极限尺寸　C. 基本偏差　D. 标准公差

116. 线切割加工3B格式编程时，计数长度应（　　）。

A. 以μm为单位　B. 以mm为单位　C. 写足四位数　D. 写足五位数位数

117. 零件机械加工顺序的安排，一般应遵循（　　）的原则。

A. 先加工基准表面，后加工其他表面　B. 先加工次要表面，后加工主要表面

C. 先加工孔和型腔，后加工平面　D. 先加工孔和型腔，后加工基准表面

118. 在屏幕上用（实时平移）PAN命令将某图形沿X方向及Y方向各移动若干距离，该图形的坐标将（　　）。

A. 在X方向及Y方向均发生变化

B. 在X方向及Y方向均不发生变化

C. 在X方向发生变化，Y方向不发生变化

D. 在Y方向发生变化，X方向不发生变化

119. 开式齿轮传动中，一般不会发生的失效形式为（　　）。

A. 轮齿的点蚀　B. 齿面磨损　C. 轮齿折断　D. 以上三种都不发生

120. 通过切削刃上某一选定点，切于工件加工表面的平面称为（　　）。

A. 切削平面　B. 基面　C. 正交平面　D. 法平面

121. 操作系统的主要功能是（　　）。

A. 实现软、硬件转换　B. 管理计算机的软、硬件资源

C. 把源程序转换成目标程序　D. 进行数据处理

122. 电火花加工冷冲模凹模的优点有（　　）。

A. 可将原来镶拼结构的模具采用整体模具结构

B. 型孔小圆角改用小尖角

C. 刃口反向斜度大

D. 较易加工出高精度的型腔

123. 加工斜线OA，设起点O在切割坐标原点，终点A的坐标为Xa = 10 mm，Ya = 6 mm，其加工程序为（　　）。

A. B10B6B16GXL1　B. B10000B6000BO10000GXL1

C. B10000B6000B0600GYLl　D. B16000B6000B006000GYLl

124. 表面层的残余应力对零件的耐腐蚀性能也有很大的影响，当表面层为残余压应力时，可增强零件的耐腐蚀性能；当表面层为残余拉应力则（　　）零件耐腐蚀性能。

A. 供给　B. 增强　C. 降低　D. 参与

125. 硬质合金刀片是采用（　　）方法生产的。

A. 粉末冶金　B. 自由锻　C. 铸造　D. 钎焊

126. 中等中心距的V带张紧程度，是以拇指能按下（　　）左右为合适。

A. 5 mm　B. 10 mm　C. 15 mm　D. 20 mm

127. 标准齿轮压力角 $\alpha < 20^0$ 的部位在（　　）。

A. 分度圆以外　B. 分度圆　C. 分度圆内　D. 基圆内

128. 下列加工方法所能达到的精度等级不符合实际的是（　　）。

A. 车可以达到7~11级　B. 铣可以达到8~11级

C. 磨可以达到5~8级　D. 钻可以达到6~11级

129. 为提高电火花加工的生产率应采取的措施不合理的是（　　）。

A. 减小单个脉冲能量　B. 提高脉冲频率

C. 增加单个脉冲能量　D. 合理选用电极材料

130. 加工中心与数控铣床的主要区别是（　　）。

A. 数控系统复杂程度不同　B. 机床精度不同

C. 有无自动换刀系统　D. 可加工工件复杂程度不同

131. 影响已加工表面的表面粗糙度大小的刀具几何角度主要是（　　）。

A. 前角　B. 后角　C. 主偏角　D. 副偏角

132. 为完成一定的工序部分，一次装夹工件后，工件与夹具或设备的可动部分所占据的每一位置称为（　　）。

A. 工步　　B. 工序　　C. 工位　　D. 装夹

133. 一般认为，当钢的硬度为（　　）范围时，切削加工性能最好。

A. 80～160HBS　　B. 170～230HBS　　C. 230～360HBS　　D. 380～420HBS

134. 曲柄摇杆机构中死点位置产生的根本原因是（　　）。

A. 摇杆为主动体

B. 从动件运动不正确或卡死

C. 施与从动件的力的作用线通过从动件的转轴轴心

D. 没有在曲柄上装一飞轮

135. 下列（　　）不属于切削液的作用。

A. 冷却　　B. 润滑　　C. 防锈　　D. 过滤

136. 导套材料为40钢，要求硬度为HRC58～62，内圆精度为IT7级，Ra为0.2 μm，则内孔加工方案可选（　　）。

A. 钻孔—镗孔—粗磨—精磨—研磨　　B. 钻孔—扩孔—精铰

C. 钻孔—拉孔　　D. 钻孔—扩孔—镗孔

137. 按安全装置的使用功能不同，安全装置可分为（　　）。

A. 安全保护装置　　B. 安全保护装置和安全控制装置

C. 主动安全保护和被动安全保护装置　　D. 安全监测装置

138. 电火花加工时，工作液面要高于工件（　　）mm。

A. 5～10　　B. 10～20　　C. 20～30　　D. 30～100

139. 在安装冲模时要先检查压力机的打料装置，应将其暂时调整到（　　），以免调整压力机闭合高度时折弯。

A. 最高位置　　B. 最低位置　　C. 中间位置　　D. 2/3 位置

140. 在热处理作业中，为防止发生爆炸，可控制易燃成分气体占总量的比例低于（　　）。

A. 5%　　B. 10%　　C. 20%　　D. 30%

（三）判断题

141. （　　）图纸幅面代号A3的幅面尺寸B×L为210×297 mm。

142. （　　）基准是指零件在机器中或在加工及测量时，用以确定其位置的一些点、线或面。

143. （　　）剖面图主要用来表达机件个别部分断面的结构形状。

144. （　　）局部剖视图在局部剖切后，机件断裂处的轮廓线用波浪线表示。

145. （　　）零件向基本投影面投影所得的视图称为基本视图，基本视图共有八个。

146. （　　）为便于读图，剖视图一般应进行标注，标注的内容可以省略的是剖切线。

147. （　　）任何组件的组合均可构成机构。

148. （　　）当机构的极位夹角 $\theta=0^0$ 时，机构无急回特性。

149. （　　）凸轮基圆半径是凸轮实际轮廓线上的最小回转半径。

150. （　　）转轴在工作中既承受弯曲作用，又传递转矩。

151. （　　）互换性要求零件按一个指定的尺寸制造。

152. (　　) 尺寸偏差可为正值、负值或零；而公差只能是正值或零。
153. (　　) 螺纹的公差等级越高，螺纹精度也越高。
154. (　　) 为使零件的几何参数具有互换性，必须把零件的加工误差控制在给定的公差范围内。
155. (　　) 基孔制就是孔的精度一定，通过改变轴的精度来获得不同配合的制度。
156. (　　) 位置度公差就是位置公差的简称，故位置度公差可以控制所有的位置误差。
157. (　　) Rz 参数由于是接触测量，因此在反映微观几何形状高度方面特性不如 Ra 参数充分。
158. (　　) 游标量具是利用游标原理进行读数的量具。
159. (　　) 压力角越小，则机构传力性能越好。
160. (　　) 可通过提高带轮工作表面粗糙度方法来提高其传动能力。
161. (　　) 退火时常在空气中冷却，正火时常采用随炉冷却方式。
162. (　　) 运动副中齿轮副属于低副。
163. (　　) 最小条件是评定形状误差的基本原则，其评定的数据不仅最小，而且是唯一的。
164. (　　) 千分尺的分度值为 0.01 mm。
165. (　　) 量块按“等”使用时，是以实际中心长度作为工作尺寸的。
166. (　　) 对于孔来说，最大实体尺寸即是最大极限尺寸。
167. (　　) 基本尺寸是设计时给定的，因此，零件的实际尺寸越接近基本尺寸，则其精度越高。
168. (　　) 加工孔径大于 60 mm 以上时，常采用镗孔方法进行。
169. (　　) ϕ40H7/k6 与 ϕ40K7/h6 配合性质相同。
170. (　　) 内径百分表是一种用相对测量法测量孔径的常用量仪。
171. (　　) 机铰刀的校准部分是前大后小呈倒圆锥形。
172. (　　) 攻制左旋螺纹时，只要将一般右旋丝锥左旋攻入即可。
173. (　　) 套螺纹前的圆杆直径等于螺纹大径。
174. (　　) 在空间直角坐标系中，刚体具有六个自由度。
175. (　　) 实际尺寸正好等于基本尺寸的工件一定合格。
176. (　　) 零件的尺寸偏差越大精度越低。
177. (　　) AutoCAD 中可以在不同的图层上绘制不同的对象。
178. (　　) AutoCAD 中图层能够控制图形的颜色、线条宽度及线型等属性。
179. (　　) AutoCAD 中，捕捉使光标只能停留在图形中的指定的点上。
180. (　　) 工件定位的实质就是使工件在夹具中占据确定的位置。
181. (　　) 工序基准和定位基准不重合引起的误差称为基准位置误差。
182. (　　) 夹紧力的作用点应选在工件刚度较高的部位。
183. (　　) 定位误差与切削过程无关。
184. (　　) 特殊工件划线时，合理选择划线基准、安放位置和找正面，是做好划线工作的关键。

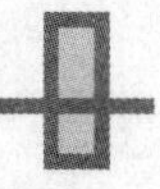

185.（　　）组成模具装配尺寸链的各个尺寸称为环，按装配顺序间接获得的尺寸称为增环。

186.（　　）钻精孔时应选用润滑性较好的切削液。因钻精孔时除了冷却外，更重要的是需要良好的润滑。

187.（　　）热作模具钢含碳量属于低碳范围，以保证足够的强度、韧性和一定的硬度。

188.（　　）高温回火一般用于热作模具，在500～600 ℃范围内进行，其目的是获得高的强度和良好的韧性，并有稳定的组织和性能。

189.（　　）当起动机器时，要严格实行检查、发信号、起动三个步骤。而停机时，可不要实行发信号、停止、检查三个步骤。

190.（　　）生产上模具失效一般是指模具的零件损坏后无法修理再使用。

191.（　　）工序是一个或一组工人，在一个工作地点对同一个或同时对几个工件进行加工所连续完成的那一部分工艺过程。

192.（　　）工步是组成工艺过程的基本单元，又是生产计划和经济核算的基本单元。

193.（　　）采用工件做轨迹运动磨削法对异形凸模进行成形磨削，被磨削表面的尺寸是通过比较测量法进行测量的。

194.（　　）模具制造工艺规程是组织、指导、控制和管理每副模具制造全过程，具有企业法规性，不能随意删改，若删改须通过正常修改、变更批准程序进行。

195.（　　）特种工艺加工，主要是指采用电火花加工、电解加工、挤压、精密铸造、电铸型腔、数控铣等成形方法。

196.（　　）通过分析产品零件图及装配图，可以了解零件在产品结构中的功用和装配关系，从加工的角度出发对零件的技术要求进行审查。

197.（　　）在工序图上用来确定本工序被加工表面加工后的尺寸、形状、位置的基准称为工序基准。

198.（　　）若要保证某加工表面的切削余量均匀，应选择该表面作粗基准。

199.（　　）冲裁零件产生毛刺过大的原因可能是间隙偏大、偏小或不均匀。

200.（　　）用多电极更换加工法加工出的型腔成形精度低，不适用于加工尖角、窄缝多的刑腔。

201.（　　）通常铣床夹具分为三类：直线进给式、圆周进给式以及靠模铣床夹具。其中，圆周进给式铣床夹具用得最多。

202.（　　）两顶尖加工轴类零件时，可限制工件的五个自由度。

203.（　　）电解加工是利用金属在电解液中发生电化学阳极溶解的原理，将工件加工成形的一种工艺方法。

204.（　　）电解加工时工具电极接直流稳压电源（6～24V）的阳极，工件接阴极。

205.（　　）电铸加工是利用金属的电解溶解，翻制金属制品的工艺方法。

206.（　　）凡是金属材料制作的原模，在电铸前需要进行表面钝化处理，使金属原模表面形成一层钝化，以便电铸后易于脱模（一般用重铬酸盐溶液处理）。

207.（　　）型腔电火花加工常用的电极材料有碳钢和石墨。

208.（　　）电火花加工型腔模的主要方法有单电极平动法、多电极更换加工法、分解电极加工法。

209.（　）放电加工时，脉冲宽度及脉冲能量越大，则放电间隙越小。

210.（　）目前线切割加工时应用较普遍的工作液是煤油。

211.（　）电火花线切割加工凸模时，电极丝的中心轨迹应在要求加工图形的内侧。

212.（　）坐标镗床镗孔系，首先应将各孔间的尺寸，转化为直角坐标上的尺寸，然后按坐标依次加工各孔。

213.（　）镗削加工一般采用“先孔后面”的工艺流程。

214.（　）用镗床加工工件，应根据工件图样、工艺要求和精度等级选用适当的加工方法。

215.（　）镗削箱体零件，如果图样的尺寸是用极坐标标注的，应按极坐标尺寸加工。

216.（　）在单件、小批和成批生产箱体零件中。已普遍采用加工中心进行加工，并且生产效率高、精度较高。

217.（　）圆周分度孔系是指平面上、圆柱面上、圆锥面上及圆弧面上的等分孔。

218.（　）大型圆弧面上圆周分度孔的加工，一般可用转台和简单工具进行加工。

219.（　）铰削不锈钢，粗铰余量一般为 0.2 ~ 0.3 mm，精铰余量为 0.1 ~ 0.2 mm。

220.（　）对刀具寿命长短影响最大的是刀具材料，其次是切削用量。

（四）简答题

221. 电火花加工的物理过程分为哪几个阶段？

222. 简述制订模具工艺规程的基本步骤。

223. 电火花线切割机床的加工过程及原理？

224. 选择精基准的原则有哪些？

225. 电火花线切割加工中出现断丝的可能原因及排除方法有哪些？

226. 工件的安装方式有哪几种？各适用什么场合？

227. 排气孔的确定原则有哪些？

228. 在模具零件加工中，如何合理安排检验工序？

229. 通用测量器具有哪几种类型？

230. 控制和调整模具间隙（壁厚）的常用工艺方法有哪几种？

231. 产生测量误差的原因有哪几方面？

232. 简述研磨加工的工作原理。

233. 如何选择基准制？

234. 模具钳工应具备哪些基本技能和基本专业知识？

（五）论述题

235. 如图 5-2 所示，在普通设备上加工一小型心轴，现确定毛坯为 $\phi50 \times 138$ 的 45 钢棒料。试编制零件的加工工艺（写出具体的加工内容）。

236. 如图 5-3 所示，在普通设备上加工一小型心轴，现确定毛坯为 $\phi35 \times 103$ 的 45 钢棒料。试编制零件的加工工艺（写出具体的加工内容）。

237. 如图 5-4 所示，在普通设备上加工一小型心轴，现确定毛坯为 $\phi35 \times 123$ 的 45 钢棒料。试编制零件的加工工艺（写出具体的加工内容）。

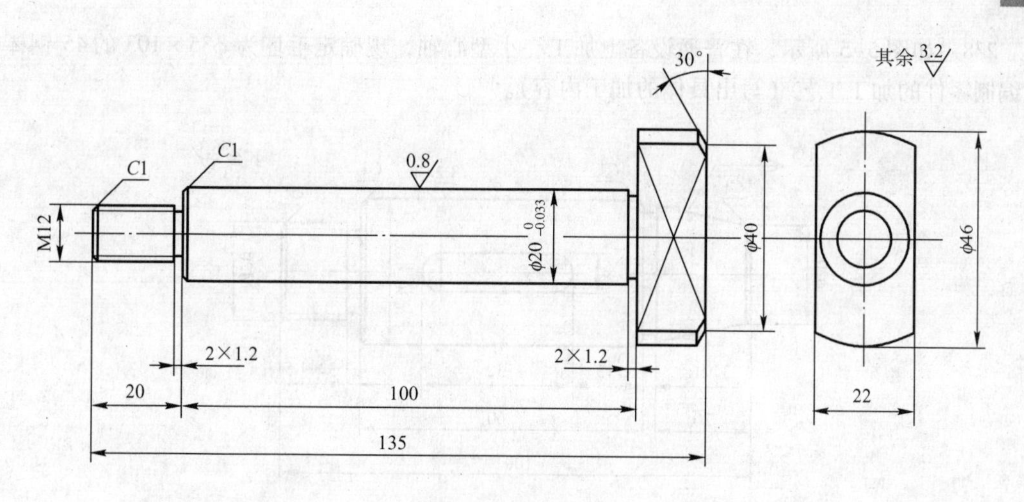

图 5-2　题 235 图

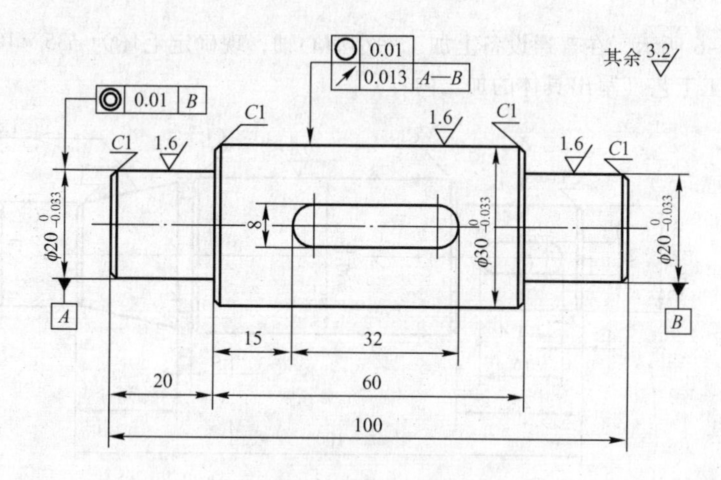

图 5-3　题 236 图

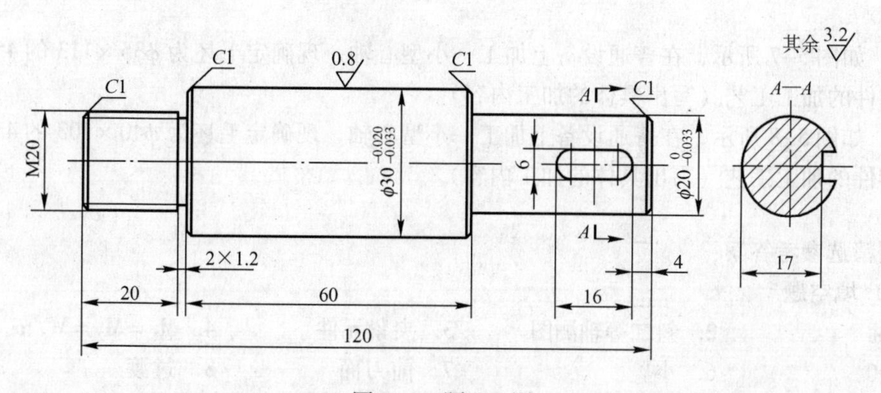

图 5-4　题 237 图

238．如图5-5所示，在普通设备上加工一小型心轴，现确定毛坯为$\phi35\times103$的45钢棒料。试编制零件的加工工艺（写出具体的加工内容）。

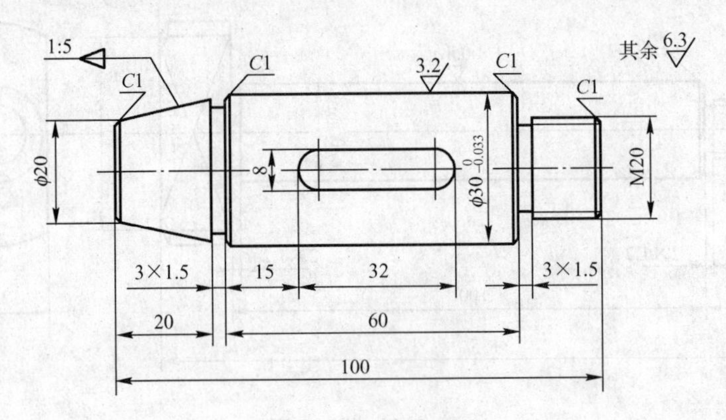

图5-5　题238图

239．如图5-6所示，在普通设备上加工一小型心轴，现确定毛坯为$\phi35\times103$的45钢棒料。试编制零件的加工工艺（写出具体的加工内容）。

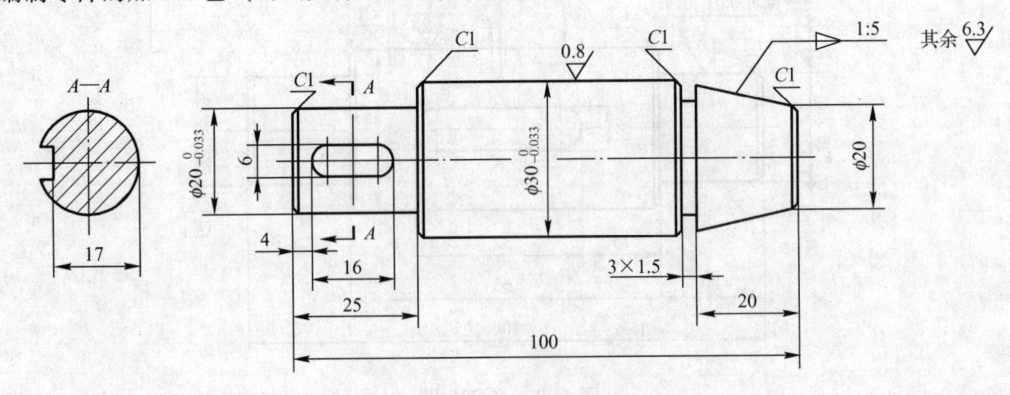

图5-6　题239图

240．如图5-7所示，在普通设备上加工一小型心轴，现确定毛坯为$\phi35\times113$的45钢棒料。试编制零件的加工工艺（写出具体的加工内容）。

241．如图5-8所示，在普通设备上加工一小型心轴，现确定毛坯为$\phi40\times103$的45钢棒料。试编制零件的加工工艺（写出具体的加工内容）。

试题精选参考答案：

（一）填空题

1．油　　2．斜二等轴测图　　3．夹紧元件　　4．$M_1=M_2=M$，$\alpha_1=\alpha_2=\alpha$

5．90　　6．小　　7．前刀面　　8．过渡

9．点划　　10．相反　　11．CPU　　12．基孔

13．交集　　14．Ra　　15．修配　　16．h

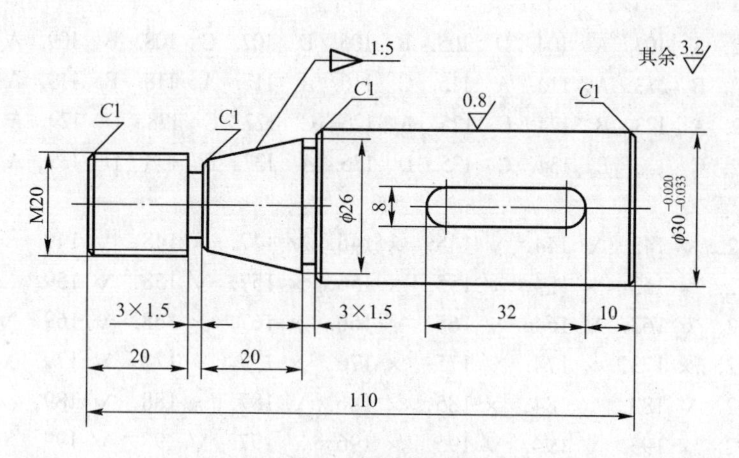

图 5-7　题 240 图

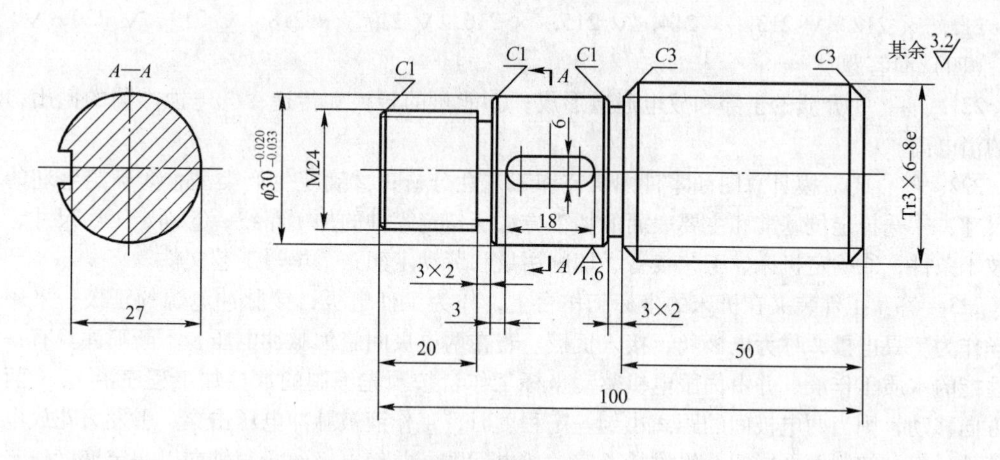

图 5-8　题 241 图

17. 模具装配图　18. 修配法和调整法　19. 5 ~ 10　20. 电镀法
21. 工艺定位器　22. 直接引钻法　23. 导向系统调整　24. H6/h5
25. 小　26. 凸、凹模刃口及间隙调整　27. 1.6 ~ 0.8　28. 正负电极
29. 整体式电极　30. 正极　31. 小　32. 高碳高铬钢
33. 耐热　34. 抛光　35. 碳素工具　36. 低温回火
37. 碳素工具钢　38. 淬火　39. 一台固定的机床（或一个固定的工作地点）
40. 基面先加工

（二）单项选择题

41. D　42. C　43. B　44. C　45. B　46. C　47. B　48. B　49. A　50. C
51. C　52. B　53. C　54. D　55. B　56. B　57. C　58. B　59. A　60. B
61. C　62. B　63. D　64. D　65. A　66. D　67. D　68. A　69. A　70. B
71. A　72. C　73. C　74. A　75. B　76. D　77. C　78. A　79. D　80. C
81. C　82. B　83. B　84. B　85. D　86. A　87. A　88. D　89. C　90. A
91. A　92. A　93. B　94. B　95. D　96. A　97. B　98. D　99. D　100. D

101. A 102. A 103. A 104. D 105. B 106. D 107. C 108. B 109. A 110. B
111. A 112. B 113. A 114. A 115. C 116. A 117. A 118. B 119. A 120. A
121. B 122. A 123. B 124. C 125. A 126. C 127. C 128. D 129. A 130. C
131. D 132. C 133. B 134. C 135. D 136. A 137. B 138. D 139，A 140. A

（三）判断题

141. × 142. √ 143. √ 144. √ 145. × 146. √ 147. × 148. √ 149. × 150. √
151. × 152. × 153. × 154. √ 155. × 156. × 157. √ 158. √ 159. √ 160. ×
161. × 162. √ 163. √ 164. √ 165. √ 166. × 167. × 168. √ 169. √ 170. √
171. × 172. × 173. × 174. √ 175. × 176. × 177. √ 178. √ 179. √ 180. √
181. × 182. √ 183. √ 184. × 185. × 186. √ 187. × 188. √ 189. × 190. ×
191. √ 192. × 193. √ 194. √ 195. × 196. √ 197. √ 198. √ 199. √ 200. ×
201. × 202. √ 203. √ 204. × 205. × 206. × 207. × 208. √ 209. × 210. ×
211. × 212. √ 213. × 214. √ 215. × 216. √ 217. × 218. √ 219，√ 220. √

（四）简答题

221. 答：①介质的击穿和放电通道形成；②能量的转换和传递；③电蚀产物的抛出；④介质的消电离。

222. 答：①对模具总图和零件图研究和工艺性分析；②确定生产类型；③确定毛坯的种类和尺寸；④选择定位基准和主要表面的加工方法，拟定零件的加工路线；⑤确定工序尺寸、公差和技术条件；⑥确定机床、工艺装备、切削用量和劳动定额；⑦填写工艺文件。

223. 答：工件装夹在机床的坐标工作台上，作为工件电极，接脉冲电源的正极；采用细金属丝作为工具电极，称为电极丝，接入负极。若在两电极间施加脉冲电压，不断喷注具有一定绝缘性能的水质工作液，并由伺服电机驱动坐标工作台按预先编制的数控加工程序沿 x、y 两个坐标方向移动，则当两电极间的距离小到一定程度时，工作液被脉冲电压击穿，引发火花放电，蚀除工件材料。控制两电极间始终维持一定的放电间隙，并使电极丝沿其轴向以一定速度作走丝运动，避免电极丝因放电总发生在局部位置而被烧断，即可实现电极丝沿工件预定轨迹边蚀除、边进给，逐步将工件切割加工成形。

224. 答：①基准重合原则：尽量使设计基准和工艺基准重合；②基准统一原则：尽量在多工序加工中采用同一组定位基准；③自为基准原则：精加工和光整加工尽量原表面为基准；④定位基准的选择还要便于工件的安装和加工，并使夹具结构简单。

225. 答：可能原因：①电参数选择不当，调节进给不稳定；②工作液使用不当，错选工作液或浓度不合适，使用时间太长，太脏；③加工厚工件时，脉冲参数选择不当，排屑差；④钼丝直径选择不当。

排除方法：①合理选择电参数，稳定进给调节；②定期更换和选用专用工作液；③选用合适的脉冲参数，适当增加脉冲间隔：④按说明书要求使用钼丝。

226. 答：①直接找正法：单件、小批量生产的精加工中使用。②划线找正法：批量较小的毛坯粗加工中使用。③采用夹具安装，成批或大量生产中广泛采用。

227. 答：①排气孔应安排在工具电极端面的内凹形部位的上端，为避免有害气休聚积在电极的中空部位，必须在电极上朝上钻孔，确保有害气体的自然排放；②排气孔应安排在工具电极

端面的拐角、窄缝、沟槽等处。因这些部位极容易存渣、存气，不利于稳定加工，容易产生拉弧、烧伤；③排气孔的直径一般为 $\phi1\sim2$ mm，若直径过大，则加工之后残留的突起太大，给善后清理造成困难，若直径过小则起不到应有的作用，不利于排渣与排气；④排气孔的上端扩大到 $\phi5\sim8$ mm 左右，其位置要适当错开可减少“波纹”的形成。数量的多少要根据具体情况而定。

228. 答：检验工序应安排在：①粗加工全部结束后，精加工之前；②零件从一个车间转到另一个车间前后；③重要工序加工的前后；④特种性能检验之前；⑤零件加工完毕，进入装配和成品库时。

229. 答：游标量具；微动螺旋量具；机械量仪；光学量仪；气动量仪；电动量仪。

230. 答：控制和调整冲裁模凸、凹模间隙常用的方法主要有垫片法、透光法、电镀法、镀层法、腐蚀法、工艺尺寸法、工艺定位器法等。

231. 答：测量器具误差；基准件误差；温度误差；测量力误差；读数误差。

232. 答：研磨是使用研具、游离磨料对被加工表面进行微量加工的精密加工方法。在被加工表面和研具之间置以游离磨料和润滑剂，使加工表面和研具产生相对运动，并施加一定的压力，通过磨料来去除零件表面的突起处，从而提高表面精度、降低表面粗糙度。抛光是一种比研磨切削更微小的加工，抛光使用比研磨更软的研具，其作用是进一步降低粗糙度，获得光滑的表面；抛光不能改变零件的形状和位置精度。

233. 答：选择基准制时应从工艺、结构和经济等方面综合考虑。①优先采用基孔制，减少刀具、量具的规格；②采用冷拔光轴、与标准件配合时，基准制的选择依据标准件而定；某些结构需要采用基轴制较为经济合理；③采用混合配合。

234. 略

（五）论述题

235.

工序号	工种	工序内容	设备
1	车	车端面及钻中心孔	车床
		一夹一顶车 M12 外圆至 $\phi11.8\times20$ 后套螺纹 M12，$\phi20$ 外圆至 $\phi20.4\times100$、二处落刀槽 2×1.2、二处倒角 $C1$	
		调头车端面至总长 135 及钻中心孔，一夹一顶车 $\phi46$、$\phi40\times30°$	
2	检		
3	铣	铣平面，控制厚度 22 mm	铣床
4	检		
5	钳	去毛刺	钳工台
6	检		
7	磨	研修中心孔后二顶尖装夹，磨外圆 $\phi20$ 至尺寸	外圆磨床
8	检		

236.

工序号	工种	工序内容	设备
1	车	车端面及钻中心孔 一夹一顶车外圆 $\phi20$ 至 $\phi20.4\times20$ 和 $\phi30$ 至 $\phi30.4\times60$ 及二处倒角 $1\times45°$ 调头车端面至总长 100 及钻中心孔，一夹一顶车外圆 $\phi20$ 至 $\phi20.4\times20$、二处倒角 $C1$	车床
2	检		
3	铣	铣槽 8×32 至尺寸	铣床
4	检		
5	钳	去毛刺	钳工台
6	检		
7	磨	研修中心孔后二顶尖装夹，磨 $\phi30$ 和 $2\times\phi20$ 外圆至尺寸	外圆磨床
8	检		

237.

工序号	工种	工序内容	设备
1	车	车端面及钻中心孔 一夹一顶粗精车外圆 $\phi20\times38$ 至尺寸，车 $\phi30$ 至 $\phi30.4\times60$ 及二处倒角 $C1$ 调头车端面至总长 120 及钻中心孔，一夹一顶车落刀槽 2×1.2、M20 $\times20$、二处倒角 $C1$	车床
2	检		
3	铣	铣键槽 6×16 至尺寸	铣床
4	检		
5	钳	去毛刺	钳工台
6	检		
7	磨	研修中心孔后二顶尖装夹，磨外圆 $\phi30$ 至尺寸	外圆磨床
8	检		

238.

工序号	工种	工序内容	设备
1	车	车端面及钻中心孔 一夹一顶粗精车外圆 $\phi30\times60$ 至尺寸，车 1∶5 圆锥面 $\phi20\times20$、落刀槽 3×1.5 及二处倒角 $C1$ 调头车端面至总长 100，车落刀槽 3×1.5、M20 $\times14$ 及二处倒角 $C1$	车床
2	检		
3	铣	铣槽 8×32 至尺寸	铣床
4	检		
5	钳	去毛刺	钳工台
6	检		

239.

工序号	工种	工序内容	设备
1	车	车端面及钻中心孔 一夹一顶车外圆 $\phi30$ 至 $\phi30.4\times52$，车 1：5 的圆锥面 $\phi20\times20$、落刀槽 3×1.5 及二处倒角 $C1$ 调头车端面至总长 100 及钻中心孔，一夹一顶粗精车外圆 $\phi20\times25$ 至尺寸及二处倒角 $C1$	车床
2	检		
3	铣	铣键槽 6×16 至尺寸	铣床
4	检		
5	钳	去毛刺	钳工台
6	检		
7	磨	研修中心孔后二顶尖装夹，磨外圆 $\phi30$ 至尺寸	外圆磨床
8	检		

240.

工序号	工种	工序内容	设备
1	车	车端面及钻中心孔 一夹一顶车外圆 $\phi30$ 至 $\phi30.4\times54$ 调头车端面至总长 110 及钻中心孔，一夹一顶车 1:5 圆锥面 $\phi26\times20$、二处落刀槽 3×1.5、三处倒角 $C1$ 及 $M20\times20$	车床
2	检		
3	铣	铣槽 8×32 至尺寸	铣床
4	检		
5	钳	去毛刺	钳工台
6	检		
7	磨	研修中心孔后二顶尖装夹，磨外圆 $\phi30$ 至尺寸	外圆磨床
8	检		

241.

工序号	工种	工序内容	设备
1	车	车端面及钻中心孔 一夹一顶车外圆 $\phi30$ 至 $\phi30.4\times30$、二处落刀槽 3×2、三处倒角 $C1$、一处 $C3$ 及车螺纹 $M24\times20$ 调头车端面至总长 100 及钻中心孔，一夹一顶粗精车梯形螺纹 Tr36×6－8e 至尺寸、倒角 $C3$	车床
2	检		
3	磨	研修中心孔后二顶尖装夹，磨外圆 $\phi30$ 至尺寸	外圆磨床
4	检		
5	铣	铣键槽 6×18 至尺寸	铣床
6	检		
7	钳	去毛刺	钳工台
8	检		

Ⅳ 模具制造工理论知识考试模拟（四级）

模具制造工理论知识试卷

注 意 事 项

1. 考试时间：120 分钟。

2. 请首先按要求在试卷的标封处填写您的姓名、准考证号和所在单位的名称。

3. 请仔细阅读各种题目的回答要求，在规定的位置填写您的答案。

4. 不要在试卷上乱写乱画，不要在标封区填写无关的内容。

一	二	三	四	五	总分	统分人
得分						

得 分	
评分人	

（一）填空题（第 1 ~ 20 题。请将正确答案填入题内空白处。每题 1 分，共 20 分。）

1. 水和油是常用的淬火介质，适合合金钢的介质是________。

2. 夹紧机构由夹紧动力、中间传动机构和________三部分组成。

3. 死点位置即压力角为________度时的位置。

4. 车刀的前角是________和基面之间的夹角。

5. 制图中，分度圆和分度线用________线绘制。

6. 在微型计算机系统中，指挥并协调计算机各部件工作的设备是________。

7. 布尔运算是一种关系描述系统，可以用于说明将一个或多个基本实体合并为统一实体时各组成部分的构成关系，它有并集、差集和________三种操作方式。

8. 在装配时允许用补充机械加工或钳工修刮办法来获得所需的精度，称为________法。

9. ________和验收技术条件是模具装配和制订模具装配工艺规程的主要依据。

10. 钳工划线按加工作用的不同一般可分为加工线、证明线和找正线三种，一般情况下，证明线离加工线为________ mm。

11. 在塑料模具的装配工艺中，通常采用________和测量法来控制和调整间隙，以保证模具型腔壁厚符合设计要求。

12. 冲裁模调试的要点是：凸凹模刃口及其间隙的调整、定位装置的调整、卸料系统的调整、________。

13. 根据研磨工作原理，研具材料的组织要均匀细小，有较高的稳定性和耐磨性，工作面的硬度比工件的硬度要________，并具有很好的吸附和嵌存磨料的性能。

14. 抛光是零件的最后一道精加工工序，抛光的基面应有较高的粗糙度要求，一般应达到 Ra

________以上。

15. 常用的电极结构有________、组合电极、镶拼式电极。

16. 精规准用来进行精加工，多采用较________电流峰值。

17. 对于塑料模具材料的基本使用性能要求是：足够的强度和钢度，良好的耐磨性和耐腐蚀性，足够的韧性，较好的________性能和尺寸稳定性，良好的导热性等。

18. 对于一般形状简单、载荷轻的冷冲裁模，可尽量采用成本低的________钢制造，只要热处理工艺适当，完全可以达到使用要求。

19. 对低淬透性冷作模具钢中，使用最多的就是________和 GCrl5 轴承钢。

20. 工序是指一个（或一组）工人在________上对一个（或同时对几个）工件所连续完成的那部分工艺过程。

得　分	
评分人	

（二）选择题（第 21 ~ 35 题。请选择一个正确答案，将相应字母填入括号内。每题 2 分，共 30 分。）

21. 普通螺纹的基本偏差是（　　）。

A. ES　　B. EI　　C. es　　D. ei

22. 计算机能够直接识别和执行的语言是（　　）。

A. 汇编语言　　B. 自然语言　　C. 机器语言　　D. 高级语言

23. 两轴的轴心线相交成 40 度角，应当用（　　）联轴器。

A. 齿式　　B. 十字滑块　　C. 万向　　D. 尼龙柱销

24. 生产塑料产品批量较小，精度要求不高、尺寸不大的模具可选用（　　）。

A. 45 渗碳　　B. 20Cr　　C. 18Ni　　D. Q235

25. W18Cr4V 是（　　）的牌号。

A. 碳素工具钢　　B. 合金工具钢　　C. 高速钢　　D. 硬质合金

26. 浇口套锥孔一般采用专用锥度钻头与锥度铰刀进行加工，也可采用电火花进行加工。并且由于锥孔内壁要求光滑，最后必须经（　　）处理。

A. 研磨　　B. 氮化　　C. 电镀　　D. 电火花放电

27. 对于垫块（支撑板）的加工，应保证其上、下面的平行度、粗糙度。故粗加工后，需进行（　　）加工。

A. 平面磨削　　B. 铣　　C. 刨　　D. 研磨

28. 模具成形表面的最终加工，大部分都需要进行研磨和抛光。经抛光后的工件表面粗糙度可达 Ra（　　）以下。

A. 0.4μm　　B. 0.8μm　　C. 0.16μm　　D. 1.6μm

29. 被研表面粗糙度随着被研材料硬度的增加可得到改善，所以研磨大都安排在（　　）工序以后进行。

A. 淬火　　B. 回火　　C. 调质　　D. 氮化

30. 对有色金属零件的外圆表面加工，当精度要求为IT6，Ra0.4μm时，它的终了加工方法应该采用（　　）。

A. 精车　　B. 精磨　　C. 粗磨　　D. 研磨

31. 测定淬火钢件的硬度，一般选用（　　）来测试。

A. 布氏硬度计　B. 洛氏硬度计　C. 维氏硬度计　D. A和B两种都可以

32. 操作系统的主要功能是（　　）。

A. 实现软、硬件转换　　B. 管理计算机的软、硬件资源

C. 把源程序转换成目标程序　　D. 进行数据处理

33. 电火花加工冷冲模凹模的优点有（　　）。

A. 可将原来镶拼结构的模具采用整体模具结构　　B. 型孔小圆角改用小尖角

C. 刃口反向斜度大　　D. 较易加工出高精度的型腔

34. 影响已加工表面的表面粗糙度大小的刀具几何角度主要是（　　）。

A. 前角　　B. 后角　　C. 主偏角　　D. 副偏角

35. 为完成一定的工序部分，一次装夹工件后，工件与夹具或设备的可动部分所占据的每一位置称为（　　）。

A. 工步　　B. 工序　　C. 工位　　D. 装夹

得　分	
评分人	

（三）判断题（第36～65题。请将判断结果填入括号中，正确的填“√”，错误的填“×”。每题1分，共30分。）

36.（　　）图纸幅面代号A3的幅面尺寸B×L为210×297mm。

37.（　　）基准是指零件在机器中或在加工及测量时，用以确定其位置的一些点、线或面。

38.（　　）剖面图主要用来表达机件个别部分断面的结构形状。

39.（　　）局部剖视图在局部剖切后，机件断裂处的轮廓线用波浪线表示。

40.（　　）互换性要求零件按一个指定的尺寸制造。

41.（　　）尺寸偏差可为正值、负值或零；而公差只能是正值或零。

42.（　　）螺纹的公差等级越高，螺纹精度也越高。

43.（　　）为使零件的几何参数具有互换性，必须把零件的加工误差控制在给定的公差范围内。

44.（　　）退火时常在空气中冷却，正火时常采用随炉冷却方式。

45.（　　）运动副中齿轮副属于低副。

46.（　　）最小条件是评定形状误差的基本原则，其评定的数据不仅最小，而且是唯一的。

47.（　　）千分尺的分度值为0.01mm。

48.（　　）机铰刀的校准部分是前大后小呈倒圆锥形。

49.（　　）攻制左旋螺纹时，只要将一般右旋丝锥左旋攻入即可。

50.（　　）套螺纹前的圆杆直径等于螺纹大径。

51.（　　）在空间直角坐标系中，刚体具有六个自由度。

52.（　　）工序基准和定位基准不重合引起的误差称为基准位置误差。

53.（　　）夹紧力的作用点应选在工件刚度较高的部位。

54.（　　）定位误差与切削过程无关。

55.（　　）特殊工件划线时，合理选择划线基准、安放位置和找正面，是做好划线工作的关键。

56.（　　）工序是一个或一组工人，在一个工作地点对同一个或同时对几个工件进行加工所连续完成的那一部分工艺过程。

57.（　　）工步是组成工艺过程的基本单元，又是生产计划和经济核算的基本单元。

58.（　　）采用工件做轨迹运动磨削法对异形凸模进行成形磨削，被磨削表面的尺寸是通过比较测量法进行测量的。

59.（　　）模具制造工艺规程是组织、指导、控制和管理每副模具制造全过程，具有企业法规性，不能随意删改，若删改须通过正常修改、变更批准程序进行。

60.（　　）通常铣床夹具分为三类：直线进给式、圆周进给式以及靠模铣床夹具。其中，圆周进给式铣床夹具用得最多。

61.（　　）两顶尖加工轴类零件时，可限制工件的五个自由度。

62.（　　）电解加工是利用金属在电解液中发生电化学阳极溶解的原理，将工件加工成形的一种工艺方法。

63.（　　）电解加工时工具电极接直流稳压电源（6～24V）的阳极，工件接阴极。

64.（　　）电火花线切割加工凸模时，电极丝的中心轨迹应在要求加工图形的内侧。

65.（　　）坐标镗床镗孔系，首先应将各孔间的尺寸，转化为直角坐标上的尺寸，然后按坐标依次加工各孔。

得　分	
评分人	

（四）简答题（第66～67题。每题5分，共10分。）

66. 简述制订模具工艺规程的基本步骤。

67. 如何选择基准制？

得　分	
评分人	

（五）论述题（第 68 题。每题 10 分，共 10 分。）

68. 如图 5－9 所示在普通设备上加工一小型心轴，现确定毛坯为 ϕ40 × 103 的 45 钢棒料。试编制零件的加工工艺（写出具体的加工内容）。

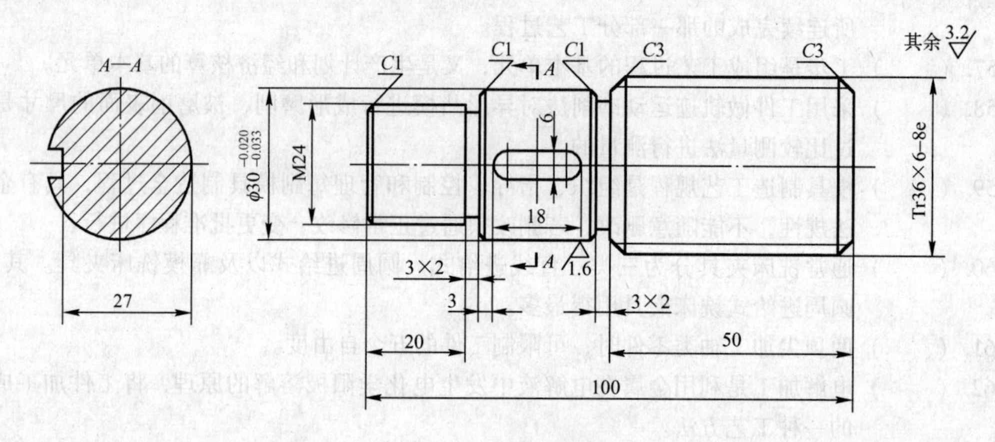

图 5－9　题 68 图

工序号	工种	工序内容	设　备

理论知识考试样卷参考答案

（一）填空题

1. 油　2. 夹紧元件　3. 90　4. 前刀面　5. 点划

6. CPU　7. 交集　8. 修配　9. 模具装配图　10. 5～10

11. 工艺定位器 12. 导向系统调整 13. 小 14. 1.6~0.8 15. 整体式电极
16. 小 17. 耐热 18. 碳素工具 19. 碳素工具钢
20. 一台固定的机床（或一个固定的工作地点）

（二）单项选择题

21. C 22. C 23. C 24. A 25. C
26. A 27. A 28. A 29. A 30. A
31. B 32. B 33. A 34. D 35. C

（三）判断题

36. × 37. √ 38. √ 39. √ 40. × 41. × 42. × 43. √ 44. × 45. √
46. √ 47. √ 48. × 49. × 50. × 51. √ 52. × 53. √ 54. √ 55. ×
56. √ 57. × 58. √ 59. √ 60. × 61. √ 62. √ 63. × 64. × 65. √

（四）简答题

66. 答：①对模具总图和零件图研究和工艺性分析；②确定生产类型；③确定毛坯的种类和尺寸；④选择定位基准和主要表面的加工方法，拟定零件的加工路线；⑤确定工序尺寸、公差和技术条件；⑥确定机床、工艺装备、切削用量和劳动定额；⑦填写工艺文件。

67. 答：选择基准制时应从工艺、结构和经济等方面综合考虑。①优先采用基孔制，减少刀具、量具的规格。②采用冷拔光轴、与标准件配合时，基准制的选择依据标准件而定；某些结构需要采用基轴制较为经济合理。③采用混合配合。

（五）论述题

68.

工序号	工 种	工序内容	设 备
1	车	车端面及钻中心孔 车外圆 $\phi30$ 至 $\phi30.4\times30$、二处落刀槽 3×2、三处倒角 $C1$、一处 $C3$ 及车螺纹 M24×20 调头车端面至总长 100 及钻中心孔 一夹一顶粗精车梯形螺纹 Tr36×6－8e 至尺寸、倒角 $C3$	车床
2	检		
3	磨	研修中心孔后二顶尖装夹，磨外圆 $\phi30$ 至尺寸	外圆磨床
4	检		
5	铣	铣键槽 6×18 至尺寸	铣床
6	检		
7	钳	去毛刺	钳工台
8	检		

V　模具制造工操作技能考核要素细目表（四级）

模具制造工操作技能鉴定要素细目表（四级）

名　称	鉴定项目 鉴定比重/%	选考方式	鉴定点	
			名称	重要度
一、零件测绘	30	必考	使用量具测量零部件	X
			使用CAD软件绘图	
二、模具钳铣加工	30	必考	铣加工刀具选择	X
			铣加工找正与加工操作	
			铣加工尺寸测量与测绘	
			模具零件钳加工加工	
			孔加工操作	
			修整与抛光	
三、电火花成型加工	40	二选一	电极的安装	X
			电极的找正	
			工件的安装	
			工件的找正	
			电参数的选择	
			电火花机床操作	
四、线切割加工		二选一	工件的安装	X
			工件的找正	
			电参数的选择	
			穿丝	
			线切割机床操作	

模具制造工操作技能鉴定内容结构表（四级）

鉴定要求 鉴定项目	一、零件测绘	二、模具钳铣加工	三、		合　计
			电火花成型加工	线切割加工	
选考方式	必考	必考	任选一项		3项
鉴定比重/%	30	30	40		100
考试时间/min	180	180	90		450
考核形式	实操	实操	实操		—

六、模具制造工操作技能考核模拟（四级 冷冲模）

【鉴定项目一】零件测绘（鉴定比重30%）

（一）使用量具测量零部件、考核要求如下：

（1）游标卡尺、千分尺、深度尺、万能角度尺的正确使用。

(2) 零件尺寸精度的测量。

(3) 零件形状与位置精度的测量（平面度、平行度、垂直度）。

(4) 零件表面粗糙度测定。

(二) 使用 CAD 软件绘图

(1) 典型模具零件的测绘。

(2) 典型模具装配图的绘制。

鉴定项目一　零件测绘模拟考核试题

(一) 准备要求

1. 考场准备

(1) 材料准备。以下材料由考场准备：

选择典型模具零件，主要有凸模、凹模、固定板、卸料板、模架等，也可使用本教材所作纺机模具、插脚模具、电线接头模具的实例零件绘制（图样见相关章节附图）。

(2) 设备准备。以下所需设备由考场准备：

序　号	设备名称	规　格	数　量	备　注
1	平板	800 mm×600 mm	1	每个工位
2	游标卡尺	150 mm	1	
3	深度尺	150 mm	1	
4	千分尺	0～25、25～50 50～75、75～100	1	
5	刀口直角尺	63 mm×100 mm	1	
6	万能角度尺	0～320°	1	
7	粗糙度比较样块		1	

(3) 场地准备：

① 机房环境整洁、规范，无干扰，可同时容纳 25 人左右鉴定。

② 机房安装 AutoCAD 2006 或 UG 4.0 或 Pro/E 3.0 软件，考前安排考生上机熟悉系统。

③ 工位、工件统一编号，考生抽号就位参加考试。

(4) 考评人员要求：

① 考评人员必须具有技师或高级专业技术职称资格，同时经专门培训、考核，应熟悉鉴定工作。

② 现场监考、考评人员及统计员构成 3∶3∶1，并应提前 30 分钟到场，完成考前准备的各项检查工作。

2. 考生准备

以下工具由考生个人准备：

序　号	名　称	规　格	精　度	数　量	备　注
1	计算器	带函数		1	
2	铅笔			1	
3	橡皮			1	
4	绘图工具			1	
5	A4 纸			1	

（二）考核要求

1. 考核时间

准备时间：15 分钟

正式操作时间：180 分钟

计时从领取工件开始，在规定时间内完成并交件。

2. 具体考核要求

（1）测量给定的零件，并绘制图样，在图样上标注测得的实际尺寸，粗糙度及形位误差。（50 分）

（2）计算机 CAD 绘图，用图幅 A4，周边尺寸 10 mm，标题栏尺寸自定义。绘图文件保存格式为 dwg，并提交纸质草图和零件。（50 分）

（三）配分与评分标准

1. 零件测量评分标准（50 分）

序 号	考核内容及要求	评分标准	配 分	检测结果	扣 分	得 分
1	正确使用量具	量具使用不正确扣 5 分	10			
2	尺寸与形状的测量	每错一处扣 5 分	10			
3	表面粗糙度评定	每错一处扣 5 分	10			
4	草图的绘制	每错一处扣 5 分	15			
文明生产	着装规范，未出事故	每项违规纪录扣 1 分，扣完为止	5 分			
	正确使用量具					
	正确保养量具					
	现场 5S 操作规范					

考评员：　　　　年　　月　　日　　　　　　核分人：　　　　　年　　月　　日

2. 计算机 CAD 绘图评分标准（50 分）

序 号	考核内容及要求	评分标准	配 分	检测结果	扣 分	得 分
1	尺寸标注	每漏、错一处扣 2 分	10			
2	形位公差及基准标注		6			
3	表面粗糙度标注		4			
4	技术要求		6			
5	剖面线		4			
6	线型		6			
7	线宽		4			
8	绘图效果	视完整度百分比酌情扣分	10			

考评员：　　　　年　　月　　日　　　　　　核分人：　　　　　年　　月　　日

【鉴定项目二】模具零件的钳铣加工（鉴定比重 30%）

（一）模具零件的钳铣加工考核要求

（1）模具铣加工刀具的正确选择。

（2）模具铣加工的正确装夹、找正与操作加工。

（3）模具零件铣加工尺寸的正确测量与机夹调整。

（二）模具零件的钳加工考核要求

（1）模具零件钳加工

（2）模具零件的孔加工

鉴定项目二　模具零件的钳铣加工模拟考核试题

（一）准备要求

1. 考场准备

（1）材料准备。以下材料由考场准备：

选择典型模具零件，主要有固定板、卸料板、导料板等，也可使用本教材所作纺机模具、插脚模具、电线接头模具的相应零件图进行加工考核（图样见相关章节附图）。

确定考核图样后，应准备零件毛坯。

（2）设备准备。以下所需设备由考场准备：

序　号	设备名称	规　格	数　量	备　注
1	平口钳		10	
2	平行垫铁		10 副	
3	精密工具铣床		10	
4	钻床		10	
5	划线丹红（绿）		3 瓶	
6	划线平台	2 000 mm × 1 500 mm	10	
7	划线方箱	205 mm × 205 mm × 205 mm	10	
8	划线高度尺	0 ~ 200 mm	10	
9	台虎钳	150 mm	10	
10	钳桌	3 000 mm × 2 000 mm	10	
11	砂轮机	S3SL250	2	白刚玉砂轮
12	冷却液		若干	
13	磁性表座		10	
14	杠杆百分表		10	
15	攻丝、铰孔铰手		10	

机床及附属配件齐全，设备布局合理。

（3）场地准备：

① 工房水、电、气及安全设施齐全，照明良好、光线充足，环境整洁、规范，无干扰。面积不小于 180 m^2，可同时容纳 10 人以上鉴定，考生抽号就岗。

② 机床、工件统一编号，机床间距不小于0.5 m。

(4) 考评人员要求：

① 考评人员必须具有技师或高级专业技术职称资格，同时经专门培训、考核，应熟悉鉴定工作。

② 现场监考、考评人员及统计员构成3:3:1，并应提前30分钟到场，完成考前准备的各项检查工作。

2. 考生准备

以下工具由考生个人准备：

序号	名称	规格	精度	数量	备注
1	内径千分尺	50	0.01	1	
2	带表游标卡尺	0 ~ 150	0.01	1	
3	深度千分心	0 ~ 200	0.01	1	
4	油石			若干	
5	2.0号砂纸			若干	
6	粗糙度样板			1副	
7	90°刀口直角尺	100 × 63	1级	1	
8	铰刀	ϕ6H7、ϕ8H7、ϕ10H7		1	
9	钻头	对应孔加工		各1	
10	丝锥	M5、M6、M8、M10		1副	
11	立铣刀	ϕ20		1	
12	钳工锤	0.5kg		1	
13	软钳口			1副	
14	样冲			1	
15	平锉刀	自定		自定	

(二) 考核要求

1. 考核时间

准备时间：15分钟

正式操作时间：180分钟

计时从领取工件开始，在规定时间内完成并交件。

2. 具体考核要求

按给定的模具零件图，采用铣、钳加工等方法，分析并编制零件的机械加工工艺规程，并进行相应的加工，加工出符合图样技术要求的模具零件。

3. 填写零件的机械加工工艺规程

工序号	工种	工序内容	设备

4. 模具的钳铣零件图

选择典型模具零件图样，主要有固定板、卸料板、导料板等，也可使用本教材所作纺机模具、插脚模具、电线接头模具的相应零件图（图样见附图）。

（三）配分与评分标准

1. 评分方法：

① 在规定时间内完成，提前完成不加分。

② 未达到图样要求的，按评分标准扣分。

③ 按单项记分扣分，每个检测尺寸检测不少于两点（以最大误差值计算）。

④ 各项配分的得分必须有三人检测，得分的平均分为最终得分。

2. 模具零件铣钳加工评分标准

序号		考核内容及要求	配分	评分标准	检测结果	扣分	得分
工艺规程	1	工艺路线正确、合理	10	一处错误扣5分，扣完为止			
	2	工序内容正确、合理	10	酌情扣分			
铣加工	3	工件装夹、找正正确	10	一处错误扣5分，扣完为止			
	4	尺寸精度	10	每项超差扣2分，扣完为止			
	5	形位精度	10				
	6	表面粗糙度	10	每处超差扣2分，扣完为止			
钳加工	7	划线操作正确	10	酌情扣分			
	8	钻孔、铰孔、攻丝	10	每项缺漏扣2分，铰孔孔径超差每处扣2分。			
	9	工件去毛刺	10	酌情扣分			
文明生产	10	着装规范，不出事故，工具、量具放置整齐，机床和现场打扫干净	10	每项违规纪录扣2分，扣完为止，明显人身、设备事故全扣			

考评员：　　　　年　　月　　日　核分人：　　　　年　　月　　日

【鉴定项目三】线切割加工（鉴定比重30%）

模具零件的线切割考核要求如下：

（1）工件的安装与找正。

（2）穿丝。

（3）电参数的选择。

（4）线切割机床操作。

鉴定项目三　线切割加工模拟考核试题

（一）准备要求

1. 考场准备

（1）材料准备。以下材料由考场准备：

选择典型模具零件，主要有凸模、凹模板等，也可使用本教材所作纺机模具、插脚模具、电线接头模具的相应零件图进行加工考核（图样见相关章节附图）。

确定考核图样后，应准备零件毛坯。

（2）设备准备。以下所需设备由考场准备：

机床及附属配件齐全，设备布局合理。

序　号	设备名称	规　　格	数　　量	备　　注
1	划线平台	2 000 mm×1 500 mm	2台	
2	线切割机床及附件		6~10台	
3	台钻		6~10台	
4	钻头	Φ2 mm	3~5台	
5	高度游标卡尺	0~300 mm、0. 02	1	
6	游标卡尺	0~150 mm、0. 02	1	
7	百分表带表座		1	
8	划针、划规		各1	
9	杠杆百分表		1	

（3）场地准备：

① 工房水、电、气及安全设施齐全，照明良好、光线充足，环境整洁、规范，无干扰。面积不小于180 m^2，可同时容纳10人以上鉴定，考生抽号就岗。

② 机床、工件统一编号，机床间距不小于0. 5 m。

（4）考评人员要求：

① 考评人员必须具有技师或高级专业技术职称资格，同时经专门培训、考核，应熟悉鉴定工作。

② 现场监考、考评人员及统计员构成3:3:1，并应提前30分钟到场，完成考前准备的各项检查工作。

2. 考生准备

以下工具由考生个人准备：

序　号	名　　称	规　　格	精　　度	数　　量	备　　注
1	平锉刀	自选		若干	
2	钳工锤	0. 5kg、2kg		各1	
3	计算器、笔			各1	

（二）考核要求

1. 考核时间

准备时间：15 分钟

正式操作时间：90 分钟

计时从领取工件开始，在规定时间内完成并交件。

2. 具体考核要求

线切割零件图：选择典型模具零件，主要有凸模、凹模板等，也可使用本教材所作纺机模具、插脚模具、电线接头模具的相应零件图进行加工考核（图样见附图）。

（三）配分与评分标准

1. 评分方法：

① 在规定时间内完成，提前完成不加分。

② 未达到图样要求的，按评分标准扣分。

③ 按单项记分扣分，每个检测尺寸检测不少于两点（以最大误差值计算）。

④ 各项配分的得分必须有三人检测，得分的平均分为最终得分。

2. 线切割零件加工评分标准

序　号		考核内容及要求	配　分	评分标准	检测结果	扣　分	得　分
线切割加工	1	形状尺寸精度	20	一处超差扣 5 分，扣完为止			
	2	位置尺寸精度	20	一处超差扣 5 分，扣完为止			
	3	表面粗糙度	20	一处超差扣 5 分，扣完为止			
设备操作	4	工件装夹正确	10	装夹错误扣 5 ~ 10 分			
	5	设备操作正确	10	每次不规范扣 5 分，扣完为止			
	6	工艺参数设置合理	10	每处不合理扣 5 分，扣完为止			
文明生产	7	着装规范，工具、量具放置整齐	10	每项违规纪录扣 2 分，扣完为止，明显人身、设备事故全扣			

考评员：　　　　年　　月　　日　　　　核分人：　　　　年　　月　　日

附录 模具制造工国家职业标准

1. 职业概况

1.1 职业名称

模具制造工。

1.2 职业定义

从事模具结构设计，模具制造、安装及调试整修的工艺技术人员。

1.3 职业等级

四个等级：

职业资格四级：模具制造中级工（分冷冲模、塑料模）。

职业资格三级：模具制造高级工。

职业资格二级：模具制造技师。

职业资格一级：模具制造高级技师。

1.4 职业工作环境

室内、常温或恒温。

1.5 职业能力特征

智力、表达能力、手指灵活性、手臂灵活性、动作协调性较强。

1.6 基本文化程度

高中毕业（含同等学历）。

1.7 培训要求

1.7.1 培训期限

职业资格四级：350 标准课时。

职业资格三级：400 标准课时。

职业资格二级：450 标准课时。

职业资格一级：500 标准课时。

（注：某些特殊实训环节例外）

1.7.2 培训教师

具有本职业三级以上且具有比培训目标至少高一个等级的职业资格，或具有相关专业中级以

上专业技术职称的人员，应具有本职业丰富的实践经验，具有施教能力。

1.7.3　培训场地设备

标准教室四间（配有多媒体计算机及高分辨率实物投影仪）。

操作技能训练室。

CAD/CAM/CAE 机房一间、配有相应的模具 CAD/CAM/CAE 的各种应用软件。

1.8　鉴定要求

1.8.1　适用对象

从事本职业或拟从事本职业的人员。

1.8.2　申报条件

模具制造中级工（四级）：中等职业技术学校机械冷加工类专业毕业生，或具有机械冷加工类四级职业资格的人员。

已获得模具制造工某级别职业资格证书后，再连续从事本工作二年以上（含二年）者，可以申报高一级的模具制造工职业资格。

申报二级、一级职业资格者，应具有高职、大专毕业以上的文化程度。

1.8.3　鉴定方式

四级采用知识、技能分别鉴定的方式，知识鉴定采用笔试，技能鉴定采用全真的实例操作（或部分计算机仿真操作）考核方式。二种考核均为 60 分以上者（含 60 分，满分为 100 分），则鉴定合格。

三级、二级、一级采用模块化（以技能为重心、知识与技能一体化）鉴定方式，每级各设置若干个模块，每个模块配分 100 分，60 分为合格。相应级别的各模块考试均合格者，为鉴定合格。模块鉴定形式为全真的实例操作考核（或部分计算机仿真操作）考核、口试、笔试。

1.8.4　考评人员与考生配比

笔试 2:20；口试 3:1；全真实例的技能操作考核或计算机仿真考核 2:8。

1.8.5　鉴定时间

四级笔试 90 分钟；三级、二级、一级每个模块全真实例的操作考核或计算机仿真操作考核为 120 分钟，口试 15 分钟。

1.8.6　鉴定场地设备

同 1.7.3 培训场地设备。

2. 基本要求

2.1　职业道德

2.1.1　职业道德基本知识

从事本职业应具备的政治观念、法律意识、诚信品质、社会公德及模具制造规范的要求。

2.1.2　职业守则

安全第一、质量至上；

勤于思考、精益求精；

一专多能、勇于创新；

团结互助、严守规程；

爱岗敬业、诚信为本。

2.2 基础知识

随着职业等级的提升，培训内容适应现代模具制造业的需求不断更新和拓宽。

等 级	基础性知识项目	重要知识要点
四级	1. 安全知识	模具制造中人、模具、设备相关的安全知识
	2. 模具结构设计知识	模具的典型结构、成形件设计计算、标准件选用等知识
	3. 模具结构与制造工艺知识	模具结构件、成型件的制造工艺及相关工夹具知识
	4. 模具材料与零件热处理知识	冷冲模、热塑模、压铸模的用材与热处理知识
	5. 金属切削原理及刀具知识	刀具材料、几何参数、刀具选用及刀具磨损等知识
	6. 量具与技术测量知识	常用量具及工作原理、常用测量方法、专用量具等知识
	7. 模具特种加工技术	电铸加工、点火花加工、数控线切割加工等知识
三级	1. 较复杂模具或实样的 CAD/CAM/CAE 知识	较复杂模具或实样的三维建模与 CAD/CAM/CAE 知识
	2. 多种模具的材料性能与热处理知识	高强度、耐用冲模、热塑模、简易模的用材及热处理知识
	3. 数控编程及专用夹具、刀具的设计制造知识	数控编程、专用刀具、夹具设计，坐标镗床的加工计算及 CAD /CAE 连接知识
	4. 特种加工的新技术	型腔表面腐蚀加工、自动化研磨、激光加工等知识
	5. 模具的维修与保养知识	冲模刃口修复、防氧化处理，随模运作卡记录等知识
二级	1. 难度较高的复杂模具的 CAD/CAM/CAE 知识	复杂件或模具的实体建模及 CAD/CAM/CAE 集成化应用知识
	2. u 级或高精度的制造工艺及材料热处理知识	高效、高精度、长寿命模具的用材，模具制造、安装、调试等知识
	3. 模具制造的高新技术	模具激光雕刻技术、激光加工技术，模具快速制造技术知识
	4. 精密测量和反求技术	精密模具测量、复杂制品的测量与反求技术知识
	5. 复杂模具的修复、保养及模具现场的管理知识	多工位冲模的修复；复杂型腔的修复、保养及模具制造的现场管理知识
一级	1. 高难度复杂模具的制造和产品工艺的改进及制作技术知识	高难度多工位模、高精度模的制作、复杂产品工艺改进等方面的知识
	2. 模具的自动化机构设计知识	自动送料、复杂件抽芯机构及自动生产线机构设计制造知识
	3. 模具成形件和结构件的数控加工特技知识	复杂模具数控加工制作的特技与工艺知识
	4. 原型制作的 RP/RT 知识	快速简易模，模具的 RP/RT 技术知识
	5. 模具制造的计算机工艺管理，质量管理和技术管理知识	模具制造的计算机辅助工艺管理、质量管理、技术管理等知识

3. 工作要求

3.1 工作要求表（四级）

职业功能	工作内容	技能要求	知识要求
一、产品工艺方案设计	1. 冲压件排样图、工序图设计 2. 注塑件浇注系统设计	1. 合理论证冲压件排样方案、计算材料利用率设计工序图 2. 合理设计注塑件浇注系统，计算锁模力、选用注塑机吨位	1. 模具的典型结构及局部结构设计 2. 产品工艺、工序设计计算及相关知识 3. 成形件工作尺寸计算 4. 冲裁力、注塑件锁模力计算及设备吨位的选用
二、模具制造工艺编制	1. 编制一般模具结构件的制造工艺规程 2. 二类工夹具设计、制造	1. 编制模具结构件工艺、选用加工设备 2. 设计、制造工夹具 3. 选用模具标准件、紧固件	1. 金属切削工艺及夹具设计知识 2. 模具结构件、成形件的制造工艺 3. 标准模架及紧固件、其他相关标准零件的选用准则 4. 模具材料及热处理知识
三、模具零部件制造	1. 按图、按工艺与技术要求选用加工设备进行模具零部件加工 2. 成形件的特种加工	1. 选用正确的加工工艺参数，确定关键加工工序的工艺留量 2. 电火花加工、数控线切割设备操作 3. 工件热处理及表面处理 4. 特种加工技术	1. 刀具材料、参数、磨损及其选用 2. 成形磨削工艺 3. 电火花加工、数控线切割加工工艺及其编程知识 4. 热处理知识 5. 电铸加工工艺
四、模具的总装调试	整套模具的装配、间隙调整、试模及试件的检测。（单工位模、一般多工位腔或成形模）	1. 按装配要求完成整套模具的安装、调整好间隙，热塑模要调整好产品的壁厚 2. 检查模具的运行情况，检测试件的尺寸精度	1. 常用、专用量具工作原理及测量方法 2. 镶块模的拼装知识 3. 整套模具的装配、间隙调整及相关的钳工知识 4. 新模具的试模检查、试件的尺寸精度检测知识
五、安全文明生产	安全文明生产	1. 严守工艺纪律 2. 执行安全操作技术规程 3. 贯彻文明生产的各项要求	1. 安全操作技术规程 2. 文明生产知识

3.2 工作要求表（三级）

职业功能	工作内容	技能要求	知识要求
一、模具设计与模具工艺方案设计	1. 产品工艺设计 2. 模具设计	1. 模具结构设计 2. 较复杂模具的工艺排样 3. 注塑模浇注系统设计、模具的总体结构设计及零部件设计	1. 模具结构及较复杂模具的设计知识 2. 较复杂零件的工艺工序设计和工艺排样的相关计算 3. 与成形工艺相关的 CAE 仿真技术知识
二、模具制造工艺编制	确定先进、合理的模具加工工艺方案	1. 编制较复杂模具的零件加工工艺、确定加工余量 2. 设计二类工艺夹具 3. 合理选用加工设备及模具相关的标准件	1. 较复杂模具结构件与成形的制造工艺知识 2. 进口机床的工、夹具设计知识 3. 坐标镗床的加工工艺及 CAD/CAM 的连接知识 4. 模具数控编程与 CAM 知识

续表

职业功能	工作内容	技能要求	知识要求
三、模具零部件制造	按图、按工艺与技术要求制造模具零部件	1. 操作模具加工设备 2. 选用工艺参数、刀具和确定加工余量 3. 模具零件检测	1. 高强度、耐用冲模、热塑模、简易模的材料性能及热处理工艺知识 2. 专用刀具、刀具参数的选用及与加工余量的关系 3. 激光加工、自动化研磨、型腔表面腐蚀加工等工艺知识 4. 高精度技术测量
四、模具的总装和调试	多工位模或多腔成型模的总装、试模、检测	1. 按要求完成全套模具的安装、间隙调整 2. 掌握试模机床操作 3. 检查模具运行情况 4. 会试件的检测	1. 多工位或多腔成形模的安装及间隙调整知识 2. 热流道注塑模的安装及间隙调整知识 3. 多工位冲模刃口修复，模具的修复、保养、防氧化处理、随运作卡记录等方面的知识
五、模具CAD/CAM/CAE及数控应用技术	模具及制品的CAD应用及数控编程	1. 用模具CAD软件完成产品与模具设计 2. 掌握典型模具结构件的数控编程与CAM技术的应用（含刀具轨迹仿真）	1. 模具CAD/CAM应用知识 2. 数控编程与仿真知识

3.3 工作要求表（二级）

职业功能	工作内容	技能要求	知识要求
一、模具工艺方案设计分析	1. 精密多工位模零件排样、工序图设计 2. 复杂注塑模浇注系统设计与CAE分析	1. 多工位级进模排样图、工序图设计技能 2. 复杂注塑件浇注系统设计与CAE分析技能	1. 精密多工位级进模的设计知识 2. 复注塑件的成型工艺及浇注系统设计知识 3. 复杂成形工艺的CAE仿真知识
二、模具结构设计与制造工艺编制	1. 难度较高的复杂模具设计 2. 模具零部件工艺编制	1. 能设计复杂模具总体结构 2. 能完成成形零件的尺寸计算及材料选用、热处理要求 3. 能设计、制造模具零件的二类工夹具 4. 能编制复杂成形结构件的工艺	1. 模具精密加工知识 2. 高效、高精度、长寿命模具的用材知识及热处理工艺知识 3. 高精度成形件的工夹具设计与制造知识 4. 精密、复杂模具的结构设计与工艺工序知识
三、模具零部件制造	按图、按工艺及技术要求制造模具零部件	1. 模具复杂结构件的电火花加工、线切割加工或激光加工及u级零件的成形磨削加工技能 2. 精密件的热处理与检测技能	1. 模具激光雕刻、激光加工及快速制模知识 2. 精密复杂模具的测量与反求知识 3. u级零件的成型磨削工艺知识 4. 精密模具的热处理工艺知识
四、模具总装	多工位、复杂模具的总装	全套多工位模或复杂模具的安装、调试技能	1. 多工位级进模的安装、调试知识 2. 热流道浇注系统的安装知识 3. 液压抽芯装置、自动送料装置的结构与安装知识 4. 复杂模具的修复、保养及现场管理知识

续表

职业功能	工作内容	技能要求	知识要求
五、模具的试模、修复、保养	1. 多工位模的刃口修复、保养 2. 多腔模型腔磨损后的修复、保养	1. 多工位模的刃口修复、保养技能 2. 多腔模型腔磨损后的修复、保养技能 3. 模具结构件的快速更换技能	1. 高精度模具的应用知识 2. 多腔热塑模的维护保养知识
六、模具CAD/CAM/CAE及数控技术	1. 复杂产品、模具的三维CAD建模 2. 模具CAM与仿真的应用	1. 产品和模具三维CAD建模与设计技能 2. 运用CAM技术编制模具结构件加工程序及仿真处理	1. 复杂产品与模具的CAD三维建模知识 2. 模具的CAM与仿真知识

3.4　工作要求表（一级）

职业功能	工作内容	技能要求	知识要求
一、模具零部件制造	长寿命、高强度模具的合理备材与制作	1. 高强度、长寿命模具的选材与热处理工艺编制技能 2. 高难度复杂模具关键零件的制造技能 3. 模具表面强化处理技术	1. 高难度多工位级进模设计、制造知识 2. 高精度复杂模具工艺改进知识 3. 模具表面强化处理知识
二、模具自动化机构的制造、调试	模具自动化机构设计、制造、调试	1. 模具自动送料机构设计、制造、调试技能 2. 大型、复杂模具的抽芯机构设计技能 3. 典型产品的模具自动化与生产线的机构设计、制造技术	1. 冲压工艺自动化机构设计知识 2. 大型、复杂注塑模的抽芯机构设计知识 3. 自动化机构与生产线的机构制造与调试知识
三、模具CAD/CAM/CAE技术	模具产品的计算机辅助设计、制造的相关操作	1. 复杂产品、模具的三维CAD建模，拉深件、注塑件的CAE仿真分析技术 2. 模具数控加工的CAD/CAM集成化应用技术	1. 复杂模具与产品的CAD建模知识 2. 复杂拉深件、注塑件的CAE仿真知识 3. 模具数控加工的CAD/CAM集成化应用知识
四、RP技术、新产品开发及模具成型的新技术	1. 新产品开发中的RP/RT技术 2. RP/RT中的激光检测与反求技术	1. 运用RP技术制作新产品与模具 2. 新模具快速制作中的反求技术 3. 快速模常用的新材料选用及制作工艺	1. 模具的RP/RT技术 2. 模具快速制作工艺及材料知识 3. 模具新品开发中的反求技术知识
五、精密模具和制品测量	精密模具和制品的测量	1. 精密模具和产品的测量技术 2. 激光三坐标测量仪的应用	1. 激光测量仪的工作原理与应用知识 2. 精密模具及制品的测量知识
六、模具制造的现代化现场管理	计算机辅助模具制造的各项管理	1. 模具制造的质量管理、工序管理、成套模具管理 2. 模具制造现场的技术指导和管理 3. 计算机辅助模具制造的工艺管理（CAPP）	1. 模具制造工艺的系统管理知识 2. 计算机辅助模具制造的集成化管理知识

4. 比重表

4.1　四级、三级

4.1.1　理论知识

项目		四级	三级
基础知识	职业道德、法律知识、安全知识、环保知识	10%	10%
	计算机原理及基本应用	10%	10%
	基础专业英语	5%	5%
	电工与电子技术基础	5%	5%
	金属切削与刀具技术基础	5%	5%
专业知识	模具结构与设计原理	15%	15%
	模具材料选用与热处理	10%	10%
	模具制造工艺技术准备	10%	10%
	模具加工工艺基础	20%	20%
	模具技术测量	5%	5%
	试模及应用	5%	5%
合计		100%	100%

4.1.2　技能

项目		四级	三级
产品设计的工艺性分析及工艺方案的制定	满足产品功能要求前提下，提出产品加工的工艺要求，制订产品开模的经济、合理、技术先进的工艺方案，研究注塑件进料浇注位置与尺寸，流道布局设计与产品成型质量分析		15%
模具结构设计	中等复杂模具的局部结构设计	25%	
	有一定难度的复杂模具结构设计		25%
编制模具零部件的加工工艺规程	按图样、按工艺、按技术要求对模具零部件进行工艺准备，编制合理的加工方案	15%	
	运用计算机辅助模具工艺设计 CAPP 运用计算机辅助模具制造 CAM		15%
制造模具零部件	在指定的设备上进行工艺加工、技术测量，以及对模具零件提出热处理要求	25%	
	在各种数控设备上进行工艺加工，也能在常用设备上进行特种成型加工、精密测量，对模具提出热处理要求以及成形件表面的特殊要求处理		25%
模具总装	中等复杂模具的总装配	20%	
	有一定难度的复杂模具的装配		10%

续表

项　　目		四　级	三　级
试模、修模、保养	冷冲压模（包括多工位级进模、冲、高、拉伸等成套模具）或热注型模（两种模具中熟悉掌握其中之一）的试模、修复、保养技术	15%	
	冷冲压模或热注型模（包括热流道浇注系统、液压筒抽芯机构）两种模具均能掌握其试模、修复、保养技术		10%
合计		100%	100%

4.2　二级

模块一（技术准备工作）

单　元	配　分
产品设计的工艺性分析及工艺方案的制订	20%
较高难度的复杂模具结构设计	25%
编制模具零部件的加工工艺规程	20%
新工艺、新技术试验	20%
加工模具零件的二类工夹具设计与制造	15%
合计	100%

模块二（制造模具的机床、设备操作）

单　元	配　分
操作制造模具的各类加工设备	20%
应用计算机辅助模具制造技术 CAM	15%
解决制造过程中发生的各种问题	10%
在专用机床上进行模具成形件的特种加工	15%
简易快速模具 RP 和原形制作技术	10%
技术测量	10%
钢材热处理	10%
模具成形部位的表面处理技术	10%
合计	100%

模块三（模具总装试验与技术管理）

单　元	配　分
难度较高模具的总装配	25%

续表

模块三（模具总装试验与技术管理）	
单　元	配　分
在试模设备上进行模具试运行	25%
试样件的技术测量	25%
建立随模卡、记录质量数据及模具情况	25%
合计	100%

4.3　一级

模块一（应用新工艺、新技术、新装备对产品进行工艺改进）	
单　元	配　分
信息获取，提出可行性报告	20%
创新开发，高效率、高精度、高寿命、高难度的特殊复杂模具结构设计	30%
应用特种加工技术解决制造过程中的难题	20%
有一项以上的绝技	20%
培训指导中、高级模具工	10%
合计	100%

模块二（全面运用计算机辅助模具设计、制造、验证等技术）	
单　元	配　分
模具计算机辅助设计（CAD）	25%
模具计算机辅助工艺（CAPP）	25%
模具计算机辅助制造（CAM）	25%
模具计算机辅助验证（CAE）	25%
合计	100%

模块三（现代化企业模具制造技术管理标准）	
单　元	配　分
加入 WTO 后的应对	25%
执行 ISO 9000 质量保证要求	25%
贯彻 ISO 14000 环境工作要求	25%
制订本单位质量管理标准	25%
合计	100%

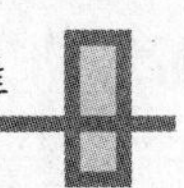

续表

模块四（资源开发）	
单　　元	配　　分
熟悉国内外模具市场	30%
设备资源开发	20%
信息资源准备与调用	20%
技术培训和技术交流	30%
合计	100%